普通高等教育"十三五"规划教材

风电场电气系统

第 2 版

主编 朱永强 张 旭
参编 尹忠东 夏瑞华

机 械 工 业 出 版 社

本书主要讲述风电场电气部分的系统构成和主要设备，包括与风电场电气相关的各主要内容。全书分为8章，重点涵盖风电场和电气部分的基本概念，风电场电气部分的构成和主接线方式，风电场主要一次设备及其选择，风电场电气二次系统，配电装置，风电场的防雷和接地，风电场中的电力电子设备等内容。书中提供了大量的实物照片和结构示意图，使读者对电气设备有直观的感性认识。

本书既可作为高等院校的教材，也适合作为风力发电领域相关从业人员的培训教材及自学参考书。

图书在版编目（CIP）数据

风电场电气系统/朱永强，张旭主编. —2版. —北京：机械工业出版社，2019.1（2022.2重印）

普通高等教育"十三五"规划教材

ISBN 978-7-111-61578-1

Ⅰ.①风… Ⅱ.①朱… ②张… Ⅲ.①风力发电-电厂电气系统-高等学校-教材 Ⅳ.①TM62

中国版本图书馆CIP数据核字（2018）第288911号

机械工业出版社（北京市百万庄大街22号 邮政编码100037）
策划编辑：王雅新 责任编辑：王雅新 路乙达
责任校对：张 薇 封面设计：张 静
责任印制：张 博
涿州市般润文化传播有限公司印刷
2022年2月第2版第3次印刷
184mm×260mm·14.25印张·343千字
标准书号：ISBN 978-7-111-61578-1
定价：38.80元

凡购本书，如有缺页、倒页、脱页，由本社发行部调换

电话服务 网络服务
服务咨询热线：010-88379833 机 工 官 网：www.cmpbook.com
读者购书热线：010-88379649 机 工 官 博：weibo.com/cmp1952
 教育服务网：www.cmpedu.com
封面无防伪标均为盗版 金 书 网：www.golden-book.com

序

  好的教材既要能够引领学生将专业基础知识用于对工程实践的认知，又要培养学生面对工程实际问题时的理解和分析能力。本书正是着眼于此，在编写过程中，在追求内容丰富的同时，也强调学生的领受程度，这一点很难得。

  曾经见过一些教材，内容很丰富，遗憾的是，忽略了学生的感性认知，致使很多学了相关课程的学生在面对实际的电气设备时仍然所识甚少。而且一些教材往往试图面面俱到，致使重点不够突出，结论也不明确，冗长的篇幅、繁多的文字，在有限的学习时间内，给学生留下的印象并不深刻。本书从撰写风格和内容编排上很好地避免了上述问题，比较适合高校的教学和其他从业人员的自学。

  《风电场电气系统》第1版曾是国内相关课程的第一本教材，不仅填补了空白，及时地满足了相关专业的教学需要。本书在第1版的基础上修订完善，其内容更加丰富、重点突出、图文并茂，既是高质量的学校教材，又是优质的科普著作，对风力发电专业的学科建设和知识普及都会有良好的促进作用。

前　　言

　　风电场电气系统（或风电场电气部分），是高等院校风能与动力工程专业的必修课程，也是相关领域的从业人员必修的基本知识。该课程理论和实践结合相当紧密，学习这门课是初学者应用专业基础知识，认知风电场电气系统工程实际的重要步骤。

　　风电场电气系统主要讲述风电场电气部分的系统构成和主要设备，包括与风电场电气相关的各主要内容。全书分为 8 章，重点涵盖风电场和电气部分的基本概念，风电场电气部分的构成和主接线方式，风电场主要一次设备及其选择，风电场电气二次系统，配电装置，风电场的防雷和接地，风电场中的电力电子设备等内容。

　　本书在撰写风格上具有如下特色：

　　第一，提供了大量的实物照片和示意图，使读者对电气设备有直观的感性认识，提高学习兴趣并加深对理论知识的理解。

　　第二，在每一章的开头，明确了章节的主要内容和学习重点，并设定了预期的教学或自学目标。

　　本书在广泛调研、广泛收集素材的基础上，结合多位教师的教学实践经验，精心编制，力求反映广大师生的要求，做到好读易教；也可为风力发电领域的相关从业人员的培训及自学提供参考。

　　第 1、2、8 章及第 3 章的设备原理部分由朱永强编写，第 4、6 章及第 3 章的其他内容由张旭编写，第 5 章由张旭、朱永强、夏瑞华共同编写，第 7 章由尹忠东、朱永强共同编写。

　　参加本书第 1 版编写工作的还有国网北京市电力公司电力科学研究院王文山，国网辽宁省电力有限公司电力科学研究院唐佳能、韩明、赵娟、杨林娜、张凯等。

　　参加本书第 2 版编写工作的有国网天津市电力公司东丽供电分公司梁艳红，国网山东省电力公司检修公司蔡冰倩，华北电力大学研究生李翔宇、刘康等。

　　另外，在本书的编写过程中，还得到了中国电力科学研究院新能源研究所王伟胜所长和朱凌志博士，龙源电力集团范子超博士，清华大学姜齐荣教授和张春朋博士，华能文昌风电厂卢业平和刘利等同志的支持和帮助，在此一并表示衷心的感谢。

作　者

目 录

序
前言

第1章 风电场和电气部分的基本概念 … 1
1.1 风力发电概述 … 1
1.2 风电场的概念 … 2
1.3 电气和电气部分 … 3
1.3.1 电气的基本概念 … 3
1.3.2 电气部分的一般组成 … 4
1.4 电气部分的图示 … 7
1.5 本书的主要内容 … 9
习题 … 10

第2章 风电场电气部分的构成和主接线方式 … 11
2.1 风电场电气部分的构成 … 11
2.1.1 风电场与常规发电厂的区别 … 11
2.1.2 风电场电气部分的构成 … 12
2.2 电气主接线及设计要求 … 13
2.2.1 电气主接线的基本概念 … 13
2.2.2 电气主接线的设计原则 … 15
2.3 常用的电气主接线形式 … 16
2.3.1 电气主接线的分类 … 16
2.3.2 电气主接线的常见形式 … 17
2.4 风电场电气主接线设计 … 20
2.4.1 风电机组的电气接线 … 20
2.4.2 集电环节及其接线 … 20
2.4.3 升压变电站的主接线 … 21
2.4.4 风电场厂用电 … 21
2.4.5 风电场电气主接线举例 … 21
2.4.6 风电场电气主接线方案设计 … 22
习题 … 26

第3章 风电场主要一次设备 … 27
3.1 风力发电机 … 27
3.1.1 发电机的结构 … 27
3.1.2 发电机的工作原理 … 30
3.1.3 大型风力发电机的主流机型 … 33
3.2 变压器 … 34
3.2.1 变压器的工作原理 … 34
3.2.2 变压器的结构 … 37
3.2.3 变压器的型号表征 … 46
3.2.4 风电场中的变压器 … 47
3.3 开关设备 … 48
3.3.1 电弧的基本知识 … 48
3.3.2 断路器 … 52
3.3.3 隔离开关 … 58
3.3.4 熔断器 … 60
3.3.5 各种开关设备的功能比较 … 61
3.4 载流导体 … 61
3.4.1 导体的材料 … 61
3.4.2 导体的形状 … 62
3.4.3 导体的功能 … 64
3.5 电抗器和电容器 … 65
3.5.1 电抗器 … 65
3.5.2 电容器 … 66
3.6 互感器 … 68
3.6.1 互感器简介 … 68
3.6.2 电流互感器 … 68
3.6.3 电压互感器 … 75
习题 … 80

第4章 风电场一次设备的选择 … 81
4.1 导体的发热和电动力 … 81
4.1.1 导体长期发热和载流量 … 81
4.1.2 导体的短时发热 … 82
4.1.3 导体短路时的电动力 … 83
4.2 电气设备选择的依据 … 83
4.2.1 电气设备选择的一般条件 … 83
4.2.2 电气设备选择的技术条件 … 84
4.2.3 电气选择的环境因素 … 85
4.2.4 环境保护 … 86
4.3 变压器的选择 … 86
4.3.1 变压器的容量和台数 … 86
4.3.2 变压器的型式 … 87
4.4 开关电气设备的选择 … 90
4.4.1 断路器的选择 … 90
4.4.2 隔离开关的选择 … 92

4.4.3 熔断器的选择 …………………… 92
4.5 互感器的选择 ………………………… 93
　4.5.1 电流互感器的选择 ……………… 93
　4.5.2 电压互感器的选择 ……………… 95
4.6 导体的选择 …………………………… 97
　4.6.1 导体截面积的选择 ……………… 97
　4.6.2 电晕电压校验 …………………… 98
　4.6.3 热稳定校验 ……………………… 98
　4.6.4 硬导体的动稳定校验 …………… 98
　4.6.5 硬导体的共振校验 ……………… 102
　4.6.6 封闭母线的选择 ………………… 102
习题 ………………………………………… 102

第5章 风电场电气二次系统 ………… 103
5.1 继电器 ………………………………… 103
　5.1.1 继电器的结构和原理 …………… 103
　5.1.2 继电器的表示符号 ……………… 104
　5.1.3 常用的继电器类型 ……………… 105
　5.1.4 继电保护的接线图 ……………… 109
5.2 二次部分的其他元件 ………………… 110
　5.2.1 接触器 …………………………… 110
　5.2.2 控制开关 ………………………… 112
　5.2.3 小母线 …………………………… 114
　5.2.4 接线端子、电缆和绝缘导线 …… 114
　5.2.5 成套保护装置和测控装置 ……… 114
5.3 二次回路 ……………………………… 115
　5.3.1 保护回路 ………………………… 116
　5.3.2 控制回路 ………………………… 116
　5.3.3 测量回路 ………………………… 116
　5.3.4 信号回路 ………………………… 116
　5.3.5 操作电源系统 …………………… 117
5.4 相对编号法与安装接线图 …………… 118
5.5 风电场的二次部分 …………………… 120
　5.5.1 风电机组的保护、控制、测量、
　　　　信号 …………………………… 120
　5.5.2 箱式变电站中变压器的保护、控制、
　　　　测量、信号 …………………… 121
　5.5.3 风电场控制室的控制、测量、
　　　　信号 …………………………… 121
　5.5.4 遥测和遥信系统 ………………… 121
5.6 升压变电站的二次部分 ……………… 121
　5.6.1 升压变电站的控制、测量、
　　　　信号 …………………………… 122
　5.6.2 升压变电站的继电保护 ………… 123
　5.6.3 升压变电站的操作电源系统 …… 125
　5.6.4 升压变电站的图像监控 ………… 126
5.7 变电站综合自动化技术 ……………… 126
　5.7.1 引言 ……………………………… 126
　5.7.2 变电站综合自动化的功能 ……… 127
　5.7.3 变电站综合自动化系统的特点 … 130
　5.7.4 变电站综合自动化系统的结构 … 132
习题 ………………………………………… 137

第6章 配电装置 ………………………… 138
6.1 配电装置的图示 ……………………… 138
6.2 配电装置的设计要求 ………………… 140
　6.2.1 满足安全净距的要求 …………… 140
　6.2.2 施工、运行和检修的要求 ……… 143
　6.2.3 噪声的允许标准及限制措施 …… 144
　6.2.4 静电感应的场强水平和限制
　　　　措施 …………………………… 144
　6.2.5 电晕无线电干扰和控制 ………… 145
6.3 配电装置的分类 ……………………… 145
　6.3.1 装配式和成套式 ………………… 145
　6.3.2 屋内配电装置 …………………… 146
　6.3.3 屋外配电装置 …………………… 151
6.4 风电机组的位置排列 ………………… 157
6.5 升压变电站电工建筑物的布置 ……… 158
　6.5.1 电工建筑物的总平面布置 ……… 158
　6.5.2 升压变电站电工建筑物的总
　　　　布置 …………………………… 159
习题 ………………………………………… 160

第7章 风电场的防雷和接地 …………… 161
7.1 雷电的产生机理、危害及防护 ……… 161
　7.1.1 雷电的产生机理 ………………… 161
　7.1.2 雷电的危害 ……………………… 164
　7.1.3 雷电的一般防护 ………………… 164
7.2 接地的原理、意义及措施 …………… 166
　7.2.1 接地的基本原理 ………………… 166
　7.2.2 接地的意义 ……………………… 170
　7.2.3 接地的一般要求 ………………… 171
　7.2.4 降低接地电阻的措施 …………… 176
7.3 大型风力发电机的防雷保护 ………… 177
　7.3.1 风力发电机防雷保护的必要性 … 177
　7.3.2 叶片的防雷保护 ………………… 178
　7.3.3 机舱的防雷保护 ………………… 180
　7.3.4 塔架的防雷保护 ………………… 180
　7.3.5 风力发电机的接地 ……………… 181

7.3.6 电气系统的防雷保护 …………… 182
7.3.7 关于风力发电机防雷保护的思考 …………… 182
7.4 集电线路的防雷与接地 …………… 183
  7.4.1 集电线路的感应雷过电压 …………… 183
  7.4.2 集电线路的直击雷过电压和耐雷水平 …………… 184
  7.4.3 集电线路的雷击跳闸率 …………… 189
  7.4.4 集电线路的防雷保护措施 …………… 190
7.5 升压变电站的防雷与接地 …………… 191
  7.5.1 升压变电站的直击雷保护 …………… 191
  7.5.2 升压变电站的侵入波保护 …………… 193
  7.5.3 升压变电站的进线段保护 …………… 194
  7.5.4 升压变电站的变压器防雷保护 …………… 196
习题 …………… 198

第8章 风电场中的电力电子设备 …………… 199
8.1 电力电子技术基础 …………… 199
  8.1.1 电力电子技术简介 …………… 199
  8.1.2 电力电子器件 …………… 200
  8.1.3 变流技术 …………… 201
  8.1.4 PWM控制 …………… 204
8.2 风电机组并网换流器 …………… 207
  8.2.1 直驱式永磁同步机组的并网换流器 …………… 207
  8.2.2 交流励磁双馈式机组的并网换流器 …………… 209
  8.2.3 无刷双馈式机组的并网换流器 …………… 211
  8.2.4 总结 …………… 211
8.3 无功补偿与电压控制装置 …………… 212
  8.3.1 风电场的无功和电压控制需求 …………… 212
  8.3.2 静止无功补偿器 …………… 213
  8.3.3 静止同步补偿器 …………… 215
习题 …………… 216

参考文献 …………… 217

第1章 风电场和电气部分的基本概念

关键术语：
风电场，电气部分，电气设备的图形符号。

知识要点：

重要性	能力要求	知识点
★	了解	风电场的基本概念
★★	了解	电气和电气部分的概念
★★★★	理解	电气部分的一般组成及各部分的作用
★★★★	识记	电气部分的图形表示方法

预期效果：
通过本章内容的阅读，应能了解风电场的基本概念和风电场电气部分的含义，初步理解和掌握电气部分的大致构成及表示方法，尤其是重要电气设备及其图形符号。

1.1 风力发电概述

风是最常见的自然现象之一，风能资源的储量非常巨大，一年之中风所产生的能量大约相当于20世纪90年代初全世界每年所消耗燃料的3000倍。

人类很早就认识到了风资源所蕴含的巨大能量，利用风能的历史已有数千年，早期主要是直接利用风力或由风力机将风能转换为机械能提供动力，例如船帆、风车提水、风车碾米磨面等。19世纪末，风能开始被用于发电，并且迅速成为其最主要的应用领域之一。

风电技术是可再生能源技术中最成熟的一种能源技术，对于应对那些与传统能源有关的迫在眉睫的环境和社会问题，风电是个切实可行而且立竿见影的解决方案。风力发电由于环保清洁、无废弃物排放、施工周期短、使用历史悠久，受到了各国的广泛重视和大力推广。

20世纪70年代以后风力发电首先在美国、西欧等发达国家和地区蓬勃发展起来。由于风能开发有着巨大的经济、社会和环保价值及良好的发展前景，如今风力发电在世界范围内都获得了快速的发展，风力发电规模及其在电力能源结构中的份额都增长很快。例如，我国2017年风电新增装机容量占全球比重的37.40%，累计装机容量占全球比重的34.88%，稳居世界第一。据专家们的测估，全球可利用的风能资源为200亿kW，约是可利用水力资源的10倍。如果利用1%的风能资源，可产生世界现有发电总量8%~9%的电量。

风力发电就是利用风力机获取风能并转化为机械能，再利用发电机将风力机输出的机械能转化为电能输出的生产过程。风力机有很多种类型，用于风力发电的发电机也呈现出多样性，但是其基本能量转换过程都是一样的，如图1-1所示。用于实现该能量转换过程的成套设备称为风力发电机组。

单台风力发电机组的发电能力是有限的，目前在内陆地区应用的主流"大型"机组的

图 1-1　风力发电的能量转换过程

额定功率不超过 1.5MW，海上风电机组的平均单机容量在 3MW 左右，最大已达 6MW。即使在今后若干年风电机组的功率可以翻倍，与常规火电厂或水电站的上百 MW 发电机组相比，仍然是很小的。大规模风力发电都是在风电场中实现的，风电场的概念参见 1.2 节。

风力发电机组输出的电能经由特定电力线路送给用户或接入电网。风力发电机组与电力用户或电网的联系是通过风电场中的电气部分得以实现的。电气部分的概念参见 1.3 节。

1.2　风电场的概念

风电场是在一定的地域范围内由同一单位经营管理的所有风力发电机组及配套的输变电设备、建筑设施、运行维护人员等共同组成的集合体。

选择风力资源良好的场地，根据地形条件和主风向，将多台风力发电机组按照一定的规则排成阵列，组成风力发电机群，并对电能进行收集和管理，统一送入电网，是建设风电场的基本思想。

应根据风向玫瑰图和风能玫瑰图⊖确定风电场的主导风向，在平坦、开阔的场址，要求主导风向上机组间相隔 5~9 倍风轮直径，在垂直于主导风向上要求机组间相隔 3~5 倍风轮直径。按照这个规则，风电机组可以单排或多排布置。多排布置时应成梅花形排列。图 1-2 为某陆地风电场的照片。

图 1-2　陆地风电场

⊖ 在平面上，按照"上北、下南、左西、右东"的定位，再细分成 16 个方位（例如正东、东东南、东南东、东南南、正南……），相邻两个方位间隔 22.5°，代表 16 种风向。用从原点出发的线段的长度表示某一地区在某一时段内各方向的来风数据（数据标注在线段末端），连接各线段的末端形成类似玫瑰花的图形，称为"玫瑰图"。风向玫瑰图表示各方向有风的概率，风能玫瑰图表示各风向的平均风能大小。

按照风电场的规模，风电场大致可以分为：小型、中型和大型（特大型）风电场，见表 1-1。

表 1-1　风电场的规模划分

	风能资源	场地	说　　明
小型	较好	较小	可建几 MW 容量的风电场，接入 35~66kV 及以下电压等级的电网
中型	较好	合适	可建几十 MW 容量以下风电场，接入 110kV 及以下电网
大型（特大型）	丰富	开阔	可建容量在 100~600MW 或更大的风电场，例如我国的江苏东台 200MW 海上风电项目

风电场是大规模利用风能的有效方式，20 世纪 80 年代初兴起于美国加利福尼亚，如今已在世界范围内获得蓬勃发展。目前，风电场的分布几乎遍布全球，风电场的数量已成千上万，最大规模的风电场可达上百万千瓦级，例如我国甘肃玉门的特大型风电项目。

随着风电场规模的不断扩大，风电场与电网或电力用户的相互联系越来越紧密，学习和掌握风电场电气部分具有相当重要的意义。

1.3　电气和电气部分

1.3.1　电气的基本概念

我们在生活中常常会听到电气工程、电气部分、电气专业这样的词语，电气化水平也常用于衡量一个国家技术发展情况，那什么是电气呢？

在 20 世纪初，"Electrical Engnieering" 作为外来名词被引入我国，被翻译为电工程，后来为了符合汉语的口语习惯逐步衍化为"电气工程"，而电气的本意也即为：带电的、生产和使用电能相关的。对于电气部分可以泛泛地理解为：由所有带电设备及其附属设备所组成的全部。

在日常生活中，人们对于用电的依赖是如此的严重，以至于成了一种生活习惯。现在即使很短时间内的断电都让人们感到不适应，计算机、照明、空调、电视、风扇等在给人们带来精彩生活的同时也使得人们高度依赖电能的供给，而且科技的进步也将更多的电器设备投入到人们生活中。

此外，在各种生产活动中，对于电能的需求也越来越大。工厂中的电动机驱动泵、风机和空气压缩机需要电能来运行，工业冶炼中需要电弧炉来融化金属，公路铁路中都有由电动机所驱动的车辆，这些都说明现代文明对于电能的依赖，因此电气化成为衡量一个国家文明进步水平的标准。

作为消费者，人们常常关心的是用电设备的正常工作，这些电能又是从何而来的呢？

发电厂中的发电机是一般意义上的电源，它将其他能源转化为电能，如煤炭、石油、水能、风能、太阳能、地热、潮汐等。也就是说，人们生产生活中所使用的电能无法由自然界直接获取，是一种二次能源，那些存在于自然界可以直接利用的能源被称为一次能源。

发电厂中发电机生产的电能一般需要经过变压器升高电压后送入其所在电网中，这是因为在输送同样功率时，较高的电压意味着较低的电流（$P=UI$），也就意味着较低的输送损耗（$Q=I^2R$）。电能由电网输送到用户所在地，经降压后分配给最终用户，如驱动风扇的电动机、照明用的日光灯、空调的压缩机等。

由此可见，在电能生产到消费之间需要有电能可以传导的路径，由于一定区域内发电厂和用户的分布非常复杂，因此这一路径自然形成了网状结构，即所谓的电网。电能由发电厂生产出来以后在电网中根据其结构按照物理规律自然分配。现代电网的覆盖范围日益扩大，比如北美电网包括美国和加拿大，而我国也已经实现全国联网。

1.3.2 电气部分的一般组成

包括风电场在内的各类发电厂站、实现电压等级变换和能量输送的电网、消耗电能的各类设备（用户或负荷）共同构成了电力系统，即用于生产、传输、变换、分配和消耗电能的系统。电力系统各个环节的带电部分统称为其各自的电气部分。

图1-3为发电、输电、变电、供配电及用电的简单示意。下面结合图1-3所示的例子，介绍电气部分的一般组成。

注意：这里的说明适用于风电场、火电厂、水电站等各类发电厂站。如果只关心风电场，可以将其中的发电厂都当作风电场来看待。

发电厂和变电站是整个电力系统的基本生产单位，发电厂生产电能，而变电站则将电能变换后分配给用户。发电厂和变电站内部的带电部分即为其自身的电气部分。电气部分不仅包括电能生产、变换的部分，还包括其自身消耗电能的部分（即厂用电或所用电）。以上用于能量生产、变换、分配、传输和消耗的部分称为电气一次部分。此外，为了实现对厂站内设备的监测与控制，电气部分还包括所谓的二次部分，即用于对本厂站内一次部分进行测量、监视、控制和保护的部分。

电气一次部分和二次部分都是由具体的电气设备所构成的，一次部分最为重要的是发电机、变压器、电动机等实现电能生产和变换的设备，它们和载流导体（母线、线路）相连接实现了电力系统的基本功能，即电能的生产、变换、分配、输送和消耗。其中发电机用于电能生产，变压器用于电能变换，母线用于电能的汇集和分配，线路用于能量的输送，电动机和其他用电设备用于电能的消耗（电能变换为其他能量形式）。

思考：根据生活实际，电能可以转换为哪些能量形式？

生活中，当人们使用台灯的时候，常需要开关来控制台灯的工作和不工作，即带电和不带电。在需要检查台灯的时候则应将插头从插座上拔下来，以保证和电源没有直接联系。同理，为了使人们可以任意地控制发电机、电动机、变压器等设备的起停（带电/不带电），也需要有相关的开关，这就是断路器。在分合电路的断路器旁边也常伴有用于检修时起电气隔离作用的隔离开关。

提示：断路器分合电路所使用的触头装设于灭弧装置中，无法直接看到，而隔离开关的

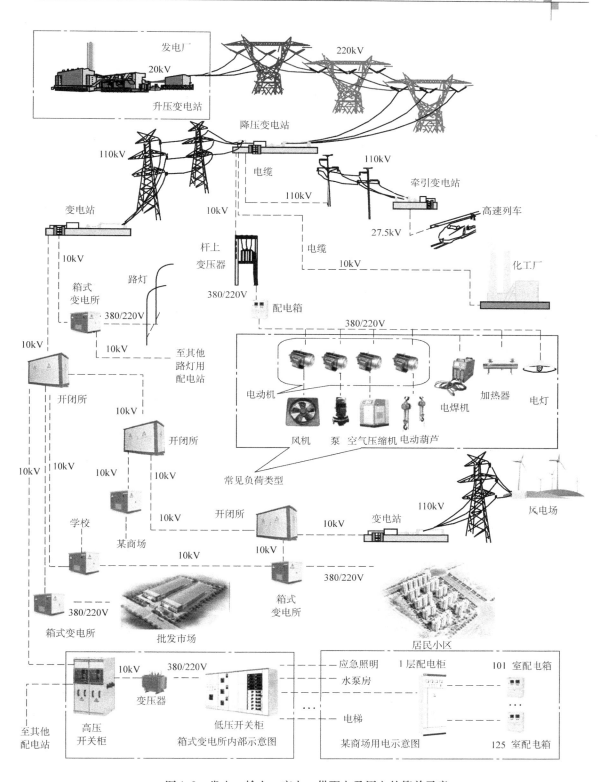

图1-3 发电、输电、变电、供配电及用电的简单示意

触头暴露于空气中；断路器一般采用复杂的自动操作机构，而隔离开关常采用简单的人工操作机构。

除了断路器和隔离开关外，常见的开关电器还有熔断器和接触器。熔断器是最早的保护电器，用于电路故障时的过流熔断。而接触器是操作电器，用于正常时电路的分合。这两种开关电器常配合使用在电压较低的场所（如6kV），以替代价格较为昂贵的断路器。

有了上述三类设备（生产消耗电能、传输分配电能、开关电器）以后，人们不仅实现了电力系统的能量生产、变换、消费、分配和输送，还实现了其基本的控制功能，即可以有选择地将设备投入运行或退出运行。

在电力系统中，为了保证人员和设备的运行安全以及满足电力系统本身中性点接地的要求，还需要有相应的接地装置。在发电厂和变电站中常采用埋于地下的人工接地体构成接地网。接地网要求可以覆盖厂站内全部的电气设备，以保证设备的可靠接地。

此外，为应对电力系统中可能的故障或异常，在电气设备中还需要加装一些防止过电压和短路电流的装置，包括避雷器和串联电抗器。

以上的电气设备相互连接构成了发电厂和变电站内的一次部分，这些设备称为一次设备。为了对一次设备及整个系统的运行状态进行监视、测量、控制与保护，还需要在厂站内装设二次设备，这些设备相互连接构成了发电厂和变电站的二次部分（系统）。

二次系统是传递信号的电路，通过电压互感器和电流互感器将被测的一次设备和系统的高电压和大电流变换为低电压和小电流传递给测量和保护装置，测量和保护装置对所测得的电压和电流进行判别以监视一次设备和系统的运行状态并作出记录。以此为基础，人员可以使用控制设备去分合相对的开关电器，如断路器、隔离开关等。这样的设计使得二次系统可以采用低功耗标准化的小型设备来实现功能。特别需要注意的是，电压互感器和电流互感器按作用来分可以认为是二次设备，但其直接并联和串联于一次电路中，实际上是一次系统和二次系统的连接设备。

继电保护及自动装置可以认为是电力系统的卫兵。当电气设备发生故障时，对应的继电保护装置会根据采集到的电流和电压进行分析，判定发生故障后便动作触发与故障设备相连的断路器。断路器断开，将发生故障的电气设备从运行的电力系统中分离出来，从而保证系统的其余部分仍能正常运行。由于电力系统中线路的故障多为瞬时性故障（即故障存在的时间很短），在线路故障后常常允许断路器重合一次，以检验故障是否继续存在。如果故障仍在，则继电保护再次动作切除故障；否则断路器就重合成功，线路可以继续运行。重合闸及备用电源自投装置是电力系统中常见的自动装置，它用故障后断路器的合闸来缩小故障对于系统的影响。

在二次系统中为了实现测量、监视、控制和保护功能，还需要装设必要的控制电器和信号设备。常见的控制电器有断路器的控制开关。断路器分合过程中有可能由于电弧未能熄灭而发生爆炸，因此断路器的分合需要在远方操作，一般在变电站的主控制室内由控制开关来操作断路器的分合。

装设于变电站主控制室内的控制屏，常见于常规控制变电站。控制屏上装设有用于监视的仪表（电流表、电压表、有功功率表、无功功率表）、用于灯光告警的电子牌、用于操作断路器的控制开关和指示断路器位置的红绿指示灯。在主控制室的布置中，一般将控制屏布置于最前列，以便人工监视和控制。在控制屏的最中央一般布置有中央信号屏，控制屏的前方是用于值班员工作的监控台，各类继电保护装置和远动及电能表屏通常按列布置，控制屏后，交直流电源装置可以布置于控制屏后或两旁。

上述设备运行的时候需要消耗电能，是作为耗电设备存在的，如继电保护装置，而断路器和其他设备的控制也需要消耗电能（由电动机驱动或进行储能），因此还需要装设相应的直流电源设备。采用直流的好处是可以利用蓄电池进行电能存储。在正常运行的时候，直流系统对一次系统送来交流电进行整流，提供给二次系统中的设备使用，并对蓄电池组进行充电。而当厂站内一次系统故障或还未带电时，由蓄电池组对二次设备进行供电，保证了二次系统的独立可靠运行。

在发电厂和变电站内，二次设备由控制电缆连接，构成了功能不同的二次回路，如用于实现继电保护功能的保护回路，用于实现断路器控制功能的断路器控制回路和用于信号和告警的信号回路。这些不同的回路间的信息传递依靠二次装置中的继电器来实现。

除了连接一次系统和二次系统的互感器以外，二次系统的设备一般集中布设于发电厂和变电站的主控制室内，并由控制电缆相互连接。

1.4 电气部分的图示

对于风电场等各类发电厂和变电站内电气部分的设计、施工、运行及研究等工作都需要依赖其图形方法，即用图形符号结合文字符号在平面上使具体问题抽象化。最为常见的就是电气接线图，包括一次接线图和二次回路图，它们以规定的图形和文字符号描述了厂站内一次部分和二次部分电路的基本组成和连接关系。

建立电气接线图，首先需要规定具体电气设备的图形符号。主要电气设备的图形符号见表 1-2，其他用到的电气符号将在后文分别说明，更为详细的电气符号请参阅相关的电气设计手册。

表 1-2 主要电气设备的图形符号

图形符号	代表的电气设备	补充说明
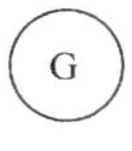 Ⓖ	发电机	发电机的一般表示
 ⊙	交流发电机	—
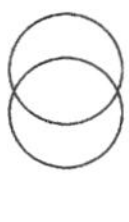 ⊗	双绕组变压器	—

（续）

图形符号	代表的电气设备	补充说明
⊙⊙⊙	三绕组变压器	—
———	母线	粗实线
—	导线	细实线
⎇	断路器	工程现场也称为开关
⌐	隔离开关	工程现场也称为刀闸
▯	熔断器	—
⏚	电抗器	—
⏚	接地	—
⊙⊙⊙ 或 ⊙⊙	电压互感器	在同一接线图上，互感器的圆圈比变压器的小，圆圈中的符号表示绕组连接方式
○╱	电流互感器	每一相安装电流互感器的导线都应加注小圆圈

在发电厂和变电站中，电气设备根据其作用和具体要求按照一定方式由导体连接形成了传输能量（一次部分）和信号（二次部分）的电路，这个电路就被称为电气接线，对这个电路的图形描述被称为一次接线图（又称电气主接线图）和二次回路图。

1.5 本书的主要内容

随着风电场规模的不断扩大，风电场与电网或电力用户的相互联系越来越紧密。了解风电场的电气特点，学习风电场电气部分的接线及设计方法，学习风电场电气设备的工作原理和选择方法，对于风电场安全运行与可靠供电具有相当重要的意义。

本书第1章介绍风电场与电气部分的基本概念和表示方法，使读者了解风电场电气部分的含义。

第2章介绍风电场电气部分的特点和基本构成，在介绍电气主接线的基本概念和设计原则的基础上，列举电气主接线的常见形式，并重点说明风电场电气主接线的基本形式，使读者了解风电场电气部分的整体布局和组成部分，掌握风电场电气接线设计的基本思想和依据。

第3章详细介绍风电场中的各主要一次电气设备的结构和工作原理，包括风电机组、变压器、断路器和隔离开关、母线和输电线路、电抗器和电容器、电压互感器和电流互感器等，以及变压器、断路器等重要一次设备的型式、参数，使读者对风电场电气设备的原理、功能、结构、外观等有具体认知。

第4章介绍风电场一次电气设备选择的一般条件和技术条件，以及热稳定校验、动稳定校验和环境校验方法，使读者了解和掌握电气设备的型式、参数与其在风电场中运行环境的关系，并且能对风电一次设备的选择进行初步分析和简单计算。

第5章介绍电气二次部分的含义和功能，以及电气二次系统的主要设备及其原理，使读者了解风电场和升压变电站电气二次系统的构成及电气二次系统的图形表示方法，并对我国目前已普遍采用的变电站综合自动化技术有一定的认知。

第6章介绍风电场中配电装置的概念和表示方法，描述各种常见配电装置的结构和作用，说明配电装置的设计要求、选型和布置方法，介绍风电场发电机组的排列布置和升压变电站电工建筑物的布置。

第7章介绍风电场的防雷和接地问题，首先说明雷电的形成机理和雷电的危害、介绍雷电防护的一般方法；然后对接地的意义和作用，尤其是对接触电压和跨步电压等重要概念进行具体的说明，给出接地设计的一般要求；最后全面介绍风电场发电机组、集电线路和升压变电站的防雷保护措施，有助于读者了解风电场电气设备安全方面的知识和解决办法，提高安全生产意识。

第8章介绍风电场中的电力电子设备，在简述电力电子技术应用和常见电力电子器件的基础上，深入浅出地阐述变流技术和PWM技术的基本原理；重点介绍主流大型风电机组的并网换流器，包括其电路结构和基本工作原理；最后简单介绍风电场的无功补偿与电压控制需求，以及SVC和STATCOM等无功补偿设备。

习 题

1. 某住宅小区为了响应国家节能号召，在社区内部小广场的西南角安装了 1 台 600kW 的风力发电机，提供路灯照明用电，并写入二期楼盘销售的宣传材料，宣称该楼盘"与绿色环保的风电场相伴"。请问，这种说法是否恰当？

2. 建在海岸风景优美的海南文昌风电场，一期工程安装了 33 台 1.5MW 的风电机组，已在 2008 年发电运行，请问，该风电场的规模是大型、中型还是小型？如果按照一期工程的规模，在后面的若干年中，陆续有二期、三期、四期工程，完全建成后，该风电场的规模如何？

3. 结合你家用电实际，思考电能到其他形式能量的转换实例。

4. 观察你家住宅小区的供用电实际，结合电气设备的概念分析理解生活日常用电系统的基本组成，试画出小区内配电变压器到你家具体用电设备的供用电系统的示意图。

5. 思考家庭安装风力发电设备的优缺点。

6. 使用百度等搜索引擎，查找电气设备的图片及相关资料，完成电气设备讲解的 PPT，要求叙述长度在 25min 以上。

第2章 风电场电气部分的构成和主接线方式

关键术语：

电气主接线，电源，负荷，设备工作状态，倒闸操作，单元接线，母线分段，集电环节，升压变电站。

知识要点：

重要性	能力要求	知识点
★★★	理解	风电场与常规电厂的区别
★★★★★	理解	风电场电气部分的构成
★★★	了解	电气主接线的概念和相关术语
★★★	理解	电气主接线的设计原则
★★★★	分析	常见的电气主接线形式
★★★★★	理解	风电场电气主接线设计

预期效果：

通过本章内容的阅读，应能掌握风电场电气部分的特点和基本构成，了解电气主接线的基本概念和设计原则，理解各种电气主接线形式的特点并掌握分析方法，理解和掌握风电场电气主接线设计的基本思想和依据。

2.1 风电场电气部分的构成

2.1.1 风电场与常规发电厂的区别

与火电厂、水电站及核电站等常规发电厂站相比，风电场的电能生产有着很大的区别。这主要体现在以下几个方面：

1) 风力发电机组的单机容量小。目前，内陆风电场所用的主流大型风力发电机组多为 1.5MW；海上风电场的风电机组单机容量稍大一些，最大已达 6MW，平均为 3MW 左右；而一般火电厂等常规发电厂站中，发电机组的单机容量往往是几百 MW，甚至是上千 MW。

2) 风电场的电能生产方式比较分散，发电机组数目多。火电厂等常规发电厂站，要实现百万千瓦级的功率输出，往往只需少数几台发电机组即可实现，因而生产比较集中。而对于风电场，由于风力发电机组的单机容量小，要达到大规模的发电应用，往往需要很多台风电机组。例如，按目前主流机型的额定功率计算，建设一个 5 万千瓦（即 50MW）的内陆风电场，需要 33 台风电机组。若要建设 100 万千瓦（即 1000MW）规模的风电场，则需要 667 台 1.5MW 的风电机组。这么多的风电机组，分布在方圆几十甚至上百公里的范围内，电能的收集明显要比生产方式集中的常规发电厂站复杂。

3) 风电机组输出的电压等级低。火电厂等常规发电厂站中的机组输出电压往往在6kV～

20kV 电压等级，只需一到两级变压器即可送入 220kV 及以上的电网。而风力发电机组的输出电压要低得多，一般为 690V 或 400V，需要更高等级的电压变换，才能送入大电网。

4) 风力发电机组的类型多样化。火电厂等常规发电厂站的发电机几乎都是同步发电机。而风力发电机组的类型则很多，同步发电机、异步发电机都有应用，还有一些特殊设计的机型，如双馈式感应发电机等。发电原理的多样化，就使得风电并网给电力系统带来了很多新的问题。

5) 风电场的功率输出特性复杂。对于火电厂、水电站等常规发电厂站而言，通过汽轮机或水轮机的阀门控制，以及必要的励磁调节，可以比较准确地控制发电机组的输出功率。而对于风电场，由于风能本身的波动性和随机性，风电机组的输出功率也具有波动性和随机性。而且那些基于异步发电原理的机组还会从电网吸收无功功率，这些都需要无功补偿设备进行必要的弥补，以提高功率因数和稳定性。

6) 风电机组并网需要电力电子换流设备。火电厂、水电站等常规发电厂站可以通过汽轮机或水轮机的阀门控制，准确地调节和维持发电机组的输出电压频率。而在风电场中，风速的波动性会造成风力发电机组定子绕组输出电压的频率波动。为使风力发电机组定子绕组输出电压的频率波动不致影响电网的频率，往往采用电力电子换流设备作为风力发电机组并网的接口。先将风力发电机输出电压整理为直流，再通过逆变器变换为频率和电压满足要求的交流电送入电网。这些用作并网接口的电力电子换流器，在常规发电厂站中是不需要的，有可能给风电场和电力系统带来谐波等电能质量问题。

正是由于风电场自身的电气特点，风电场电气部分与常规发电厂站的电气部分也就不尽相同。

2.1.2 风电场电气部分的构成

总体而言，风电场的电气部分也是由一次部分和二次部分共同组成，这一点和常规发电厂站是一样的。二次部分将在第 5 章专门介绍。本章主要介绍风电场的电气一次系统。

风电场电气一次系统的基本构成大致如图 2-1 所示，采用地下电缆接线的集电系统未在图中显示。

根据在电能生产过程中的整体功能，风电场电气一次系统可以分为四个主要部分：风电机组、集电系统、升压站及厂用电系统。

注意：这里所说的风电机组，除了风力机和发电机以外，还包括电力电子换流器（有时也称为变频器）和对应的机组升压变压器（有的文献称为集电变压器）。目前，风电场的主流风力发电机本身输出电压为 690V，经过机组升压变压器将电压升高到 10kV 或 35kV。

集电系统将风电机组生产的电能按组收集起来。分组采用位置就近原则，每组包含的风电机组数目大体相同。每一组的多台机组输出（经过机组升压变压器升压后）一般可由电缆线路直接并联，汇集为一条 10kV 或 35kV 架空线路输送到升压变电站。当然，采用地下电缆还是架空线，还要看风电场的具体情况。

升压变电站的主变压器将集电系统汇集电能的电压再次升高。达到一定规模的风电场一般可将电压升高到 110kV 或 220kV 接入电力系统。对于规模更大的风电场，例如百万千瓦级的特大型风电场，还可能需要进一步升高到 500kV 或更高。

风电机组发出的电能并不是全都送入电网，有一部分在风电场内部就用掉了。风电场的

第 2 章 风电场电气部分的构成和主接线方式 13

图 2-1 风电场电气一次系统的基本构成
1—风机叶轮 2—传动装置 3—发电机 4—变流器 5—机组升压变压器 6—升压站中的配电装置
7—升压站中的升压变压器 8—升压站中的高压配电装置 9—架空线路

厂用电包括维持风电场正常运行及安排检修维护等生产用电和风电场运行维护人员在风电场内的生活用电等。

2.2 电气主接线及设计要求

2.2.1 电气主接线的基本概念

1. 地理接线图

地理接线图就是用来描述某个具体电力系统中发电厂、变电所的地理位置，电力线路的路径，以及他们的相互连接。它是对该系统的宏观印象，只表示厂站级的基本组成和连接关系，无法表示电气设备的组成和关系。简单电力系统的地理接线图如图 2-2 所示。

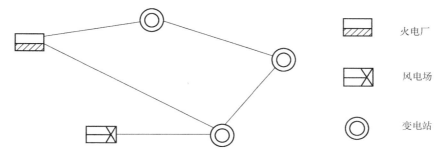

图 2-2 简单电力系统的地理接线图

2. 电气主接线

在发电厂和变电所中,各种电气设备必须合理组织、连接,以实现电能的汇集和分配,根据这一要求由各种电气设备组成,并按照一定方式由导体连接而成的电路被称为电气主接线。某变电站的电气主接线图(部分)如图 2-3 所示。

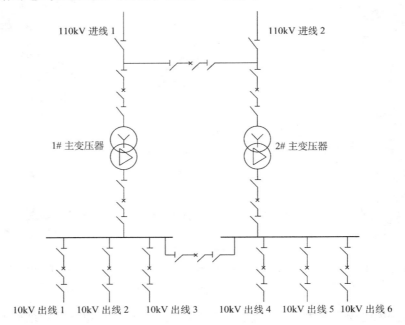

图 2-3 某变电站的电气主接线图(部分)

对于电气主接线的描述是由电气主接线图来实现的。电气主接线图用规定的电气设备图形符号和文字符号并按照工作顺序排列,以单线图的方式详细地表示电气设备或成套装置的全部基本组成和连接关系。它可以表明具体厂站的电能汇集和分配关系以及相关运行方式。

现代电力系统是三相交流电力系统,而电气主接线图基本是以单相图的形式来表征三相电路,但是对于某些需要表示接线特征的设备则要表示其三相特征,比如变压器、电压互感器和电流互感器等。

3. 电源和负荷

在图 2-2 所示的地理接线图中,风电场和火电厂是变电站的电源。而在变电站的电气主接线图 2-3 中,在某种运行方式下可以为变电站输送电能的线路被认为是当前运行方式下的电源。由此可见,由于分析问题的具体对象不同,电源不是固定不变的,通常认为相对于需要分析的具体电气设备,为其提供电能的相关设备即是其电源。在分析主接线时,要将它们看作是带电的。发电机、变压器、线路都有可能作为电源。

在发电厂和变电站中,用于向用户供电的线路被称为负荷。对于这些负荷可靠供电是电力系统的首要要求,由于不同负荷断电后在政治、经济上所造成的损失或影响程度不同,因此电力负荷分为不同等级。不同的电力负荷,其供电可靠性也不同,对供电电源的要求也不同。对于一级负荷,明确规定应由两个电源供电,即两个电源不能同时损坏,因为只有满足这个基本要求,才可能维持其中一个电源继续供电。另外还必须增设应急电源。

在电气主接线中，电源和负荷是相对的概念。同一条线路，在做不同的分析时，可能是负荷的电源，也可能是电源的负荷。

另外，在发电厂和变电站中，配电装置用于具体实现电能的汇集和分配，它是根据电气主接线的要求，由开关电气、母线、保护和测量设备以及必要的辅助设备和建筑物组成的整体。配电装置根据电气设备安装的地点分为屋内式和屋外式，根据组装方式又分为装配式和成套式。

4. 设备工作状态

运行中的电气设备可分为四种状态，即运行状态、热备用状态、冷备用状态和检修状态。

1）运行状态是指电气设备的断路器、隔离开关都在合闸位置。
2）热备用状态是指设备只断开了断路器而隔离开关仍在合闸位置。
3）冷备用状态是指设备的断路器、隔离开关都在分闸位置。
4）检修状态是指设备所有的断路器、隔离开关已断开，并完成了装设地线、悬挂标示牌、设置临时遮栏等安全技术措施。

送电过程中的设备工作状态变化为：

$$检修\longrightarrow 冷备用\longrightarrow 热备用\longrightarrow 运行$$

停电过程中的设备工作状态变化为：

$$运行\longrightarrow 热备用\longrightarrow 冷备用\longrightarrow 检修$$

5. 倒闸操作

利用开关电器，按照一定的顺序，对电气设备完成上述四种状态的转换过程称为倒闸操作。倒闸操作必须严格遵守下列基本原则：

1）绝对禁止带负荷拉、合隔离开关（刀闸），停、送电只能用断路器（开关）接通或断开负荷电流（路）。
2）停电拉闸操作须按照断路器→线路侧隔离开关→母线侧隔离开关的顺序依次操作；送电合闸操作应按照与上述相反的顺序进行。
3）利用等电位原理，可以用隔离开关拉、合无阻抗的并联支路。
4）隔离开关只能按规定接通或断开小电流电路，如避雷器电路、电压互感器电路、一定电压等级一定长度的空载线路和一定电压等级、一定容量的空载变压器等。但上述操作必须严格按现场操作规程的规定执行。现场除严格按操作规程实行操作票制度外，还应在隔离开关和相应的断路器之间加装电磁闭锁、机械闭锁或电脑钥匙。

2.2.2 电气主接线的设计原则

电气主接线是发电厂、变电所电气设计的首要部分。电气主接线的确定与电力系统的整体及风电场、变电所运行的可靠性、灵活性和经济性密切相关，并对电气设备选择、配电装置布置、继电保护和控制方式有较大影响。

发电厂电气主接线设计的基本要求有以下三点：

1. 可靠性

供电可靠性是电力生产的基本要求，在主接线设计中可从以下几方面考虑：
1）任一断路器检修时，尽量不会影响其所在回路供电。

2）断路器或母线故障及母线检修时，尽量减少停运回路数和停运时间，并保证对一级负荷及全部二级负荷或大部分二级负荷的供电。

3）尽量减小发电厂、变电所全部停电的可能性。

2. 灵活性

发电厂主接线应该满足在调度、检修及扩建时的灵活性。

1）调度时，应可以灵活地投入和切除发电机、变压器和线路，灵活地调配电源和负荷，满足系统在事故、检修以及特殊运行方式下的系统调度要求。

2）检修时，可以方便地停运断路器、母线及其继电保护设备，不至影响电力系统的运行和对用户的供电。

3）扩建时，可以容易地从初期接线过渡到最终接线。在不影响连续供电或停电时间最短的情况下，投入新装机组、变压器或线路而不互相干扰，并且对一次和二次部分的改建工作量最小。

3. 经济性

在满足可靠性、灵活性要求的前提下，还应尽量做到经济合理。对于经济性的考虑主要包括下列内容：

（1）投资省

1）主接线力求简单，以节省断路器、隔离开关、互感器、避雷器等一次电气设备。

2）继电保护和二次回路不过于复杂，以节省二次设备和控制电缆。

3）采取限制短路电流的措施，以便选取价格较低的电气设备或轻型电器。

（2）占地面积小

主接线设计要为配电装置布置创造条件，尽量使占地面积小。

（3）电能损失少

在发电厂和变电站中，电能损耗主要来自变压器，应经济合理地选择主变压器的种类、容量、数量，并尽量避免因两次变压而增加的电能损失。

2.3 常用的电气主接线形式

2.3.1 电气主接线的分类

在发电厂和变电站中，配电装置实现了发电机、变压器、线路之间电能的汇集和分配，这些设备的连接由母线和开关电器实现，母线和开关电器不同的组织连接也就构成了不同的接线形式。

主接线形式可以分为两大类：有汇流母线和无汇流母线两种。汇流母线简称母线，是汇集和分配电能的设备。

采用有汇流母线的接线形式便于实现多回路的集中。由于有母线作为中间环节，使接线简单、清晰、运行方便，有利于安装和扩建。相对于无母线接线形式，其配电装置占地面积较大，使用断路器等设备增多，因此更适用于回路较多的情况，一般进出线数目大于4回。有汇流母线的接线形式包括：单母线、单母线分段、双母线、双母线分段、带旁路母线等。

无汇流母线的接线形式使用开关电器较少，占地面积小，但只适用于进出线回路少，不再扩建和发展的发电厂或变电站。无汇流母线的接线形式包括：单元接线、桥形接线、角形接线、变压器－线路单元接线等。

选择何种接线方式决定于电压等级及出线回路数。按电压等级的高低和出线回路的多少，不同的接线形式有其大致的使用范围。

2.3.2 电气主接线的常见形式

1. 单元接线

单元接线是无母线接线形式中最简单的接线形式，即发电机和主变压器组成一个单元，发电机生产的电能直接输送给变压器，经过变压器升压后送给系统。单元接线形式如图 2-4 所示。

2. 单母线

单母线以一条母线作为配电装置中的电能汇集节点，是有母线接线形式中最简单的接线形式。

图 2-5 为一 10kV 降压变电站单母线接线形式，单母线将变压器及四条线路连接起来。线路和变压器由断路器实现电气设备的投入和退出，断路器装有灭弧机构，可以用来切断电路分合时候所产生的电弧，具有开合负荷电流和故障电流的能力。断路器两侧装设有隔离开关，隔离开关没有灭弧装置，因此无法分合较大的电流，它用于电路断开后保证停运设备和带电设备的隔离，起隔离电压的作用。由于断路器检修的时候需要保证其两侧都不带电，因此一般在断路器的两侧都设置隔离开关，靠近母线的被称为母线隔离开关，靠近出线的称为出线隔离开关。

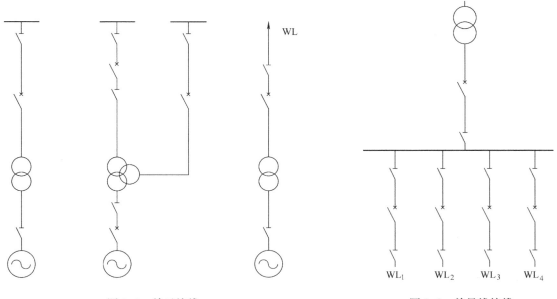

图 2-4　单元接线　　　　　　　　图 2-5　单母线接线

单母线的优点是接线简单清晰、设备少、操作简单、便于扩建和采用成套配电装置。但是单母线的可靠性较低，当其中的任一断路器检修停运时，其所在回路必须停电。而当母线或母线隔离开关故障或检修时，由于母线停运，整个配电装置都需要停电，也就有可能造成整个厂站的停电。

单母线接线适用于电源数目较少、容量较小的场合，例如母线上只有一个电源的情况，也就是只有一台发电机或一台变压器的时候，要求如下：

1) 6～10kV 配电装置的出线回路不超过 5 回。
2) 35～63kV 配电装置的出线回路不超过 3 回。
3) 110～220kV 配电装置的出线回路不超过 2 回。

3. 单母线分段

当配电装置中有多个电源（发电机或变压器）存在的时候，单母线不再适用，此时可以将单母线根据电源的数目进行分段，即单母线分段形式。

图 2-6 为 10k～35kV 降压变电站常用的单母线分段接线形式，两台主变压器作为电源分别给两段母线供电，两段母线之间由分段断路器联系，可由分段断路器的闭合而并列运行，也可由分段断路器断开而分列运行。

单母线分段的数目由电源数量和容量决定，分段数目越多，母线停电的范围越小，但是断路器的数目也越多，配电装置和运行也越复杂，因此一般以 2～3 段为宜。同时需要注意，为了减少功率在分段断路器上的流动，电源和负荷要尽量分配到每条母线上，以尽量保证母线间的功率平衡。

单母线分段具有以下优点：

1) 重要用户可以从两段母线上引出两个回路，由不同的电源供电（母线）。
2) 当一段母线发生故障或需要检修的时候，分段断路器可以断开，保证另一段母线的正常运行。

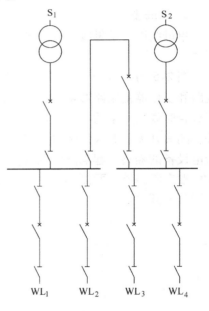

图 2-6　单母线分段接线

由此可见，单母线分段接线相对单母线接线，其可靠性和灵活性都有提高。但当一段母线故障的时候，其所连接的回路依然需要停电，同时重要负荷采用双回线时，常使得架空线路出线交叉跨越。为了使得两段母线负荷和电源均衡配置，在扩建的时候需要向两个方向均衡扩建。

单母线分段的适用范围如下：

1) 6～10kV 配电装置的出线回路数为 6 回及以上。
2) 35～66kV 配电装置的出线回路数为 4～8 回。
3) 110～220kV 配电装置的出线回路数为 3～4 回。

4. 双母线

单母线分段接线在母线故障的时候虽然保证了部分负荷的供电，但是故障母线所连的回路依然需要停运，在可靠性要求较高的情况下无法满足要求。而双母线接线可以解决上述问题。双母线接线方式如图 2-7 所示，通过设置两条独立的母线，每条母线都可以和配电装置中的任意回路相连接，从而使得当一条母线故障或检修时，所有的回路可以运行于另一条母线。

双母线接线的每个回路通过一个断路器与两个隔离开关与两条母线相连，母线之间通过母线联络断路器（母联）连接，此时回路的分合由断路器来实现，而回路运行于哪条母线则由母线隔离开关决定。

除了母线检修情况以外，双母线接线在运行时一般采用固定连接运行方式，即两母线运行，通过母线并列，电源和负荷平均分配在两条母线上。

相对于单母线及单母线分段，双母线具有以下优点：

1）供电可靠。由于任意回路可以和两条母线联系，通过两个母线隔离开关的倒闸操作，可以使得回路灵活地在两条母线间切换，从而使得检修任一母线只停母线本身，不至于造成供电中断。

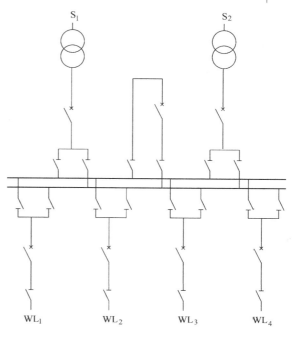

图 2-7 双母线接线

而故障的时候，可以迅速地将停电回路倒到另一条带电母线上，减少了故障的影响。

提示：双母线接线中所有回路都经过两个隔离开关和两条母线相互联系，由于隔离开关不能切断电流，当两个母线隔离开关都闭合的时候，任一母线发生故障将无法断开和非故障母线的联系，因此在两母线隔离开关都闭合的情况只允许在倒母操作的时候短时存在。

2）调度灵活。每个回路都可以运行于任一母线，也就使得电源和负荷可以灵活地在母线上分配，这就可以更好地适应系统中各种运行方式的调度以及潮流变化的需求。

3）扩建方便。相对于单母线分段，向任一方向扩建都不影响电源和负荷的平均分配，不会引起原有回路的停电。当存在双回架空线时可以顺序布置，不会出现单母分段时候所导致的交叉跨越。

4）便于试验。当个别回路需要单独试验的时候，可以将该回路单独接于一条母线进行试验。

由于相对于单母线及单母线分段多设置了一条母线以及一组母线隔离开关，双母线接线的配电装置安全性较强，同时投资也增加。但由于母线故障或检修时，隔离开关作为操作电器以实现倒母操作，因此增加了误操作的可能。

提示：隔离开关一般只作为检修电器存在，当需要用其分合小电流电路时也可作为操作电器。

双母线接线适用于回路数或母线上电源较多、输送和穿越功率大、母线故障后要求迅速恢复供电、母线或母线设备检修时不允许影响对用户的供电、系统运行调度对接线的灵活性有一定要求的情况下采用，各个电压等级采用的具体条件如下：

1）6~10kV 配电装置的短路电流较大，出线需要加装电抗器时。

2）35~63kV 配电装置的出线回路数超过 8 回，或连接电源较多，负荷较大时。

3) 110~220kV 配电装置的出线回路数在 5 回及以上时，或在系统中具有重要地位，出线回路数为 4 回及以上。

2.4 风电场电气主接线设计

在工程实践中对于风电场电气部分的描述依然需要依靠电气主接线图，下面对风电场中电气主接线的各个部分分别进行介绍。

2.4.1 风电机组的电气接线

这里所说的风电机组，除了风力机和发电机以外，还包括电力电子换流器（有时也称为变频器）和对应的机组升压变压器。目前，风电场的主流风力发电机本身输出电压为 690V，经过机组升压变压器将电压升高到 10kV 或 35kV。

一般可把电力电子换流器和风力发电机看作一个整体（都在塔架顶端的机舱内），这样风电机组的接线大都采用单元接线，如图 2-8 所示。

机组升压变压器（也称集电变压器）的接线方式可采用一台风电机组配备一台变压器，也可以采用两台风电机组或多台风电机组配备一台变压器。一般情况下，多采用一机一变，即一台风电机组配备一台变压器。

2.4.2 集电环节及其接线

集电系统将风电机组生产的电能按组收集起来。分组采用位置就近原则，每组包含的风电机组数目大体相同，多为 3~8 台。一般每一组 3~8 台风电机组的集电变压器集中放在一个箱式变电所中。每组箱式变电所的变压器台数是由其布置的地形情况、箱式变电所引出的线路载流量以及技术等因素决定的。

每一组的多台风电机组输出，一般可在箱式变电所中各集电变压器的高压侧由电力电缆直接并联。多组机群的输出汇集到 10kV 或 35kV 母线，再经一条 10kV 或 35kV 架空线路输送到升压变电站。当然，采用地下电缆还是架空线，还要看风电场的具体情况。架空线路投资低，但在风电场内需要条形或格形布置，不利于设备检修，也不美观。采用直埋电力电缆敷设，风电场景观较好，但投资较高。

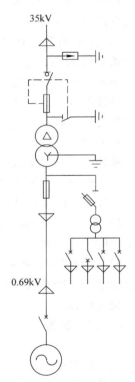

图 2-8 风电机组电气接线

就接线形式而言，风电场集电环节的接线多为单母线分段接线。每段母线的进线，是各箱式变电所汇集的多台风电机组的并联输出，每一组机群的箱式变电所提供汇流母线的一条进线。每段母线的出线是一条通向升压站的 10kV 或 35kV 的输电线路。图 2-9 所示为一种可能的风电场集电系统的电气接线。

注意：这里所说的单母线分段，也可以是地位相当的多条母线。

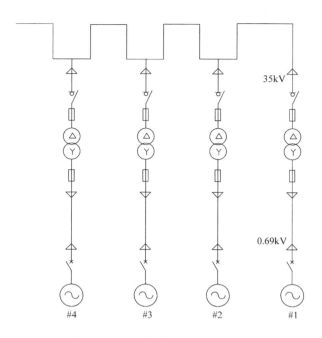

图 2-9 风电场集电系统的电气接线

2.4.3 升压变电站的主接线

升压变电站的主变压器将集电系统汇集的电压再次升高。达到一定规模的风电场一般可将电压升高到 110kV 或 220kV 接入电力系统。对于规模更大的风电场，例如百万千瓦级的特大型风电场，还可能需要进一步升高到 500kV 或更高。

就接线形式而言，升压变电站的主接线多为单母线或单母线分段接线，取决于风电机组的分组数目。当风电场规模不大，集电系统分组汇集的 10kV 或 35kV 线路数目较少时，可以采用单母线接线。而大规模的风电场，10kV 或 35kV 线路数目较多，就需要采用单母线分段的方式。对于规模很大的特大型风电场，还可以考虑双母线等接线形式。某风电场升压变电站的电气接线如图 2-10 所示。

2.4.4 风电场厂用电

风电场的厂用电包括维持风电场正常运行及安排检修维护等生产用电和风电场运行维护人员在风电场内的生活用电等，也就是风电场内用电的部分。至少应包含 400V 的电压等级。

2.4.5 风电场电气主接线举例

不同于其他类型的电场，风电场除了表示集中布置的升压变电站，还需要在图中表示风电机组和机电系统。如图 2-11 所示，可以很清楚地看到集电系统将风电机组生产的电能分组集中起来，送给升压变电站，再由升压变电站升压后送入电力系统。

由于风电机组数一般较多，因此常在绘制集电系统时采用简化图形，即以发电机表示风电机组，再对风电机组进行单独的详细描述。

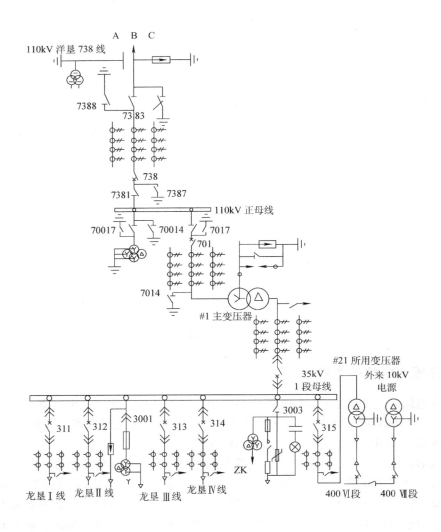

图 2-10 风电场升压变电站的电气接线

2.4.6 风电场电气主接线方案设计

不同规模的风电场常采用不同的风电场主接线方式,下面列举了不同规模的风电场常见的几种电气主接线方案。

1. 50MW 陆上风电场典型主接线方案

方案一:

风力发电机部分采用发电机 - 变压器接线(单元接线)。集电系统采用单边环形结构,集电系统电缆接线长度为 1000m。集电线路电压等级为 35kV,输出线路电压等级为 110kV。35kV 集电线路采用单母线接线形式,110kV 输出线路采用线路 - 变压器接线(单元接线)形式。主升压变压器采用带 10kV 平衡绕组的三绕组变压器,升压线路电缆接线长度为 1000m。动态无功补偿装置连接在 10kV 平衡绕组上。主接线图如图 2-12 所示。

第 2 章 风电场电气部分的构成和主接线方式

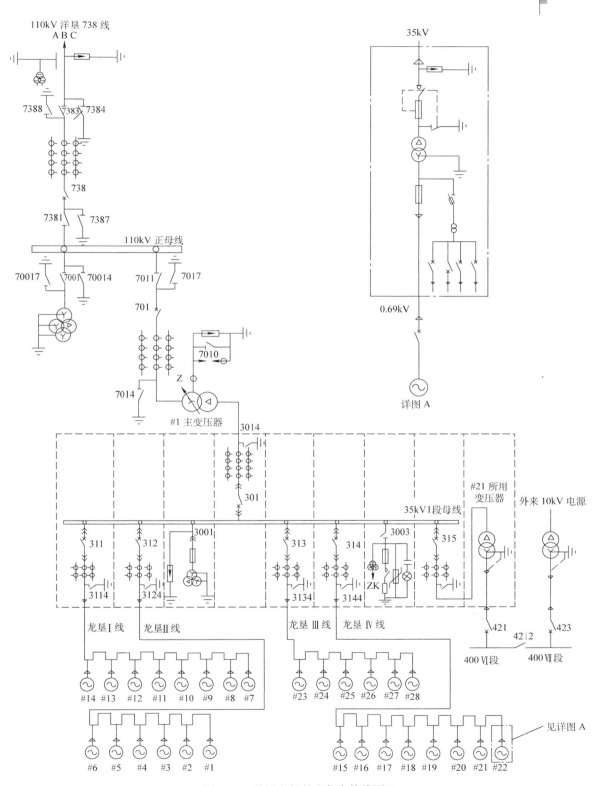

图 2-11 某风电场的电气主接线图 1

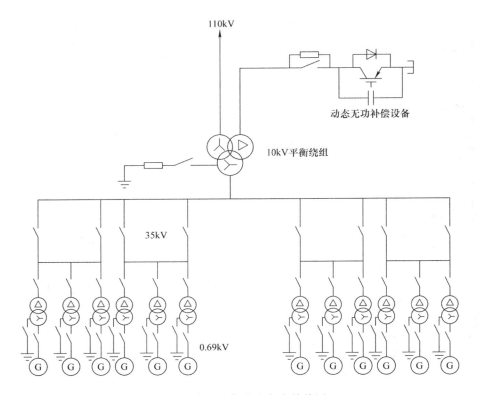

图 2-12　某风电场的电气主接线图 2

方案二：

风力发电机部分采用发电机-变压器接线（单元接线）。集电系统采用链形结构，集电线路电缆长度为 500m。集电线路电压等级为 35kV，输出线路电压等级为 110kV。35kV 集电线路采用单母线接线形式，110kV 输出线路采用线路-变压器接线（单元接线）形式。主升压变压器采用带 10kV 平衡绕组的三绕组变压器，升压线路电缆长度为 1000m。动态无功补偿装置直接连接在集电线路母线上。主接线图如图 2-13 所示。

2. 100MW 陆上风电场典型主接线方案

方案一：

风力发电机部分采用发电机-变压器接线（单元接线）。集电系统采用单边辐射形结构，集电系统电缆接线长度为 500m。集电线路电压等级为 35kV，输出线路电压等级为 110kV。35kV 集电线路采用单母线分段接线方式，100kV 输出线路采用单母线接线方式。主升压变压器采用两台带 10kV 平衡绕组的 50MW 三绕组变压器，升压线路电缆接线长度为 1000m。两台动态无功补偿装置分别连接在两台升压变压器 10kV 平衡绕组上。主接线图如图 2-14 所示。

方案二：

风力发电机部分采用发电机-变压器接线（单元接线）。集电系统采用双边环形结构，集电线路电缆长度为 500m。集电线路电压等级为 35kV，输出线路电压等级为 110kV。35kV 集电线路采用单母线分段接线形式，110kV 输出线路采用单母线接线形式接入电网。主升压变压器采用带 10kV 平衡绕组的三绕组变压器，升压线路电缆长度为 1000m。两台动态无功

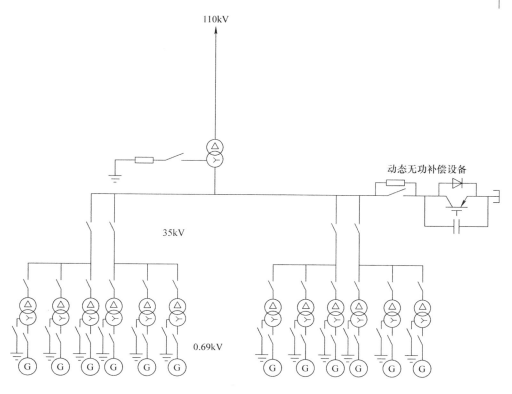

图 2-13 某风电场的电气主接线图 3

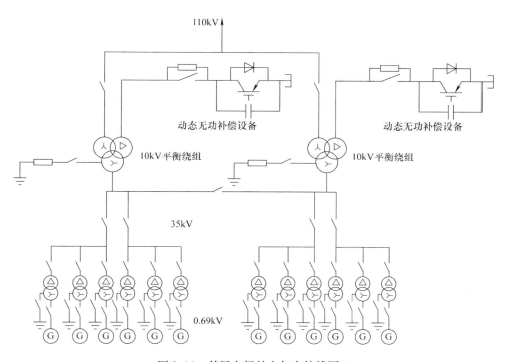

图 2-14 某风电场的电气主接线图 4

补偿装置直接连接在集电线路母线上。主接线图如图 2-15 所示。

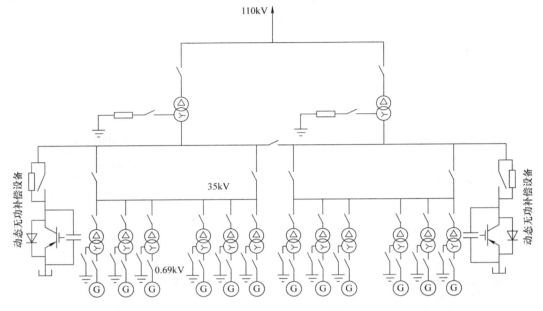

图 2-15　某风电场的电气主接线图 5

习　题

1. 风电场与常规发电厂有明显的区别，其根本原因是什么？
2. 采用有母线接线和无母线接线的优缺点都是什么？
3. "旁带"和"倒母"是电气设备运行中常有的两种倒闸操作，请查阅资料作图讲解其过程。
4. 某 110kV 变电所有 110kV 进线两回，主变两台，现有两种接线方案：A 桥形，B 单母线分段，请你列表对比两种方案的特点，并确定最终接线方案。
5. 图 2-10 中，为什么风电场升压变电站部分高低压侧全部采用单母线接线？请查阅《电力工程电气设计手册》思考有无采取其他接线的可能？

第3章 风电场主要一次设备

关键术语：

一次设备，发电机，变压器，断路器，隔离开关，母线，输电线，电缆，电容器，电抗器，电流互感器，电压互感器。

知识要点：

重要性	能力要求	知识点
★★	了解	发电机的结构和工作原理
★★★	了解	大型风力发电机的种类和各自特点
★★★★	理解	变压器的工作原理
★★★★	识记	变压器的实际结构
★★★★★	识记	变压器的型式和参数
★★	了解	电弧的基本知识
★★★★	识记	各种开关设备的结构和作用
★★★	识记	各种载流导体的作用和特征
★★	识记	电抗器和电容器
★★	了解	电压互感器和电流互感器的基本知识

预期效果：

通过本章内容的阅读，应能基本掌握风电场中的各主要一次电气设备的结构和工作原理，包括风电机组、变压器、断路器和隔离开关、母线和输电线路、电抗器和电容器、电压互感器和电流互感器等；应能识记变压器、断路器等重要一次设备的型式、参数等，并对风电场电气设备的功能、结构、外观等有具体认知。

风电场电气一次系统（或称为一次部分）是由很多具体的电气设备构成的，其中最为重要的是发电机、变压器等实现电能生产和变换的设备，它们和载流导体（母线、线路）相连接实现了电力系统的基本功能，即电能的生产、变换、分配、输送和消耗。其中发电机用于电能生产，变压器用于电能变换，母线用于电能的汇集和分配，线路用于能量的输送，电动机和其他用电设备用于电能的消耗（电能变换为其他能量形式）。本章将重点介绍风电场中主要一次设备的结构、原理、功能和参数等。考虑到无功补偿方法的多样性和未来发展趋势，并联电容器等无功补偿设备，将在第8章和应用电力电子技术的补偿设备一起介绍。

3.1 风力发电机

3.1.1 发电机的结构

目前风电场中应用的风力发电机，大都是三相交流发电机。不管是同步发电机还是异步发电机或是其改进型号,各种风力发电机的基本构成还是类似的。

提示:本章只讨论发电机中与发电功能直接相关的主体部分,不涉及发电机外壳、轴承等辅助配件。

发电机的一般结构如图3-1所示。各类发电机的主体部分都由静止的定子和可以旋转的转子两大部分构成。定子就像一个空心的圆筒,转子像一个实心的滚轴,二者套在一起,中间由微小的气隙(即空气间隙)分隔,保证定子和转子之间不接触。原动机(例如风力发电中用的风力机)带动转子绕轴旋转,在定子绕组中感应出电动势,在与定子绕组出线端(如图3-1所示的A、B、C)连接的外电路形成的闭合回路中形成电流。

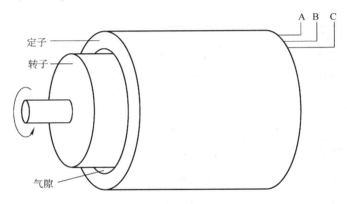

图 3-1 发电机基本结构示意图

定子和转子一般都由铁心和绕组构成。绕组多是用铜线缠绕的金属线圈,当然铜线外面要包裹绝缘物质。铁心的功能是靠铁磁材料提供磁的通路,以约束磁场的分布。常用的铁磁材料为硅钢片,而且往往做成毫米级的厚度(例如0.5mm),整个铁心由多层压叠而成。

具体到各种发电机,定子的基本结构是类似的,如图3-2所示。

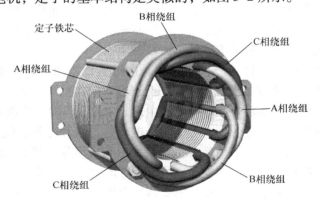

图 3-2 发电机定子结构示意图

发电机结构的差别可能主要体现在转子的形状或转子绕组的形状。例如同步发电机的转子有凸极式和隐极式等类别,如图3-3所示。凸极式转子铁心,有明显的磁极凸出,而隐极式转子铁心的截面为圆形。

异步发电机的转子绕组有笼型和绕线型等,如图3-4所示。笼型转子的绕组由嵌放在转

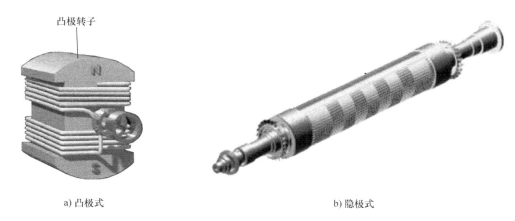

a) 凸极式　　　　　　　　　　　　b) 隐极式

图 3-3　凸极式和隐极式同步发电机转子

子铁心槽内的金属导条和两端的短路环组成,如果去掉铁心,整个转子绕组结构就像是一个鼠笼,也因此而得名。绕线型转子的绕组与三个固定在转轴上的集电环连接,通过电刷引出,以改善电动机的起动性能或者小范围内调节转速。

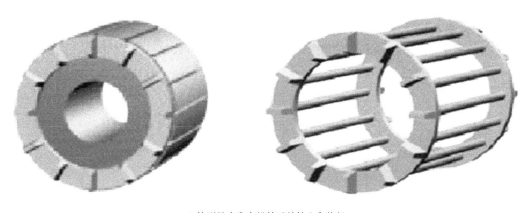

a) 笼型异步发电机转子的铁心和绕组

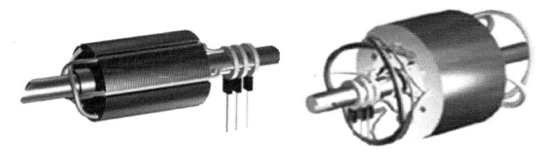

b) 绕线型异步发电机转子的结构

图 3-4　笼型异步发电机和绕线型异步发电机

3.1.2 发电机的工作原理

发电机的工作原理主要是基于电磁感应现象。下面先来复习几个相关的概念。

(1) 电→磁

当导体中通入电流时，在带电导体的周围会产生磁场。如果导体中流过的电流是直流电，则产生恒定的磁场；如果导体中流过的电流是交流电，则产生交变的磁场。交变磁场的变化频率与形成磁场的交流电的频率相同。由闭合线圈产生的磁场的方向，可以用右手螺旋定则判断。

(2) 磁→电

当处于磁场中的导体做不平行于磁场方向的运动时，导体切割磁力线，就会在该导体中感应出电动势 E。电动势的大小 E，与磁场强度 B、切割磁力线的导体有效长度 l（即导体在垂直于磁场和导体运动方向的方向上的投影长度）和导体与磁场的相对运动速度 v 有关。即

$$E = Blv \tag{3-1}$$

如果该导体与外电路构成了闭合回路，则还会在感应电动势的作用下形成感应电流。若将磁场看作是恒定的，则感应电动势和感应电流的频率由导体和磁场的相对运动速度决定。

根据转子绕组励磁电流的差别，这里介绍三种类型发电机的工作原理。

1. 同步发电机

同步发电机中，一般在转子绕组中通入直流励磁电流。同步发电机的工作原理如图 3-5 所示。

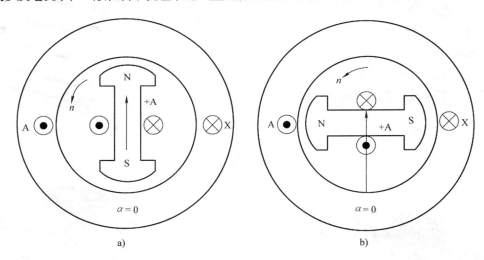

图 3-5 同步发电机的工作原理

转子绕组中的直流励磁电流，形成相对于转子静止的恒定磁场。当转子在原动机（例如风力机）的驱动下以转速 n 旋转时，转子磁场将随着转子一起以转速 n 旋转。由于定子绕组是静止不动的，那么定子绕组与转子磁场之间便有了转速为 n 的相对运动。换言之，若以转子磁场为参照物（即假设转子磁场是静止的），那么定子绕组将以反向的转速 n 相对于转子磁场运动。于是定子绕组便以转速 n（相对运动方向与转子的实际转向相反）切割转子磁场的磁力线，从而在定子绕组中产生感应电动势。若定子绕组接有外电路并形成闭合回

路，就会有电流从定子绕组流入外电路，或者说有功率送到外电路。

当定子绕组中有电流流过时，将产生定子磁场。如果定子三相绕组中流过的是对称的三相交流电流，那么所产生的定子磁场具有如下特征：定子铁心内表面圆周上的任一点，磁场的强度都随着时间的推移按正弦规律变化；任何时刻，定子铁心内表面截面圆周上的磁场强度在空间上都按正弦规律分布。不难想象，磁场强度最大的位置在定子内表面圆周上出现的位置是随着时间变化的。这种情况可以形象地理解为，磁场强度最大值出现的位置是在定子内表面圆周上旋转的，因此常常将三相对称电流在定子中产生的这种磁场称为旋转磁场。

实际上，在同步发电机中，定子旋转磁场的转速与转子的转速 n 是相等的，或者说旋转磁场与转子是同步的，因此，习惯上将定子旋转磁场的转速称为同步转速，并特别记做 n_1。

经过分析可知，旋转磁场的转速 n_1 由定子绕组中流过的交流电流的频率 f_1 决定，还与定子铁心的磁极对数 p 有关。

$$n_1 = \frac{60f_1}{p} \tag{3-2}$$

在同步发电机中，定子绕组中的电流主要是感应出来的。事实上，定子电流的频率反过来是由转子的转速（在同步发电机中，转子转速 n 等于同步转速 n_1）决定的，即

$$f_1 = \frac{pn_1}{60} \tag{3-3}$$

有的同步发电机在转子上不设置励磁绕组，而是采用永磁材料提供恒定的直流磁场（与直流电流励磁的效果相当）。

2. 异步发电机

在异步发电机的转子绕组中，一般不从外界提供励磁电流。异步发电机的工作原理如图 3-6 所示。

异步发电机的定子绕组与外电路相连，当绕组中流过对称的三相电流时，就会形成同步旋转磁场。仍假设定子旋转磁场的转速为 n_1，当异步发电机的转子在原动机（例如风力机）的驱动下，以转速 n 旋转时，转子绕组的导体与定子旋转磁场之间有 $n-n_1$ 的转速差。该转速差造成转子绕组与定子磁场之间存在相对运动，因而会在转子绕组中感应出电动势，同时在闭合的转子绕组回路中产生感应电流。

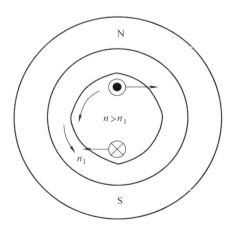

图 3-6 异步发电机的工作原理

由于转子绕组与定子旋转磁场之间存在转速差 $n-n_1$，则转子绕组所切割的磁场也将是交变的，转子绕组所感受到的磁场交变的频率由转速差决定，因而在转子绕组中感应出的电动势和电流的频率也都由该转速差决定。

实际上，在发电机中，不管是三相对称电流感应出旋转磁场，还是磁场与导体相对旋转

感应出电流，旋转磁场相对于导体的转速 n 和电流的频率 f 之间的对应关系，都可以用类似式（3-2）的形式来表示。那么异步发电机转子中感应电流的频率应为

$$f_2 = \frac{p(n - n_1)}{60} \tag{3-4}$$

转子绕组中存在交变的感应电流，则该电流也会形成转子的旋转磁场。用类似式(3-2)的方式计算，转子磁场的旋转速度为

$$n_2 = \frac{60f_2}{p} = (n - n_1) \tag{3-5}$$

注意：这里所说的转子磁场的旋转速度，指的是转子磁场相对于转子本身的转速。

提示：定子和转子的极对数相等。

由于转子本身也在以转速 n 旋转，那么转子磁场相对于静止的定子绕组的转速为

$$n - n_2 = n - (n - n_1) = n_1 \tag{3-6}$$

定子绕组与转子磁场做转速为 n_1 的相对运动，因而会切割转子磁场的磁力线，在定子绕组中感应出电动势和感应电流。事实上，在定子绕组中感应出的电流要远远大于建立定子磁场所需的电流，剩余的电流便送入外电路。由此可知，定子绕组中的电流是发电机自己产生的，而不是外电路送来的。那么定子绕组中电流的频率 f_1 是由感应出该电流的定子绕组与转子磁场的相对转速 n_1 决定，即

$$f_1 = \frac{pn_1}{60} \tag{3-7}$$

由于异步电动机的转速 n 总不等于同步转速 n_1，因此在描述异步电动机转速时通常采用转差率的概念。

转差率的定义如下：同步转速 n_1 和电动机转子转速 n 之差与同步转速 n_1 的比值，用 s 表示，即

$$s = \frac{n_1 - n}{n_1} \tag{3-8}$$

3. 交流励磁式发电机

交流励磁式发电机是在转子绕组中通入低频交流励磁电流。

交流励磁式发电机和异步发电机有些类似，差别在于它主动给转子绕组提供产生转子磁场所需的交流励磁电流。异步发电机中，转子感应电流的频率是由转子和定子旋转磁场的转速差决定的，不能自行控制。而交流励磁式发电机中，励磁电流是外部提供的，因而可以进行准确控制，从而影响到发电机中的相对运动速度。

根据定子绕组所接的外部电路对发电机输出电压、电流频率的要求（例如50Hz），可以由式（3-2）计算出所需的同步转速 n_1。这个转速实际上就是定子绕组和转子磁场应当满足的相对转速，换句话说，只有定子绕组和转子磁场的相对转速为按指定的输出电压、电流频率计算出的 n_1 时，才能保证发电机定子输出电压满足外电路的频率要求。

当转子以转速 n 旋转时，如果能够控制转子绕组励磁电流的频率 f_2，使得转子磁场相对于转子本身的转速 n_2（根据需要，可以与转子旋转方向相同或相反）始终满足

$$n \pm n_2 = n_1 \tag{3-9}$$

则可以在发电机转子转速 n 发生变化的情况下，仍能保持发电机定子输出电压频率恒定。

3.1.3 大型风力发电机的主流机型

在众多的风力发电机类型中，有几种机型由于具有良好的输出电压性能，近年来获得了很大发展，而且将会成为未来并网风力发电的主流机型。这些机型都是通过电力电子换流器实现风力发电机组的变速恒频控制。变速恒频，即风力机和发电机转子的转速是可变的，而发电机输出电压的频率是恒定的。

1. 笼型异步风力发电机

笼型异步风力发电机的工作原理如 3.1.2 节所述。采用的发电机为笼型转子的异步发电机。

由于风速的不断变化，导致风力机以及发电机的转速也随之变化，所以实际上笼型风力发电机发出的电，频率是变化的。往往通过定子绕组与电网之间的换流器（有时也称为变频器），把变频的电能转换为与电网频率相同的恒频电能。

基于电力电子技术的换流器，先将风力发电机输出的交流电整流，得到直流电，再将该直流电逆变为频率、幅值、相位都满足要求的交流电，送入电网。

关于风电机组定子侧并网换流器的更多内容，参见本书第 8 章。

2. 永磁同步直驱式风力发电机

永磁同步直驱式风力发电机组，有时简称为直驱式风电机组，采用永磁同步发电机 (Permanent Magnetism Synchronous Generator, PMSG)。所谓"直驱式"是指风力机与发电机之间没有变速机构（即齿轮箱），而是由风力机直接驱动发电机的转子旋转。与其他型式的风电机组相比，由于没有齿轮箱，所以可省掉齿轮箱的成本，减轻机舱的重量，而且也免去了齿轮箱产生的噪声，同时，转轴连接的可靠性也提高了。由于直接耦合，永磁发电机的转速很低，导致发电机体积大、成本高，但由于省去了价格较高的齿轮箱，使整个系统的成本还是降低了。

永磁同步直驱式风力发电机组，按照同步发电机的原理（详见 3.1.2 节）工作。其转子铁心采用永磁材料制造，在相当长的时间内，可以保证转子能提供恒定的磁场，这与在转子绕组中通入直流励磁电流的效果相当。由于省掉了转子励磁绕组和相应的励磁电流回路，转子结构比较简单。无需外部提供励磁电源，提高了效率。

由于发电机的转子与风力机直接连接，转子的转速就由风力机的转速决定。当风速发生变化时，风力机的转速也会发生变化，因而转子的旋转速度是时刻变化的。于是，发电机定子绕组输出的电压频率将是不恒定的。

3. 交流励磁双馈式感应风电机组

交流励磁双馈式感应风力发电机组，有时简称为双馈式风电机组，采用双馈式感应发电机 (Double Fed Induction Generator, DFIG)。所谓"双馈式"是指发电机的定子绕组和转子绕组与电网都有电气连接，都可以与电网之间交换功率。

双馈式感应风电机组所采用的发电机，其结构与绕线式异步发电机类似。

双馈式风电机组，按照交流励磁式发电机的原理（详见 3.1.2 节）工作。双馈式风电机组的定子绕组与电网直接连接，输出电压的频率可以通过转子绕组中的交流励磁电流的频率调节得以控制。

用于控制输出电压频率的转子绕组交流励磁电流，由外电路经换流器提供。换流器先将电网 50Hz 的交流电整流，得到直流电，再将该直流电逆变为频率满足要求的交流电，用于转子绕组的励磁。当风速在较大范围内变化时，若 $n < n_1$，发电机处于亚同步运行状态，为保证定子绕组输出电压的频率为同步转速 n_1 所对应的频率，需要转子旋转磁场相对于转子本身的转速与转子旋转方向相同，且使 $n + n_2 = n_1$，所需励磁电流的方向为从外电路流入转子绕组（将其指定为正方向）。若 $n > n_1$，发电机处于超同步运行状态，为保证定子绕组输出电压的频率为同步转速 n_1 所对应的频率，需要转子旋转磁场相对于转子本身的转速与转子旋转方向相反，且使 $n - n_2 = n_1$，所需励磁电流的方向为从转子绕组流入外电路。当 $n = n_1$ 时，换流器向转子绕组提供直流励磁电流（频率为0），此时发电机将按同步发电机的原理运行。

注意：这里所说的励磁电流的流入流出只是为了便于理解和表述，实际上，由于双馈式风电机组的励磁电流为交流电，电流无所谓流入或流出，只能说电流与参考方向相同或相反。在这里，更可以将其理解为是功率的流入和流出。

在同步运行状态，换流器只提供直流励磁电流，不在发电机和电网之间交换功率。在亚同步运行状态，需要电网经换流器给发电机的转子提供能量。而在超同步运行状态，转子绕组会经换流器向电网馈送功率。由于这种风电机组的定子和转子都可以向电网馈送功率，故此得名"双馈式"。

关于双馈式风电机组并网换流器的更多内容，参见本书第8章。

4. 无刷双馈式风电机组

无刷双馈式风电机组，其定子有两套极数不同的绕组，一个称为功率绕组，直接接电网；另一个称为控制绕组，通过双向换流器接电网（定子绕组也可只有一套绕组，但需有六个出线端，三个为功率端口，接工频电网；另外三个出线端为控制端口，通过变频器接电网）。其转子为笼型或磁阻式结构，无需电刷和集电环，转子的极对数应为定子两个绕组极对数之和。

这种无刷双馈发电机定子的功率绕组和控制绕组的作用分别相当于交流励磁双馈发电机的定子绕组和转子绕组，因此，尽管这两种发电机的运行机制有着本质的区别，但却可以通过同样的控制策略实现变速恒频控制。

对于无刷双馈发电机，有

$$f_p \pm f_c = (p_p + p_c)f_m \tag{3-10}$$

式中，f_p 为定子功率绕组电流频率，由于其与电网相连，所以 f_p 与电网频率相同；f_c 为定子控制绕组电流频率；f_m 为转子转速对应的频率；p_p 为定子功率绕组的极对数；p_c 为定子控制绕组的极对数。超同步时，式（3-10）中取"+"；亚同步时，取"-"。

由式（3-10）可知，当发电机的转速 n 变化时，即 f_m 变化时，若控制 f_c 相应变化，可使 f_p 保持恒定不变，即与电网频率保持一致，也就实现了变速恒频控制。

3.2 变压器

3.2.1 变压器的工作原理

1. 变压器的电压变换

变压器的基本原理是利用电磁感应现象实现一个电压等级的交流电到另一电压等级交流

电的变换。变压器的核心部件是铁心和绕组,铁心用于提供磁路,缠绕于铁心上的绕组构成电路。

图 3-7 为用于说明变压器工作原理的双绕组变压器基本结构示意图。两个绕组缠绕于铁心之上,与电源相连的一侧为一次绕组,与负荷相连的一侧为二次绕组。当在一次绕组上加载交流电压,其中流过交流电流时,会在铁心中形成交变的磁通。磁通的方向可以用右手螺旋定则来判断。铁心中的交变磁通同样会穿过二次绕组,从而在二次绕组中感应出电动势,如果二次侧形成回路,二次绕组中就会流过电流。一次绕组和二次绕组一般没有电气上的连接,而是通过铁心中的磁场建立联系。电能以铁心中的磁场为介质,实现由一次侧到二次侧的转换。

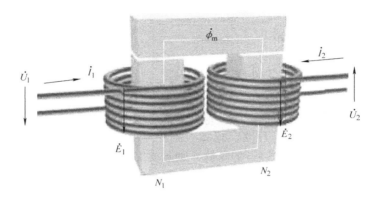

图 3-7 双绕组变压器基本结构示意图

一般在变压器绕组上加载按正弦规律变化的交流电压,感应电动势的表达式为

$$E = 4.44 f \Phi N \tag{3-11}$$

式中,E、f、Φ、N 分别为感应电动势、频率、磁通量和绕组匝数。

对于理想变压器,感应电动势、感应电流和绕组匝数之间有如下关系:

$$\frac{E_1}{E_2} = \frac{N_1}{N_2} \tag{3-12}$$

$$I_1 N_1 = I_2 N_2 \tag{3-13}$$

式中,E、I 和 N 分别为感应电动势、感应电流和绕组匝数。

由于两侧绕组中穿过的是同一铁心中的磁通,磁场交变频率相同、磁通大小也几乎相等,两个绕组中感应电动势的大小就与绕组的匝数成正比。通过一次绕组和二次绕组匝数的差别,即可实现电压变换的目的。

在电 - 磁 - 电的转换过程中,由于铁心导磁能力的限制和绕组传输电流大小的能力有限,因此一般变压器都会规定一个可以长期运行的最大功率,并将其规定为它自身的额定容量,以 kVA 来标定。

2. 变压器的等效电路

一次绕组产生的磁通并非全部通过铁心作用于二次绕组,为了电气计算的方便,真实存在的漏磁通一般等效地折算为变压器的漏电抗。而且在电力系统的分析中,往往构建变压器的 T 型等效电路,主要包括三个部分:一次绕组的电路、由磁路等值为电路的励磁电路及二次绕组的电路，如图 3-8 所示。其中 x_m，r_m 为反映磁场能量变换能力的等值电抗和反映磁场中能量损失（即铁心损耗）的电阻，它们存在于励磁回路中；r_1 为一次绕组的电阻，用以表征一次绕组中的电能损耗；$x_{1\sigma}$ 为一次绕组的漏抗，即一次绕组所感应的未能通过铁心的磁通（散失到气隙中了）；r_2 为二次绕组的电阻，用以表征二次绕组中的电能损耗；$x_{2\sigma}$ 为二次绕组的漏抗，即二次绕组所感应的未能通过铁心的磁通。

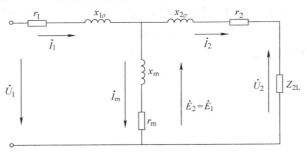

图 3-8 变压器的 T 形等效电路

变压器的励磁阻抗远远大于一次绕组和二次绕组的漏电抗。工程中可以采用空载试验来测定励磁阻抗。将变压器一次侧开路，则二次侧外加电压完全降落在二次绕组与励磁支路上，由于励磁阻抗远远大于二次绕组的阻抗，励磁支路分得大部分电压。当二次电压达到额定电压时，该电压与二次电流的比值，就近似为励磁阻抗的大小。根据损耗确定励磁电阻之后，进而也可以算出励磁电抗。

变压器绕组的漏阻抗可以通过短路试验测得。将变压器二次侧短路，一次绕组上的外施电压全部降落于变压器内部的短路阻抗上。由于励磁阻抗远远大于绕组的漏阻抗，此时可以近似认为励磁支路开路。由于短路阻抗很小，因此外加电压如果为额定电压，则流入变压器的短路电流也会达到 10～20 倍的额定电流，从而烧坏变压器。因此，一般调节外加电压使短路电流等于额定电流，此时测得的外加电压与额定电压之比，为变压器的短路电压百分数 $U_K\%$。中型变压器的电压百分数一般为 10% 左右，一些特殊用途的变压器可以达到 22% 以上。

在电气设计的工程实际中，为了简化计算，往往忽略掉励磁阻抗的影响，采用如图 3-9 所示的简化等效电路。由于高压系统的电抗远远大于电阻，在电气设计的短路电流计算中，还常常忽略掉电阻。图 3-9 可被进一步简化为只有电抗的电路，因此短路电压百分数 $U_K\%$ 可以看作是以本变压器额定容量为基准的电抗标幺值。

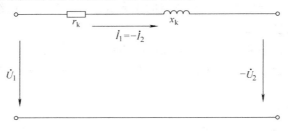

图 3-9 双绕组变压器的简化等效电路

说明：早期变压器设计时，为了尽量使得变压器运行更为经济，尽量将漏抗做到最小（即漏磁通尽量少）。随着电力系统规模的增大，常常用变压器的漏抗来限制其低压侧短路电流的大小，因此一些变压器的漏抗大些较好，如发电厂的厂用变压器。

3.2.2 变压器的结构

大多数电力变压器为油浸式变压器，即以油作为绝缘和冷却介质，所用的油一般为矿物油。

油浸式变压器的基本组成如图3-10所示，由其核心部件（即实现电磁转换的铁心和绕组）、用于调整电压比的分接头、分接开关、油箱和辅助设备构成。

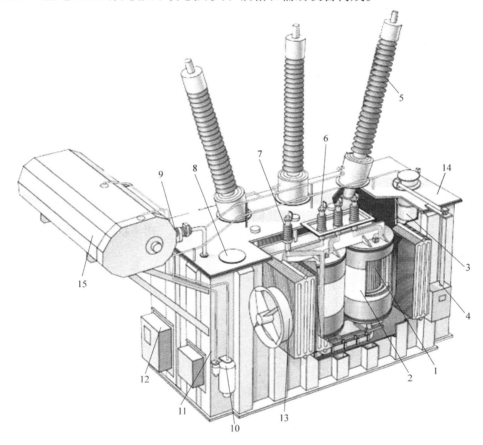

图 3-10 油浸式变压器的基本组成
1—铁心　2—绕组　3—调压分接头　4—调压机构箱　5—高压侧套管
6—低压侧套管　7—高压侧中性点　8—压力释放阀门　9—气体继电器
10、11—吸湿器　12—主变端子箱　13—散热风扇　14—油箱　15—储油柜

说明：由于与变压器有关的火灾往往和矿物油有关，因此对于小型变压器，实际上已主要采用不含矿物油的设计，即小型变压器可做成完全干式的，用空气绝缘或注入难燃液体或低燃性液体。采用这些绝缘介质的优点是可以将变压器安装在建筑物中，与开关装置紧靠在一起。

1. 铁心

变压器铁心的作用是为经过一次绕组和二次绕组的磁通提供低磁阻的磁路。由于励磁电流是交变的电流，铁心中的磁通也是交变的磁通，当磁通的大小和方向发生变化时，铁心材料的分子重新排布需要消耗一定的能量。这部分损耗与铁心的磁滞现象有关，称为磁滞损耗。构成铁心的铁磁材料（例如硅钢片）也具有导电性，因此当磁通变化时，铁心自身也像绕组一样，会感应出一定的电动势和电流。由于这种电流只在铁心的各个小局部循环，因此被称为涡流。涡流会在铁心材料（具有电阻）上形成有功损耗，称为涡流损耗。铁心中的磁滞损耗和涡流损耗统称为铁心损耗，简称铁损。这些损耗的表现形式是铁心材料的发热。

只要变压器被励磁，铁心损耗便客观存在。尽管铁心损耗在变压器所传递的容量中所占比例并不算大，但铁心损耗代表着电力系统中一个恒定的、值得注意的能量流失。据估计，在发电设备发出的所有电能中，约有 5% 作为铁心损耗被消耗掉了。

此外，对于大型电力变压器来说，交变磁通还会产生噪声，这种噪声类似于喷气式飞机和内燃机开足马力时发出的声音，向周围环境中传播。

为了充分利用圆形绕组的内部空间结构，常将电工钢带叠积成尽可能接近圆形截面的铁心柱，如图 3-11 所示。图 3-12 为电工钢片堆叠为铁心柱的实物图。

圆柱形铁心柱是所有变压器铁心的共同结构特点，但根据变压器形状的不同，其整体铁心结构有很大区别。构成磁通回路的铁心有多种形式，部分常见形状如图 3-13 所示。

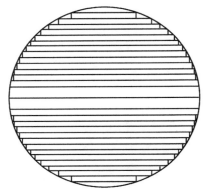

图 3-11 14 级捆扎的铁心截面

图 3-12 生产线上的电工钢片叠加为铁心柱的实物图

单相变压器的铁心形状一般如图 3-13a 所示。对单相变压器而言，其铁心必须包括供磁通返回的心柱。在三相系统中使用单相变压器的主要原因是运输条件的限制，因为某些大型变压器可能由于太重而无法作为三相变压器进行整体运输。

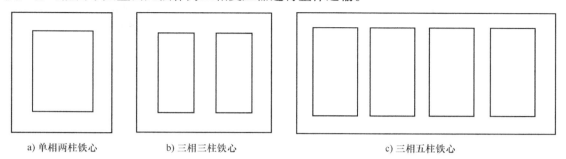

a) 单相两柱铁心　　　b) 三相三柱铁心　　　c) 三相五柱铁心

图 3-13　常见铁心形状

对于三相变压器而言，目前最常用的是三相三柱式铁心，其基本形状如图 3-13b 所示。因为在任何时候，由平衡三相电压系统所产生的三相磁通的相量之和都等于零，所以在三相铁心中不需要供磁通返回的旁柱，而且铁心柱和铁轭的截面积可以相等。注意，这种结构只适用于三相变压器。

2. 绕组

变压器绕组绝大多数用铜制成，也有部分采用铝作为导体材料。在工业用的金属材料中铜的电导率最高，而且具有极好的力学性能并且可以回收，因此铜在电气工业领域有许多应用。在变压器中，使用铜作为绕组材料，不仅性能良好，可减少绕组体积，还可以使负载损耗降至最低。

对于所有容量大于几千伏安的变压器，其绕组导线截面都为矩形。在绕组每匝导线内部的单股导线之间必须相互绝缘。当然，每匝导线也要与邻近的线匝绝缘，这种绝缘就是在导线上沿螺旋方向连续包扎的绝缘纸带，并且至少要包两层绝缘纸，以便外面一层绝缘纸能够覆盖里面一层绝缘纸的接缝间隙。铜导线的边棱要倒圆，以便于绝缘纸带的包扎，而且铜导线的边棱圆角还可以确保在导线换位处弱化"剪切作用"，避免损伤导线绝缘。在需要的地方，可以使用多层导线绝缘，导线绝缘层数的限制因素是绕组的稳定性。一般要求绕组导线具有扁平截面，以使其能稳定绕制在相邻导线的上面。上述要求对具有较厚绝缘的导线尤为重要。在实践中，通常要求导线的轴向尺寸至少是其辐向尺寸的 2 倍，最好为 2.5 倍。

图 3-14 为在生产车间中的变压器绕组。注意其扁平截面的铜导体按照多股方式组成了单相绕组，铜导体被纸绝缘材料螺旋状缠绕，以保证绕组间绝缘。

绕组匝数和导线截面等要求，决定了所用绕组的结构形式。

思考：变压器的低压绕组中要求有较少的匝数和较大的导线截面，而在高压绕组中则要求有较多的匝数和较小的导线截面。想一想，这是为什么？

常用的三相芯式铁心变压器，其高低压绕组同心缠绕于铁心柱上，如图 3-15 所示。考虑到和铁心的绝缘，以及分接绕组一般都接于高压绕组，一般将低压绕组靠近铁心布置。

低压绕组通常都绕制在由绝缘材料（合成树脂粘结纸板）制成的硬纸筒上。这种材料具有较高的机械强度，在低压绕组的绕制过程中，它可以承受具有较大截面积的铜线段所作用的载荷。在电气方面，它也具有足够的介电强度，不必采取任何其他措施，就可以承受施

图 3-14 生产车间中的变压器绕组

加在低压绕组上不太高的试验电压。在绕组硬纸筒与导线之间要放置由绝缘纸板制成的轴向撑条，以形成轴向油流通道。

高压绕组的导线截面积比低压绕组的导线截面积要小得多，但高压绕组的匝数却可能是低压绕组匝数的很多倍。即使两者的端部绝缘要求不同，人们仍然希望高压绕组和低压绕组具有大致相等的轴向尺寸。假定低压绕组以单螺旋方式绕制并且只有一层，那么，高压绕组就要有 10 层这种螺旋绕制的线匝。这种多螺旋绕组的机械强度不足，而且各层之间的电压也较高（在一个具有 10 层的绕组中，层间电压将是相电压的 1/10）。因此，高压绕组一般绕制成饼式结构。高低压绕组剖面图如图 3-16 所示。

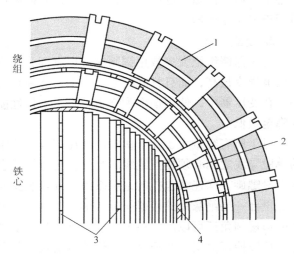

图 3-15 铁心绕组横截面图
1—高压绕组 2—低压绕组
3—铁心轴向油道 4—绕组硬纸筒撑紧件

高压绕组也要求有冷却油道，这些冷却油道也是由放在模具表面紧靠线饼内表面的鸽尾撑条和穿配在撑条上的辐向垫块所形成的。既可以在每对线饼之间形成辐向冷却油道，也可以在每个线饼之间设置冷却油道。

3. 调压方式与分接开关

很多变压器在运行时可以实现对电压比的调整，也即对电压的调整。调压的方式可以是无励磁调压，也可以是有载调压。无励磁调压需要在变压器停电以后，通过螺栓来实现绕组连接位置的变换。有载调压则可以在变压器带电运行时通过有载分接开关实现对电压的调整。大部分变压器都是全容量分接，即在各个分接位置的运行容量都等于变压器的额定容

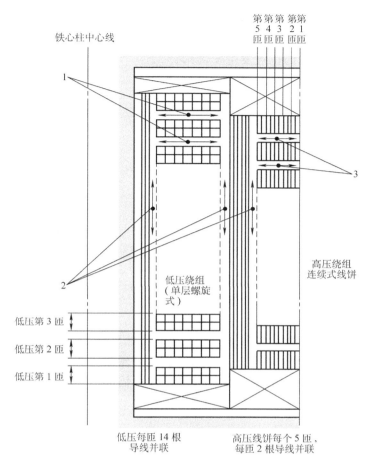

图 3-16 高低压绕组剖面图
1—匝间轴向油道 2—轴向油道 3—饼间轴向油道

量。无励磁调压的电压变化范围一般是 ±5%，使用有载分接开关进行调压的电压变化范围可达 ±30%。大部分电力变压器将分接线段设置在高压绕组上。

大型变压器中，由于在主绕组上布置分接线段的结构可能使变压器绕组的安匝不平衡达到难以接受的程度，导致变压器将无法承受外部近距离短路所引起的不平衡电磁力，所以必须要设置单独的分接绕组。单独的分接绕组一般布置在最外部，因而可以方便地将分接线引出并接在分接开关上。分接绕组有各种各样的形式，它们各有利弊。需要注意的是，设置单独分接绕组必然引起成本的增加，其原因是需要增加绕组间的绝缘。因此，在可能的情况下，还是希望将分接线段设置在高压绕组上。

调压的实现依赖于绕组匝数的变化，也就是利用分接绕组来调整一次侧和二次侧的匝数比。在实际应用中，可以采用分接线匝以线性形式排列，即每上升一个分接位置，就要在绕组中加入相应数量的线匝，也可采用正/反调压结构。

正/反调压结构中高压分接绕组的连接如图 3-17 所示，首先按负极性方式将分接线匝接入绕组中，即使得所有接入线路的分接线匝产生电压来抵消部分高压主绕组的电压，从而在外部端子上得到最小分接时的电压。随着分接位置的上升，分接线匝不断地从绕组中切除，直到将所有分接线匝都从绕组中切除出去,达到中间分接位置。然后将分接线匝按正极性方式接入绕组(此时切换开关的位置发生变化),使得变压器分接位置逐渐上升,直到将全部分接线匝按照正极性方式接入而达到最高电压分接位置。采用这种调压结构可以减少分接绕组的实际尺寸,但结构较复杂,成本较高。

在有载调压中,分接位置的变化需要依靠分接开关来实现。要求在分接变换过程中,不切断负荷电流,而且绕组的任何部位都不出现短路现象。

早期的有载调压分接开关多使用电抗器,现在则常用过渡电阻。图 3-18 所示的采用切换开关的电抗式有载调压分接开关,具有两个独立的选择开关和切换开关,两个开关机械连锁,可以顺序操作。当分接位置由 1 到 2 变换时,首先打开切换开关 2,将选择开关 2 的分接头从 11 切换到 10,再闭合切换开关。分接开关的动作需要依靠相应的操作机构来实现,现阶段常用电动操作机构,即由电动机控制分接开关的档位调整。

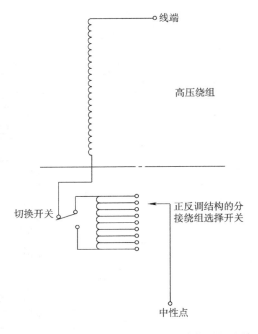

图 3-17 正/反调压结构中高压分接绕组的连接

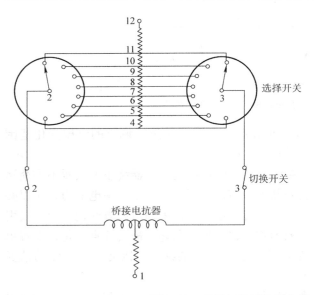

分接位置	分接连接	
	左侧开关	右侧开关
1	2—11	3—11
2	2—10	3—11
3	2—10	3—10
4	2—9	3—10
5	2—9	3—9
6	2—8	3—9
7	2—8	3—8
8	2—7	3—8
9	2—7	3—7
10	2—6	3—7
11	2—6	3—6
12	2—5	3—6
13	2—5	3—5
14	2—4	3—5
15	2—4	3—4

图 3-18 采用切换开关的电抗式有载调压分接开关

4. 变压器油

油浸式变压器的变压器油主要用于散热和充当绝缘介质。

在变压器带电时,绕组和铁心中的铜导体和铁磁材料以发热的形式消耗能量(铜损和铁损),会导致铁心、绕组、铁心框架、油箱或其他备件的升温。对大多数变压器来说,可根据绝缘纸的承受能力确定温升极限，如果绝缘纸的可接受极限是100℃，那么温升极限必定在100℃以内。

变压器的有效冷却也很重要。容量较小的变压器一般采用风冷却，容量在31.5MVA及以上的变压器一般采用液体冷却。对大多数变压器来说，矿物油是吸收铁心、绕组热量，并将其热量传递给自冷或风冷外表面的最有效介质，有时要借助强迫油循环方式。油的热容量或比热容及导热性对热导率均有重要影响。

在大多数电气设备中，有大量不同部件处于不同电位之下，因此需要将它们相互绝缘。如果要从经济上考虑，不同部件间的隔离要尽量减少，这意味着设备必须能够在尽可能高的场强下运行。此外，变压器常常要在高于额定电压下短时间运行，或者耐受操作冲击和雷电冲击的瞬变过电压，变压器油正是用于应对上述问题很好的绝缘介质。另外，油对固体绝缘效率的重要作用还体现在它能穿透并进入包围绝缘的层间，在纸和其他纤维基的材料干燥并抽空脱气后，将其浸透。

变压器油必须具备以下特性以满足要求。

1）低黏度：保证油的对流导热的效果，而且使油可以穿透窄油道并可在绕组中循环，以防止在油很少通过的区域因低流速导致局部过热。

2）低倾点：油的倾点是油能够流动的最低温度。对于在寒带运行的变压器来说，即使在可能经受的最低温度下，也不允许使油达到半固体状态，因此，油必须有较低的倾点。

3）高闪点：闭口闪点给出了变压器油蒸发出的可燃气体在油面上方空间充分聚集、遇到明火而"闪火"的温度，变压器的闪点温度可达95℃以上。燃点一般比闭口闪点高出大约10℃。

4）优良的化学稳定性，很高的电气强度：抗氧化性能、新油酸值、腐蚀性硫试验、含水量等。

此外，还有其他一些不太重要的性能要求，包括：高比热容、高导热率、很好的冲击强度、很高或很低的介电常数（根据使用意图而定）、很高或很低的吸收气体的能力（根据使用意图而定）、低溶解能力、低密度、很好的熄弧性、无毒等。

5. 油箱、储油柜与附属设备

变压器油箱作为铁心、绕组和介质液体的容器，必须能够承受运输过程中所受到的作用力。在大型变压器中，油箱通常还要对运输过程中的铁心提供附加支撑。除了容量最小的变压器之外，所有变压器都要进行真空浸油，此时的变压器油箱作为真空浸油的容器。

油箱绝大部分采用钢板制造，其顶盖可以拆下，以满足装配器身的需求，或是在必要情况下将器身吊走。箱沿的位置一般较高，以便在需要拆除箱盖进行器身检查时不必将变压器油放尽。箱盖结构通常都很简单，可能仅是一个未经加强的平钢板。箱盖通常与水平面有1°的斜度，以防箱盖外表面积聚雨水。箱盖的加强结构也要防止形成聚水，通常是在加强铁上开泄水孔，或采用槽形截面加强铁，并将其开口朝下。

油箱上必须设置用于注油或放油的阀，在需要时还要增设油样阀。这些阀的作用是在变压器加压之前，在现场使用外部滤油和干燥设备进行变压器内部油的循环，或是对运行中的变压器器身维修后使用这些阀更换变压器中的油。

在油箱上还要设计适量的可拆卸的小盖板，以便进行套管接线、绕组测温电流互感器连接、铁心接地连接、无励磁分接变换和分接开关等的相关操作。

变压器油箱必须设有一个或多个安全装置，以便释放突然升高的内部压力，例如由变压器事故引起的油箱内部压力升高。安全气道结构的缺点是，一旦压力释放膜破裂，经安全气道放出的变压器油量就不可限制，这可能加重与事故有关的火灾，并将变压器身暴露在空气中。现在，已经用弹簧自封式安全装置代替了压力释放膜。安全装置在将变压器重新密封之前仅释放导致油箱内部压力过高的部分油量。安全装置实质上就是一个使用弹簧压紧的阀，该阀具有对启动压力瞬时放大的功能。变压器油箱上的压力释放装置如图 3-19 所示。

图 3-19　变压器油箱上的压力释放装置

如果将安全装置安装在油箱的较高位置，在安全装置动作时存在将热油喷溅在变压器操作人员身上的危险。为了防止发生这种事故，可以用导油管将从安全装置中喷出的变压器热油限制在管内并使其流到地基表面上。当然，这种导油管不能对喷出的变压器热油形成明显阻力。

变压器油箱上通常还要设置其他一些附件，例如在箱盖上设置一个（或几个）温度计座用于测量变压器顶部油温度；一块接线牌或铭牌用于详细标示变压器基本参数；一个接地端子用于变压器主油箱接地。

虽然许多小型变压器一般不配置储油柜，但对大型重要变压器而言，使用储油柜具有许多优越性。在使用储油柜的结构中，可以将变压器主油箱的油注到顶盖位置，从而在需要时可以在顶盖上安装套管。但使用储油柜最重要的特点在于，它可以减小变压器油与大气的接触面积，从而减小油的氧化速度和氧气在油中的溶解程度，而溶解在油中的氧气能缩短油的绝缘寿命。为了保持变压器油的干燥，必须排除储油柜内部油面上部空间中的湿气。对于 110kV 电压等级以下的变压器，储油柜内部油面上部空间一般通过含有干燥剂（通常为硅胶）的装置进行呼吸，空气通过这一吸湿装置进入储油柜内部。

带储油柜的变压器还可以使用气体继电器。气体继电器通常安装在储油柜通向油箱的连管上。在这样的位置，气体继电器就可以收集由于油箱内部事故所产生的任何气体。收集的气体可以引起继电器内浮子下沉，从而导致报警触点报警或跳闸触点跳闸，或二者同时动作，这取决于产气速率。

套管是将油箱内部的电气连接引出的部件。它要在绕组连接部件与接触的主油箱之间提供必要的绝缘距离，也要能够承受真空压力的作用，可以满足器身真空浸油的要求。在变压器正常运行寿命期间,必须确保套管不渗漏,而且在各种条件下(如淋雨、覆冰、烟雾等)都能维持其绝缘性能,并且还要在可以接受的温升条件下具有一定载流能力。为了满足上述要求,不同用途套管的结构复杂程度有所区别,这取决于套管的电压等级和额定电流。

变压器的油箱、储油柜与附属设备如图3-20所示。

图3-20 变压器侧面图

1—油位计 2—气体继电器 3—低压侧套管 4—压力释放阀 5—温度计(油) 6—温度计(绕组) 7—风扇
8—吸湿器 9—放油阀门 10—套管(CT) 11—高压侧套管

6. 变压器的散热

当变压器绕组中产生电阻损耗和其他损耗时，就要产生热量。必须要将这些热量传递到变压器油中，并由变压器油带走。在几百摄氏度的温度以下，绕组铜导线仍然可以保持其机械强度。在140℃左右的温度下，变压器油也不会显著劣化；但当温度达到90℃以上时，纸绝缘的劣化程度却大大增加，因此，冷却油流必须确保绝缘温度尽可能保持在这一温度限值（90℃）以下。

油循环方式主要包括：

1）自然油循环。利用油被加热后所产生的温差压力。油在绕组内部被加热而上升，在散热器中受到冷却而下降。

2）强迫（不导向）油循环。使用油泵将冷却油从散热器中抽出并输送到绕组底部，然后再通过绕组导线"上部"和"下部"撑条所形成的垂直轴向油道循环。

3）强迫导向油循环。油的冷却借助一些外部设备来实现，例如安装在油箱壁上的散热管或散热器，外部单独安装的独立冷却器，甚至油/水热交换器等。

在一些油箱本身散热面积不够的小型变压器上，目前普遍采用在油箱上安装由钢板压制而成的散热器进行散热。这些散热器加工成本低、安装方便，因而已经基本上取代了过去大部分配电变压器普遍采用的散热管结构。对于较大容量的变压器，可以在散热器底部或侧面安装冷却风扇，形成强迫风冷。此外，用水对变压器油进行冷却是大型变压器冷却方式的一种选择。

3.2.3 变压器的型号表征

变压器型式多样。在设计和生产中往往需要使用型号来表示变压器的特征。变压器型号的表征一般按下列规则：

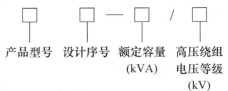

其中，关于变压器型号描述参见表3-1。设计序号是设计和生产厂家自定义的，不直接反映变压器本身的型式特征。

表3-1 变压器型号描述

	单相	D
相数	三相	S
	油	不标出
绕组外绝缘介质	空气	G
	成型固体	C
	自冷式	不标出
冷却方式	风冷	F
	水冷	W

	自然循环	不标出
油循环	强迫油导向循环	D
	强迫油循环	P
绕组数	双绕组	不标出
	三绕组	S
调压方式	无激磁调压	不标出
	有载调压	Z
绕组耦合方式	自耦	O
	分裂	不标出

（续）

例 3-1 某变压器的型号为 SFPZ5 – 120000/220，简述该变压器的基本型式和参数。

解析：对照表 3-1 可知，该变压器是"三相"变压器（S），绕组外绝缘介质是"油"（默认），冷却方式是"风冷"（F），油循环方式是"强迫油循环"（P），绕组数为"双绕组"（默认），调压方式为"有载调压"（Z）。

设计序号为 5，表示该产品是按同类产品系列中的第 5 次设计方案生产的。

"120000"表示该变压器的额定容量为 120000kVA，"220"表示该变压器的高压绕组电压等级为 220kV。

3.2.4 风电场中的变压器

大型风电场中常采用二级或三级升压的结构。在风电机组出口装设满足其容量输送的变压器将 690V 电压提升至 10kV 或 35kV，汇集后送至风电场中心位置的升压站，经过升压站中的升压变压器变换为 110kV 或 220kV 送至电力系统。如果风电场装机容量更大，达到几百万千瓦的规模，可能还要进一步升压到 500kV 或更高，送入电力主干网。

风电机组的升压变压器一般归属于风电机组，需要将电能汇集后送给升压变电站，也称为集电变压器，如图 3-21 所示。升压站中的升压变压器，其功能是将风电场的电能送给电

图 3-21 风电机组出口的集电变压器

力系统,因此也被称为主变压器,如图 3-22 所示。此外,为满足风电场和升压变电站自身用电需求,还设置有场用变压器或所用变压器,如图 3-23 所示。

图 3-22　风电场升压变电站中的主变压器　　图 3-23　变电所内所用的变压器

3.3　开关设备

在电力系统生产运行中,电气设备的相互联系及生产方式的转换,由开关电器的分合来实现。开关电器的分合实现了电路的有选择接通和断开。

在中学物理实验中,我们曾经按照图 3-24 的接线方式来连接电路,学习电学基本常识。其中利用刀开关来分合电路,刀开关的原理非常简单:当闸刀落下时,将两侧导体连接起来,接通电路;当闸刀打开后,两侧导体不再有电路联系,相互绝缘。刀开关所要达成的目的即通过其自身"导体↔绝缘体"的转换来分合电路。

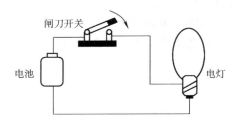

图 3-24　采用刀开关的简单电路

电力系统中的高压开关电器要复杂得多,但其基本原理依然是"导体↔绝缘体"的转换。常用的开关电器有断路器、隔离开关、熔断器和接触器,它们的功能各不相同。由于承载的电压高、通过的电流大,高压开关电器体型较大,其分合操作要依靠专用的操作机构来实现,同时在分合电路的过程中还必须考虑其间电弧的影响。

3.3.1　电弧的基本知识

1. 电弧的本质和特性

开关电器开断电流时,只要电路中的电流达到几百毫安,电压有几十伏,开关的触头间就会出现电弧。电弧是导电体,只有电弧熄灭才能实现电路的开断。

电弧是一种气体放电现象,是一种等离子体状态,即带正电荷和负电荷的粒子数量相等的离子集团状态。随着温度的升高和能量的输入,物质可以实现由固态、液态、气态和等离子状态的顺序转换。由图3-25可见,金属与等离子体有相似之处。

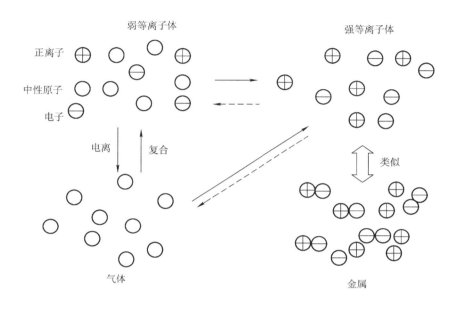

图3-25 气体、等离子体、金属的状态简图

开关分合过程中所产生的电弧,对于开关电器以及整个系统的安全运行都具有重要影响。这主要是因为:

1) 电弧是强功率放电,在开断几十千安的短路电流时,以焦耳热形式发出的功率达到10000kW,电弧具有上万摄氏度或更高温度及强辐射,在电弧区的任何固体、液体或气体在电弧作用下都会产生强烈的物理及化学变化。在开关中,可能电弧的燃烧时间仅仅比正常情况长10~20ms,开关就会出现严重烧损甚至爆炸。如果用隔离开关分合带负荷的回路(属于误操作),电弧会使操作者大面积烧伤。

2) 电弧是一种自持放电,很低的电压就能维持相当长的电弧稳定燃烧。如在大气中,每厘米电弧的维持电压只有15V左右;在100kV电压下开断仅5A电流时,电弧的长度可达7m;电流更大时,可达30m。因此,单纯靠拉长电弧无法有效将电弧熄灭。

3) 电弧是等离子体,质量很小,极容易变形。电弧区内的气体的流动,可能是自然对流,也可能是外界甚至电弧电流本身产生的磁场使电弧受力,改变形状,有时候运动速度可达每秒几百米。

断路器为了有效熄灭电弧,一般将触头装设在灭弧介质中。灭弧介质可以为气态的空气、氢气、六氟化硫(SF_6),也可以为真空。在气体中和在真空中的电弧,在物理过程和特性上有很大不同。

2. 电弧的物理过程

在电弧的形成与维持过程中,游离起了很重要的作用。所谓游离,即中性质点到带电质点的转化。

电弧通常可以分为三个区域：阴极区、弧柱区和阳极区，如图 3-26 所示。在阴极区、弧柱区及阳极区游离过程中产生了带电质点，并使其产生定向移动。电弧的电位和电位梯度分布如图 3-27 所示。

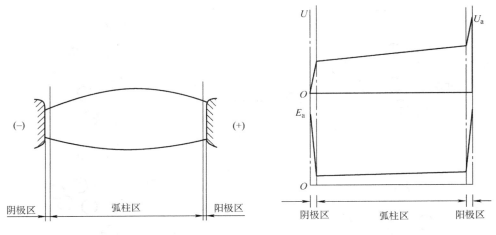

图 3-26　电弧的阴极区、弧柱区和阳极区　　图 3-27　电弧电位和电位梯度分布

通常阴极区的电位降为 10~20V，并与触头材料有关。阴极区的长度很小，如在大气中只有 10^{-4}cm 左右，因此电位梯度很大。阳极区的电位降与阴极区的电位降相近，长度稍长。弧柱长度与触头间距离及电弧形状有关，弧柱电位降与电弧长度及所处介质的种类和状态（压力、流动情况等）等有关。弧柱的电位梯度一般不过十几伏，最高几百伏，较阴极电位梯度小得多。

电弧中的电流从微观上看是电子及正离子在电场下移动的结果，其中电子的移动构成电流的主要部分。从电弧半径方向看，电弧中心温度最高。弧柱周围发光较暗的区域称为弧焰，其中电流密度很小。

3. 交流电弧的熄灭

交流电弧的熄灭过程主要有以下三种情况。

（1）强迫熄弧

强迫熄弧是指因电弧电压很高，电源电压不能维持，电弧电流很快被减小到零而熄灭。

填充石英砂的熔断器在开断交流短路电流时，就会出现这种强迫熄弧现象。这种熔断器熔丝很长，如 10kV 石英砂熔断器的熔丝长度近 1m。石英砂有很强的散热能力，熔丝又很细，因此电弧电压超过电源电压，电弧电流不能维持而急剧减小导致熄弧。

说明： 这种灭弧过程与直流电弧熄灭情况相同。在电感元件上可能出现过电压。

（2）截流开断

在此情况下，电弧因不稳定而熄灭。

（3）过零熄弧

在大多数高压断路器开断过程中，电弧电压远低于电源电压，也即电源电压足以维持电弧燃烧而不致发生强迫熄弧。在电流较大的情况下也不会出现截流。在这种情况下，电弧是在电流零点时熄灭的,这种熄弧过程称为过零熄弧。

对频率为 50Hz 的交流电路,电流每秒有 100 次零值,因此不管开关熄弧能力如何差,电弧电压如何低,电流都要过零,电弧自然熄灭,至少是暂时地熄灭。对于交流电弧来说,不是电弧电流能否降到零的问题,而是电流过零后电弧间隙(简称弧隙)是否会被重新击穿而复燃的问题。如电流过零后,弧隙未复燃,电弧就最后熄灭;反之,如发生复燃,则电弧在电流此次过零时不能熄灭,至少需燃烧至电弧电流下次过零时再熄灭。

弧隙是否复燃决定于两方面:一是弧隙的介质强度,二是加在弧隙上的电压,通常称为恢复电压。两者的单位都是 kV。显然,介质强度和恢复电压都是时间 t 的函数,通常称为介质强度恢复过程和电压恢复过程。介质强度恢复过程取决于电流及断路性能,电压恢复过程主要取决于电网的结构和参数。

显然,在电弧电流过零后电弧是最终熄灭还是复燃决定于介质强度 u_d 和恢复电压 u_{tr}。图 3-28 给出了电弧过零后出现复燃和熄灭两种情况。

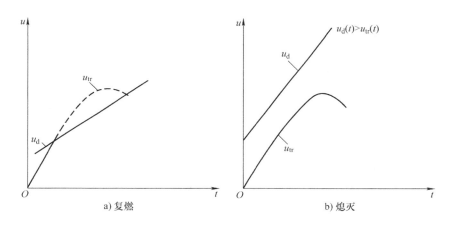

图 3-28 交流电弧过零时的复燃和熄灭

电弧电流过零后的介质强度恢复过程是相当复杂的过程,一般把介质强度恢复过程分为热击穿阶段和电击穿阶段。

(1) 热击穿阶段

通常,特别是在开断大电流时,电弧电流过零后,弧隙的介质温度仍很高,高于金属蒸气的开始热游离温度。在此情况下,弧隙仍有一定的电导率。当恢复电压 u_{tr} 加在弧隙上时,弧隙中即有一小电流流过,这一电流称为弧后电流。此时,在弧隙中同时进行着两个过程:一方面,电源供给弧隙以能量;另一方面,弧隙又将能量传给周围介质。如果电源供给弧隙的能量超过传出的能量,弧隙温度将不断上升,最后导致击穿,这称为热击穿。反之,弧隙温度将不断降低。最后,弧隙将转变为不导电的介质。此后,弧隙进入电击穿阶段。

防止热击穿阶段复燃的基本措施是加强冷却、增加电弧散热功率。

(2) 电击穿阶段

金属的热游离温度约为 4000~5000K,低于这个温度时,热游离基本停止,弧隙转变为介质。在此阶段中,如发生复燃,则与气体介质击穿过程相似。

提高电击穿阶段弧隙介质强度的主要措施与提高气体间隙耐压强度一致,与介质种类、状态（包括压力、温度、流动情况），电极材料、形状、表面状况等有关。

电压恢复过程与电网结构参数等有直接关系。由于电网结构复杂，不同电网、不同断路器安装地点以及不同的负荷情况或故障情况，恢复电压均不同。

3.3.2 断路器

断路器是电力系统不可缺少的主要控制、保护设备，是电力系统中最重要的开关电器，其作用为分合电路。为了可以熄灭电路分合时所产生的电弧，断路器都装设有灭弧装置，因而可以用来实现电路的最终分合。用于实现导体连接、分断的触头在灭弧装置中，由可以快速拉动触头运动的操作机构分合。为了防止断路器分合时由于遮断容量不足而发生爆炸，高压断路器需要远方操作，或采用防爆措施，如10kV常采用高压开关柜。

常用的断路器类型有油断路器、真空断路器和六氟化硫（SF_6）断路器等。

1. 油断路器

在各种高压断路器中，油断路器是最早出现的、历史最悠久的断路器。

油断路器的触头浸在油（与变压器油相同，有时也称为变压器油）中，触头分合时电弧能量中除一小部分通过传导、辐射等方式向四周散出外，大部分能量使四周的油蒸发和分解，在电弧周围形成气泡。

气泡中的主要成分是油的蒸气和由油蒸气分解的其他气体。油蒸气占整个气泡体积的40%，其他气体占60%。在其他气体中，氢气（H_2）占总体积的70%～80%。气泡体积受到周围油的惯性力和油箱壁的限制，气泡压力是比较高的（几个大气压到十几个大气压），因此电弧是处在压力较高、导热性很好（主要是氢气的导热性能特别好）的气体包围之中，使电流过零后弧隙介质强度恢复很快，电弧容易熄灭。

利用电弧自身能量熄灭电弧的方法称为自能式灭弧，利用其他能量熄灭电弧的方法称为外能式灭弧。为使结构简单，绝大多数油断路器都采用自能式灭弧，例如简单开断的多油断路器。

按照绝缘结构的不同，油断路器可分为多油断路器和少油断路器两种。

1）多油断路器的触头系统放置在装有变压器油的由钢板焊成的油箱中，油箱是接地的。油一方面用来熄灭电弧，另一方面又作为断路器导电部分之间以及导电部分与接地的油箱之间的绝缘介质。由于用油量很多，所以称为多油断路器。图3-29为多油断路器的结构原理图。

2）在少油断路器中，变压器油用来熄灭电弧和作为触头间的绝缘介质，但不作为对地绝缘材料。对地绝缘主要采用固体绝缘件，如瓷件、环氧玻璃布板、棒，环氧树脂浇铸件等。因此，变压器油的用量比多油断路器少很多。

按使用地点的不同，少油断路器可分为户内式与户外式两种。户内式少油断路器主要供35kV及以下户内配电装置使用（现在已经基本被淘汰）；户外式少油断路器的电压等级较高（66kV及以上），作为输电断路器使用。

户外式少油断路器的三相灭弧室分别装在三个由环氧玻璃布卷成的绝缘筒中，如图3-30所示。绝缘筒通过支持瓷瓶固定在基座上。大部分110kV少油断路器都采用这种结构，灭弧室装在绝缘筒内。户外式少油断路器由于电压等级高、重量大，几乎无一例外全部采用串联灭弧室、积木式的总体布置。每个灭弧室相应的额定电压为63～126kV。这种布置的主要优点是零部件通用性强、生产维修比较方便、灭弧室研制工作量小、便于向更高电压等级发展。

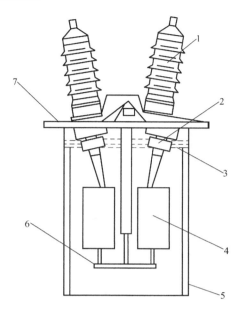 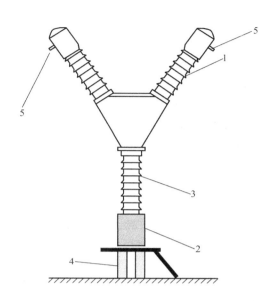

图 3-29 多油断路器结构原理图
1—绝缘套管 2—电流互感器 3—变压器油
4—静触头和灭弧室 5—油箱
6—横梁（动触头） 7—箱盖

图 3-30 110kV 户外少油断路器
1—绝缘筒 2—操动机构 3—支持瓷瓶
4—基座 5—接线端子

一般高电压等级的少油断路器的结构是细而高，结构稳定性较差，不宜在强烈地震地区使用。

2. 真空断路器

利用真空作为触头间的绝缘与灭弧介质的断路器称为真空断路器，真空断路器中的电弧和气体电弧有明显的不同。

（1）真空的概念

真空一般指的是气体稀薄的空间。凡是绝对压力低于正常大气压力的状态都可称为真空状态。绝对气压力等于零的空间称为绝对真空，是真正的真空或理想真空。

真空包括的范围很广，为方便起见，常将它划分为几个区域。我国真空的区域划分见表 3-2。

表 3-2 我国的真空区域划分

划分区域	压力范围/Pa
粗真空	$1.01 \times 10^5 \sim 1.33 \times 10^2$
低真空	$1.33 \times 10^2 \sim 1.33 \times 10^{-1}$
高真空	$1.33 \times 10^{-1} \sim 1.33 \times 10^{-6}$
超高真空	$1.33 \times 10^{-6} \sim 1.33 \times 10^{-10}$
极高真空	$< 1.33 \times 10^{-10}$

真空灭弧室的真空度（即真空压力值）为 $1.33\times10^{-2}\sim1.33\times10^{-5}$Pa，属于高真空范畴。在这样高的真空度下，气体的密度很低，气体分子的平均自由路程很长，因此触头间隙的绝缘强度很高。

（2）真空间隙击穿与真空电弧

大量研究表明，真空间隙的击穿不是由于间隙中气体分子的碰撞游离所引起，而主要由电极现象决定。

电极表面在强电场作用下会产生电子发射。随着电极表面温度和外加电场强度的增大，电极表面电子发射的电流密度也增大。实验证明，当电流密度达到某一临界值时，真空间隙被击穿，这被称为场致发射击穿机理。

电极表面不可避免地总会粘有一些微粒质点，它们在电场作用下会附着电荷运动，具有一定的动能。如果电场足够强，微粒直径又适当，在穿过间隙到达另一电极时已经具有很大的动能，在与另一电极碰撞时，动能转变为热能，使微粒本身熔化和蒸发，蒸发产生的金属蒸气又会与场致发射的电子产生碰撞游离，最终导致间隙的击穿，这被称为微粒击穿机理。

不管触头表面如何平整，微观上看总是凹凸不平的。两触头接触时只有少数表面突起部分接触并通过电流。接触点的多少和接触面积的大小与接触电压有关。当触头在真空中开断电流时，随着触头分开，接触压力减小，接触点的数量和接触面积也随之减少。电流集中在越来越少的少数接触点上，损耗增加，接触点温度急剧升高，出现熔化。随着触头继续分开，熔化的金属桥被拉长变细并最终断裂产生金属蒸气。金属蒸气的温度很高，部分原子可能产生热电离，加上触头刚分离时，间隙距离很短，电场强度很高，阴极表面在高温、强电场的作用下又会发射出大量电子，并很快发展成温度很高的阴极斑点。而阴极斑点又会蒸发出新的金属蒸气和发射电子，这样触头间的放电就转变为自持的真空电弧了。

（3）真空断路器的基本结构

真空断路器的结构与其他断路器大致相同，主要由操作机构、支撑用的绝缘子和真空灭弧室组成，如图 3-31a 所示。10kV 真空断路器的结构和真空灭弧室的剖面如图 3-31b 所示。真空灭弧室的结构很像一个大型的真空电子管。外壳由玻璃或陶瓷制成，动触头运动时的密封靠波纹管。波纹管在允许的弹性变形范围内伸缩，要求有足够高的机械寿命（一万次以上）。动、静触头的外周装有屏蔽罩，它起着吸收、冷凝金属蒸气，均匀电场分布的作用。对某些结构的灭弧室，屏蔽罩还起到保护玻璃或陶瓷外壳的内表面不受金属蒸气的喷溅，防止降低内表面绝缘性能的作用。

（4）真空断路器的特点

真空灭弧室的绝缘性能好，触头开距小（12kV 真空断路器的开距为 10mm，40.5kV 约为 25mm），要求操动机构提供的能量也小，加上电弧电压低，电弧能量小，开断时触头表面烧损轻微，因此真空断路器的机械寿命和电气寿命都很高。通常机械寿命和开合负载电流的寿命都可达到一万次以上。允许开合额定开断电流的次数，少则 8 次，多的可到 50 次或更多，特别适宜用于要求操作频繁的场所。这是其他类型的断路器无法比拟的。真空负荷开关与真空接触器的机械寿命和电寿命比真空断路器更高。

真空灭弧室出厂时真空度应保持在 10^{-4}Pa 以上，运行中不应低于 10^{-2}Pa，因此密封问题特别重要，否则就会导致开断失败，造成事故。

真空开关包括真空断路器、真空负荷开关和真空接触器。真空开关使用安全、维护

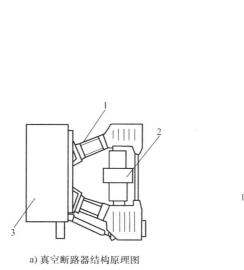 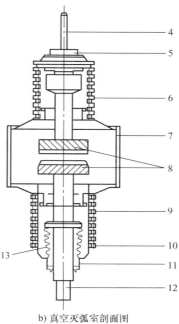

a) 真空断路器结构原理图　　　　　b) 真空灭弧室剖面图

图 3-31　10kV 真空断路器

1—绝缘子　2—真空灭弧室　3—操作机构　4—定导电杆　5—静法兰盘　6—磁管　7—屏蔽罩
8—触头　9—磁管　10—波纹管　11—导向套　12—动导电杆　13—动法兰盘

简单。

真空灭弧室是密封的，工作状态与外界大气条件无关，真空灭弧室开断性能既不受外部环境的影响，也不会像油断路器那样，在开断短路电流时产生喷油、排气给外界带来污染，更不会像 SF_6 断路器那样，在开断短路电流时，电弧的高温会使 SF_6 气体分解产生有毒物质而需要妥善处理。真空开关使用中，灭弧室无须检修；开断过程中不会产生很高的压力，爆炸危险性小；开断短路电流时也没有很大的噪声。由于这些原因，在 10kV、35kV 配电系统中，国外真空断路器的占有率在 1980 年到 1993 年的十几年间就从 19% 增加到 65%。我国真空断路器的占有率也在逐年提高，在中低压断路器的无油化改造中，全国大部分地区的 10kV 系统逐步应用了真空断路器，部分 35kV 系统也开始采用真空断路器。

3. SF_6 断路器

（1）SF_6 气体简介

六氟化硫（SF_6）是目前高压电器中使用的性能最优良的灭弧和绝缘介质。SF_6 常以液态保存于钢瓶中，使用时减压放出呈气态冲入电气设备内。SF_6 由卤族元素中最活泼的氟原子（F）和硫原子（S）结合而成。它无色、无味、无毒、不会燃烧，化学性能稳定，常温下和其他材料不会发生化学反应。

由于同等体积的 SF_6 气体比空气重得多，它的密度大约是空气的 5 倍。如果发生泄漏将沉积于低洼处（如电缆沟中），浓度过大可能会引起人员窒息，因此需要考虑实际运行时候的通风情况。此外，也需要注意，SF_6 气体通过对流能与空气混合，虽然速度很慢，但一旦混合就不容易再次分离。

纯净的SF_6气体一般是公认无毒的。但特别需要注意的是，在电弧的高温作用下，SF_6的分解物SF_4、S_2F_2、SF_2、SOF_2、SO_2F_2、SOF_4、HF等都具有强烈的腐蚀性和毒性。这些气体在很低浓度下就有刺鼻气味，加上能被味觉检测到的浓度比可造成伤害的浓度低两个数量级，所以工作人员可以轻易地察觉。当接近SF_6电器设备闻到有刺鼻气味时，应立即设法防止吸入气体并迅速离开；此外，安装有SF_6电器的场所应装设合适的通风设备。

SF_6气体中的水分必须控制在一定的限度内，否则会对设备运行带来危害。常温下的SF_6气体非常稳定，在500℃时一般不会自行分解；但水分较多的时候，在200°C以上就会可能分解产生HF气体，HF是氢氟酸，有很强腐蚀性，剧毒。此外水分还会影响SF_6的绝缘性能，在温度骤降时，气体中的水分将会凝结成露水附在绝缘件表面，出现沿面放电事故。

在实践中为防止高温分解物和水分对于SF_6气体的影响，常采用吸附剂来吸附电弧分解物和水分。

SF_6具有优良的灭弧性能，主要是由于SF_6电弧具有高温弧芯和低温弧焰，其电弧电压梯度小、功率低，对于熄灭电弧有利。电弧即使在电流很小时依然可以维持弧芯的导电状态，电流过零时弧柱残余体积小、能量小，有利于弧隙绝缘强度的恢复。

卤族元素及其化合物的气体都是电负性气体，即其分子和原子具有生成负离子的能力，特别是SF_6气体具有很强的生成负离子的能力。弧隙中参与导电的电子可以被SF_6分子或氟、硫原子吸附为负离子，负离子运动速度较慢，很容易与带电的正离子结合成中性的分子和原子，使得弧隙中的带电粒子迅速减少。

均匀电场下SF_6气体的绝缘性能大约是空气的3倍。在0.4MPa的绝对压力下，SF_6气体的绝缘性能大致与变压器油相当。由于SF_6气体绝缘性能好，SF_6断路器中动静触头间的距离不必很大，降低了上游部分电弧长度和电弧能量，不容易出现气流堵塞，有利于电流的提高。

(2) SF6断路器基本类型

按照结构不同，SF_6断路器可分为罐式与瓷柱式两种，如图3-32所示。

罐式断路器的灭弧室安装在与地电位相连的金属罐体内。高电压下，每相需要将多个灭弧室串联装在同一罐体内。瓷柱式断路器的灭弧室装在绝缘支柱上，通过串联灭弧室，并将它们安装在适当高度的绝缘支柱上，便可获得任意的电压额定值。绝缘支柱现大多为瓷柱，也出现了有机复合支柱。

从不同方面看，瓷柱式和罐式具有各自的优势。

罐式断路器灭弧室在其罐体内，重心低，电流互感器可以安装于其套管上，抗震性能较好，适应环境能力强，但其SF_6气体用量较大。

瓷柱式断路器的灭弧室安装于绝缘支柱上，无法在本体上安装电流互感器，由于瓷柱尺寸限制，外部耐压能力不如罐式断路器，重心较高，抗震能力不如罐式断路器，但是SF_6气体用量较小、结构简单、制造容易、运动件少、系列性好、同容量下价格便宜。

按照灭弧方式的不同，SF_6断路器又分为双压式SF_6断路器、压气式SF_6断路器、自能式自吹SF_6断路器和旋弧式SF_6断路器等。

(3) 断路器操动机构

传统的高压断路器都是带触头的电器，通过触头的分、合动作达到开断与关合电路的目的，因此，必须依靠一定的机械操动系统才能完成。在断路器本体以外的机械操动装置称为

a) 罐式　　　　　　　　　　　　　　b) 瓷柱式

图 3-32　罐式及瓷柱式 SF_6 断路器

操动机构，而操动机构与断路器动触头之间连接的部分称为传动机构和提升机构。

操动机构的合闸能源从根本上讲是来自人力或电力。这两种能源还可转变为其他能量形式，如电磁能、弹簧位能、重力位能、气体或液体的压缩能等。根据能量形式的不同，操动机构可分为手动操动机构、电磁操动机构、电动机操动机构、弹簧操动机构、液压操动机构和气动操动机构等。

1) 手动操动机构（CS）。

靠手力直接合闸的操动机构称为手动操动机构。它主要用来操动电压等级低、额定开断电流很小的断路器。除工矿企业用户外，电力部门中手动机构已很少采用。手动操动机构结构简单，不要求配备复杂的辅助设备及操作电源，缺点是不能自动重合闸，只能就地操作，不够安全。因此，手动操动机构已逐渐被手力储能的弹簧操动机构所代替。

2) 电磁操动机构（CD）。

靠电磁力合闸的操动机构称为电磁操动机构。电磁操动机构的优点是结构简单、工作可靠、制造成本较低，缺点是合闸线圈消耗的功率太大，因而用户需配备价格昂贵的蓄电池组。电磁操动机构的结构笨重，合闸时间长（0.2~0.8s），主要用来操作 220kV 及以下的断路器。

3) 电动机操动机构（CJ）。

利用电动机减速装置带动断路器合闸的操动机构称为电动机操动机构。电动机所需的功率取决于操作功的大小以及合闸做功的时间，由于电动机做功的时间很短，因此要求电动机有较大的功率。电动机操动机构的结构比电磁操动机构复杂，造价也贵，但可用于交流操作。用于断路器的电动机操动机构在我国已很少生产，但也有些电动机操动机构用来操动对合闸时间没有严格要求、额定电压较高的隔离开关。

4)弹簧操动机构(CT)。

利用已储能的弹簧为动力使断路器动作的操动机构称为弹簧操动机构。弹簧储能通常由电动机通过减速装置来完成。对于某些操作功不大的弹簧操动机构,为了简化结构、降低成本,也可用手力来储能。弹簧操动机构的优点是不需要大功率的直流电源,电动机功率小,交直流两用,适宜于交流操作。缺点是结构比较复杂,零件数量多,加工要求高,随着机构操作功的增大,重量显著增加。

5)液压操动机构(CY)。

液压操动机构利用液压油作为动力传递介质。操动方式有两种:直接驱动式和储能式。

直接驱动式液压操动机构由电动机与油泵产生的高压力油直接驱动活塞,用来操作速度不高、操作功率不大的隔离开关。

储能式液压操动机构利用储压器中预储的能量间接推动操作活塞。储压器是由小功率的电动机与油泵储能。高压断路器的液压操动机构多属此类型。

液压操动机构的优点是:

- 体积小,操作力大,需控制的能量小。液压操动机构的工作压力高,一般在 20 ~ 30MPa 左右,比气动操动机构的气体压力高几十倍。因此,在不大的结构尺寸下就可以获得几吨或几十吨的操作力,而且控制比较方便。
- 操作平稳噪声小。相对气动与弹簧操动机构这也是一个很大的优点。
- 油具有润滑保护作用。
- 容易实现自动控制与各种保护。

液压操动机构的缺点是机构比较复杂,零部件加工精度要求高,油系统的工作压力高,运行维修技术的要求也高。

6)气动操动机构(CQ)。

利用压缩空气作为能源产生推力的操动机构称为气动操动机构。

与电磁操动机构相比,气动操动机构有两个优点:

- 气动操动机构以压缩空气为能源,因此不需要大功率的直流电源,也不需要敷设大截面的控制电缆,适用于交流操作的变电所。
- 气动操动机构具有独立的储气罐,罐内的压缩空气能供气动操动机构多次操作。

气动操动机构的缺点是操作时声响大,零部件的加工精度比电磁操动机构高,还需要配备空压装置,适用于有空压设备的场所。

(4)风电场中的断路器及其操动机构举例

图 3-33 给出了风电场中常用的 35kV 真空断路器及其机构箱内部结构的实物图。操作机构为弹簧机构,可以看到分合位置指示、弹簧压力表、手动分合按钮及接线端子排等基本元件。

图 3-34 为风电场升压变电站中 220kV 的 SF_6 断路器及其操作箱内部结构。220kV 以上需要分相操作,因此每相断路器都有操作箱及操动机构。该断路器采用弹簧操动机构,可以看到相关的分合位置指示、SF_6 压力指示、分合开关和接线端子等。

3.3.3 隔离开关

隔离开关在电力生产中常被称为刀闸,是最常见的高压开关。与断路器最根本的区别在于,它没有专用的灭弧装置,结构简单,因此不能用来分合大电流电路。由于它可以在电路

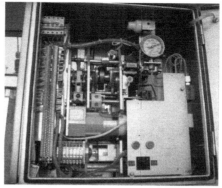

图 3-33　风电场中的 35kV 真空断路器及其操作机构

图 3-34　风电场升压变电站中 220kV 的 SF_6 断路器及其操作机构

中形成明显的断开点，因此常在高压电气设备中用作保证工作安全的检修电器。

隔离开关的主要用途是保证电压在 1000V 以上的高压装置的检修工作的安全，常常和断路器配合使用。当电气设备需要检修的时候，由断路器断开电路，安装在断路器和电气设备之间的隔离开关再拉开，在电气设备和断路器之间形成明显的电压断开点，从而保证了检修的安全。

此外，隔离开关常用来进行电力系统运行方式改变时的倒闸操作，例如发电厂或变电所中常见的倒母操作和旁带操作。

隔离开关也可以接通或切断某些小电流电路，例如：
1）电压互感器和避雷器电路。
2）空载母线。
3）励磁电流不超过 2A 的空载变压器。
4）电容电流不超过 5A 的空载线路。

根据安装地点，隔离开关可以分为屋内式和屋外式，根据其绝缘支柱的数目可以分为单柱式、双柱式、三柱式和 V 字形，分别如图 3-35~图 3-38 所示。

图 3-35　硬母线下的单柱式隔离开关

图 3-36　双柱式隔离开关

图 3-37　三柱式出线侧隔离开关

图 3-38　V 字形隔离开关

由于隔离开关不装设灭弧机构，因此其触头暴露于空气中。同时，对隔离开关的操作一般都是就地手动或电动分合，不需要像断路器一样装设强力的操动机构。为了检修接地的便利，隔离开关常常会装设接地刀片。

3.3.4　熔断器

熔断器是最早使用的保护电器。它串接于电路中，以熔点较低的材料作为熔断器的熔体，熔体装设于熔管中，当电路中流有故障电流的时候，由于熔体熔点较低将熔化断开电路，从而实现故障时对电路的保护功能。

熔断器分为低压熔断器和高压熔断器。高压熔断器型式一般分为户内式和户外式，用于户内或户外的又有不同型号。高压熔断器的电压等级有 3、6、10、35、60、110kV 等。若按是否有限流作用又可分为限流式和非限流式，限流式高压熔断器在短路电流没有达到最大值之前就熔断。

图 3-39 所示为风电场集电变压器上方的户外跌落式熔断器。

图 3-39　风电场集电变压器上方的户外跌落式熔断器

3.3.5　各种开关设备的功能比较

常用的开关电器有断路器、隔离开关、熔断器和接触器，它们的功能各不相同。断路器是最为重要的开关电器，由于装设了专门的灭弧装置，断路器可以熄灭分合电路时所产生的电弧，因此它用来实现电路的最终分合。隔离开关也是最常见的开关电器之一，一般是作为检修电器和断路器配合使用，当断路器断开电路后，隔离开关可以在电气设备之间形成明显的电压断开点，以保证安全。因无需装设灭弧机构，隔离开关的结构简单。此外，隔离开关还可以用来分合小电流电路，在其两侧处于等电位时也可用于分合电路。熔断器是最早的保护电器，它的作用是在电路中发生故障或过负荷的情况下自动断开电路，从而使得故障设备从整个电路中切除出去，以保证故障设备和系统的安全。接触器则实现正常工作时电路的分合，它只能分合正常电流，无法断开故障电流，因此它常和熔断器一起工作，以取代较为昂贵的断路器。

3.4　载流导体

电力系统中的各个电气设备都由载流导体相互连接，组建成电路。其中，位于发电厂和变电站内的母线用于汇集和分配电能，连接导体和跳线用于连接电气设备，而输电线路则将发电厂、变电站和用户连接成完整的电力系统。

3.4.1　导体的材料

导体通常由铜、铝、铝合金或钢材料制成。载流导体一般使用铝或铝合金材料。

纯铝的成型导体一般为矩形、槽形和管形。由于纯铝的管形导体强度稍低，当110kV及以上配电装置敞露布置时不宜采用。

铝合金导体有铝锰合金和铝镁合金两种，形状均为管形。铝锰合金导体载流量大，但强度较差，采用一定的补强措施后可广泛使用。铝镁合金导体机械强度大，但载流量小，主要缺点是焊接困难，因此使用受到限制。

铜导体一般在下列情况下才使用：

1) 位于化工厂附近的屋外配电装置，化工厂排出的大量腐蚀性气体对铝制材料有不良影响。

2) 发电机出线端子处位置特别狭窄，铝排截面太大穿过套管有困难时。

3) 持续工作电流在4000A以上的矩形导体，由于安装有要求且采用其他形式的导体有困难时。

导体除满足工作电流、机械强度和电晕要求外，导体形状还应满足下列要求：

1) 电流分布均匀（即集肤效应系数尽可能低）。
2) 机械强度高。
3) 散热良好（与导体放置方式和形状有关）。
4) 有利于提高电晕起始电压。
5) 安装、检修简单，连接方便。

3.4.2　导体的形状

导体可以分为两大类：硬导体和软导体。

1. 硬导体

在电流较大的场合，软导体载流量不足时可以采用硬导体。硬导体根据其截面形状可分为管形、槽形、矩形。

(1) 矩形导体

单片矩形导体具有集肤效应系数小、散热条件好、安装简单、连接方便等优点，一般适用于工作电流 $I \leqslant 2000A$ 的回路中。

多片矩形导体集肤效应系数比单片导体的大，所以附加损耗增大。因此载流量不是随导体片数增加而成倍增加的，尤其是每相超过三片以上时，导体的集肤效应系数显著增大。图3-40所示为某变电站三绕组主变压器10kV侧所采用的矩形硬导体。

(2) 槽形导体

槽形导体的电流分布比较均匀，与同截面的矩形导体相比，其优点是散热条件好、机械强度高、安装也比较方便。尤其是在垂直方向开有通风孔的双槽形导体比不开孔的方管形导体的载流能力约大9%~10%；比同截面的矩形导体载流能力约大35%。因此在回路持续工作电流为4000~8000A时，一般可选用双槽形导体，大于上述电流值时，由于会引起钢构件严重发热，故不推荐使用。

(3) 管形导体

管形导体是空芯导体，集肤效应系数小，且有利于提高电晕的起始电压。户外配电装置使用管形导体，具有占地面积小、构架简单、布置清晰等优点。但导体与设备端子连接比较复杂，用于户外时易产生微风振动。

图 3-40 三绕组主变压器 10kV 侧所采用的矩形硬导体

在工程实用中多片矩形导体适用于工作电流 $I \leqslant 4000\mathrm{A}$ 的回路。当工作电流为 4000A 以上时，导体则应选用有利于交流电流分布的槽形或圆管形的成型导体。考虑到导体的发热和散热，35kV 及以下的硬导体常采用矩形或槽型，而 110kV 及以上考虑到电晕的影响，常采用管型导体。

2. 软导体

常见的软导体为钢芯铝绞线，由钢芯承受主要机械负荷，铝作为主要载流部分。软导线应根据环境条件（环境温度、日照、风速、污秽、海拔高度）和回路负荷电流、电晕、无线电干扰等条件，确定导线的截面和导线的结构型式。

在空气中含盐较大的沿海地区或周围气体对铝有明显腐蚀的场所，应尽量选用防腐型铝绞线。

当负荷电流较大时，应根据负荷电流选择较大截面积的导线。当电压较高时，为保持导线表面的电场强度，导线最小截面积必须满足电晕的要求，可增加导线外径或增加每相导线的根数。

对于 220kV 及以下的配电装置，电晕对选择导线截面一般不起决定作用，故可根据负荷电流选导线截面。导线的结构型式可采用单根钢芯铝绞线或由钢芯铝绞线组成的复导线。

对于 330kV 及以上的配电装置，电晕和无线电干扰则是选择导线截面及导线结构型式的控制条件。扩径导线具有单位重量轻、电流分布均匀、结构安装上不需要间隔棒、金具连接方便等优点，而且没有分裂导线在短路时引起的附加张力，故 330kV 配电装置中的导线宜采用空心扩径导线。

对于 500kV 配电装置，单根空心扩径导线已不能满足电晕等条件的要求，而分裂导线虽然具有导线拉力大、金具结构复杂、安装麻烦等特点，但因它能提高导线的自然功率和有效地降低导线表面的电场强度，所以 500kV 配电装置宜采用由空心扩径导线或铝合金绞线组成的分裂的导线。

3.4.3 导体的功能

风电场和变电站中的常见导体有母线、连接导体（跳线）和输电线路，输电线路又可分为架空线和电缆。

1. 母线

母线是将电气装置中各载流分支回路连接在一起的导体。它是汇集和分配电能的载体，又称汇流母线。习惯上把各个配电单元中载流分支回路的导体均泛称为母线。母线的作用是汇集、分配和传送电能。由于母线在运行中有巨大的电能通过，短路时承受着很大的发热和电动力效应，因此，必须合理地选用母线材料、截面形状和截面积以符合安全经济运行的要求。

图 3-41 和图 3-42 分别为某风电场的 35kV 和 220kV 母线，分别采用了软导线和硬导线。

图 3-41 风电场中 35kV 母线（软导线）

图 3-42 风电场中 220kV 母线（硬导线）

2. 连接导体

连接导体是将发电厂和变电站内部电气设备进行连接的导体。跳线其实也是连接导体，不过为了跨越某一设备或建筑物，需要提升高度，所以称为跳线。

3. 架空线

架空线是通过铁塔、水泥杆塔架设在空气中的导线，一般为裸导线。架空线造价低廉，但占用通道面积大，是目前主要的线路型式。

架空线路由导线、避雷线、杆塔、绝缘子和金具等组成。导线用于传输电能。避雷线将雷电流引入大地以保护电力线路免受雷击。杆塔支撑导线和避雷线。绝缘子使导线和杆塔间保持绝缘。金具用于支持、接续、保护导线和避雷线，连接和保护绝缘子。图 3-43 所示为风电场升压站内的出线架构及站外 220kV 架空线路。

4. 电缆

电缆通常是由几根或几组导线（每组至少两根）绞合而成，形状类似绳索。每组导线之间相互绝缘，并常围绕着一根中心扭成，整个外面包有高度绝缘的覆盖层。电缆有电力电

图 3-43　风电场升压站内的出线架构及站外 220kV 架空线路

缆、控制电缆、补偿电缆、屏蔽电缆、高温电缆、计算机电缆、信号电缆、同轴电缆、耐火电缆等。它们都是由多股导线组成，用来连接电路、电器等。

3.5　电抗器和电容器

3.5.1　电抗器

1. 电抗器的作用

电抗器在电路中是用于限流、稳流、无功补偿及移相等功能的一种电感元件。电力系统中，电抗器的作用主要是两个：

1）限流（或串联）电抗器，用于限制系统的短路电流，通常装在出线端或母线间，使得在短路故障时，故障电流不致过大，并能使母线电压维持在一定水平。

2）补偿（或并联）电抗器，用于补偿系统的电容电流，在 330kV 及以上的超高压输电系统中应用，补偿输电线路的电容电流，防止线路端电压的升高。从而使线路的传输能力和输电线的效率都能提高，并使系统的内部过电压有所降低。

另外在并联电容器的回路通常串联电抗器。它的作用是降低电容器投切过程中的涌流倍数和抑制电容器支路的高次谐波，同时还可以降低操作过电压，在某些情况下还能限制电路电流。

2. 电抗器的分类

电抗器按结构可分为三大类：空心电抗器、带气隙的铁心电抗器和铁心电抗器。

1）空心电抗器：这种电抗器只有绕组而无铁心，实际上是一个空心的电感线圈。

2）带气隙的铁心电抗器：其磁路是一个带气隙的铁心。由于磁路中具有部分铁心，导磁性能较好，所以电抗值比空心电抗器大，但电流达到一定数值后，铁心饱和，电抗值逐渐减小。

3) 铁心电抗器：其磁路为一闭合铁心。由于铁心具有高的磁导率，电抗器的电抗值很大，在容量相同时，其体积最小。

电抗器按绝缘方式可分为油浸式电抗器和干式电抗器。

1) 油浸式电抗器是一个带间隙铁心的线性电感线圈，它的铁心和线圈浸泡在盛有变压器油的油箱中，采用油浸自冷的冷却方式，外形似油浸式变压器。

2) 干式电抗器多采用空心结构，是一个不带铁心的线性电感线圈，电抗器的线圈用支柱绝缘子与地绝缘，摆放在室外，采用空气自冷式的冷却方式。它具有结构简单、线性度好、噪声小和维护方便等优良性能，如图3-44所示。

图3-44　干式空心电抗器

常用的限流电抗器有普通电抗器和分裂电抗器两种。带有中间抽头的混凝土电抗器称为分裂电抗器。分裂电抗器在使用时，中间端子接电源，首末两端接负荷。分裂电抗器在正常运行时，电压降不大，但当一臂发生短路故障时，电流将急剧增大，另一臂的电流比起短路臂的电流来说仍很小，所产生的互感磁通对短路臂的影响可以忽略，因此短路臂的有效电抗很大，起着显著的截流作用。

并联电抗器按铁心结构可分为两种，即壳式电抗器和心式电抗器。

1) 壳式电抗器线圈中的主磁通是空心的，不放置导磁介质，也就是线圈内无铁心，在线圈外部装有用硅钢片叠成的框架以引导主磁通。

2) 心式电抗器具有带多个气隙的铁心，外套线圈。主要缺点是加工复杂，技术要求高，振动和噪声较大。

3.5.2　电容器

1. 并联电容器

并联电容器是一种无功补偿设备，也称移相电容器。变电所通常采取高压集中的方式，将补偿电容器接在变电所的低压母线上。补偿变电所低压母线电源侧所有线路及变电所变压器上的无功功率,使用中往往与有载调压变压器配合,以提高电力系统的电能质量。

并联电容器的结构可分为箱式和集合式两种。

1) 箱式电容器,主要由油箱、膨胀器、器身、芯子(电容元件)组成。油箱盖上焊有出线套管作为接线端子将芯子的引出线引入箱顶部。

2) 集合式并联电容器,也称为密集型并联电容器,有单相和三相两种。集合式电容器的结构可分为器身、油枕、油箱、出线套管等部分,如图3-45所示。

图3-45 集合式并联电容器

10kV高压并联电容器装置由断路器、隔离开关、电流互感器、继电保护装置、测量和指示仪表、串联电抗器、放电线圈、氧化锌避雷器、接地隔离开关、单台电容器保护用熔断器、并联电容器及连接母线和钢构架等组成。其布置方式有围栏式、柜式和集合式(按安放地点可分为户内式、半户内式、户外式)。

2. 电容器放电装置

并联电容器组从电源断开后,两极板处于储能状态,而且储存的电荷的能量很大,因而电容器两极之间残留有一定的剩余电压,剩余电压的初始值为电容器组的额定电压。电容器组在带电荷情况下,如果再次合闸投入运行,就可能产生很大的冲击合闸涌流和很高的过电压。如果电气工作人员触及电容器,就可能被电击伤或电灼伤。为防止带电荷合闸和人身触电伤亡事故,电容器组必须加装放电装置。

放电装置的放电特性应满足下列要求:手动投切的电容器组的放电装置,应能使电容器组三相及中性点的剩余电压在5min内自额定电压(峰值)降至50V以下;自动投切的电容器组的放电装置,应能使电容器组三相及中性点的剩余电压在5s内自电容器组额定电压(峰值)降至0.1倍电容器组额定电压及以下。

采用电压互感器或配电变压器的一次绕组作高压电容器组的放电线圈,一般能满足上述要求。并且通常采用单相三角形接线或开口三角形接线的电压互感器作为放电线圈,与电容器组直接连接。

3. 耦合电容器

耦合电容器对 50Hz 的工频所呈现的阻抗,要比对高频所呈现的阻抗值大 600~1000 倍,基本上相当于开路,而对于高频信号来说,则相当于短路。所以耦合电容器可作为载波高频信号的通路,并可隔开工频高压电流。

此外,耦合电容器还可抽取 50Hz 的电流和电压,其原理与电容式电压互感器相同,50Hz 电流、电压可供继电保护及重合闸使用。

3.6 互感器

3.6.1 互感器简介

在风电场和电力系统运行过程中,需要监视其运行状态。对电气一次系统运行状态的最直接反映就是电流和电压。由于电气一次系统的电压高、电流大,直接测量非常困难,所以需要将其变换为较低的电压和较小的电流。

互感器正是起电压和电流变换作用的传感器。它将一次系统的高电压、大电流按照比例变成标准的低电压(100V,$100/\sqrt{3}$V)和小电流(5A,1A)提供给二次系统中的测量设备和继电保护装置使用。这样二次系统可以采用功耗小、精度高的标准化、小型化的元件和设备。电气一次系统和二次系统也由互感器联系起来,其一次绕组接入一次系统中,而二次绕组接入二次系统中。

在生产运行中,工作人员不仅需要通过二次设备对一次设备和系统进行测量、控制和监视,还有可能调整继电保护的运行方式;为了确保工作人员在二次系统工作时的安全,互感器的每一个二次绕组必须有一可靠的接地,以防一、二次绕组间绝缘损坏而使二次部分串入一次系统的高压。

互感器分为电流互感器(Current Transformer,CT)和电压互感器(Potential Transformer,PT)。电流互感器串接于一次系统的电路中,将大电流变为小电流;而电压互感器并接于一次系统的电路中,将高电压变换为低电压。

3.6.2 电流互感器

1. 电流互感器的结构

(1)电流互感器的原理性结构

电流互感器的基本组成如图 3-46 所示,包括铁心、一次绕组、二次绕组。

由于是大电流变小电流,一次绕组的匝数很少(图中为 1~2 匝)。导体的截面形状可以制成圆形、管形、槽形。一次绕组可以采用直线和 U 字形结构。当电流较小时,一次绕组常采用图 3-46b、c 所示的形状;当电流较大时,常采用图 3-46a 所示的 U 形及其变形。

一次绕组的常用导体材料有:①厚度为 0.5~3mm 的软铜带,多用于干式及树脂浇注式互感器;②圆铜线或扁铜线,干式及树脂浇注式互感器中采用纸包、纱包和玻璃丝包线,油浸式互感器则采用纸包、漆包线;③铜母线,用于匝数较少的互感器;④铜棒、铜管或铝管;⑤绝缘软电线。

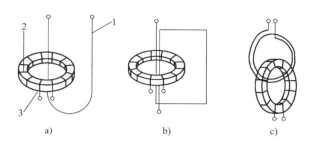

图 3-46 互感器结构原理图
1——次绕组 2—铁心 3—二次绕组

电流互感器二次侧采用圆截面的铜漆包线，缠绕于铁心之上。

电流互感器的铁心一般要装设多个（图中为一个），以适应测量和继电保护的不同需求。如图 3-47 所示，铁心可由条状热轧电工钢片叠积为矩形（叠积式铁心），或采用带状电工钢片卷制成圆形、矩形或扁圆形（卷铁心），或在卷铁心的基础上按要求切成两瓣或多瓣形成开口铁心。

图 3-47 电流互感器的常用铁心形状

对于 110kV 及以上的电流互感器，其一次绕组分为两段或四段，以实现电流互感器电流比的调整。

在图 3-48 中，电流互感器的一次绕组分为两段，第一组的起、末端标为 P_1、C_2，第二组的起、末端标为 C_1、P_2。当 C_1 端和 C_2 端相连时，如图 3-48b 所示，一次绕组的两组串联连接；当 C_1 端与 P_1 端相连，C_2 端与 P_2 端相连时，如图 3-48c 所示，一次绕组的两组并联连接。从而可得到一次电流相对关系为 1:2 的两种电流比，假如串联时电流互感器的电流比为 300/5，则并联时的电流比为 600/5。

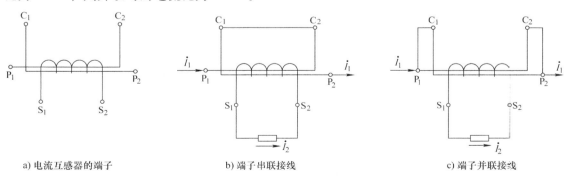

图 3-48 一次绕组的串联与并联

图 3-49 给出了电流互感器二次绕组的标记方法。当二次绕组抽头较多时,二次端子依次标记为:S_1、S_2、S_3、…,如图 3-49b 所示。当有多个二次绕组时,各绕组的抽头相应标记为:$1S_1$、$1S_2$、$2S_1$、$2S_2$、$3S_1$、$3S_2$、…,如图 3-49c 所示。

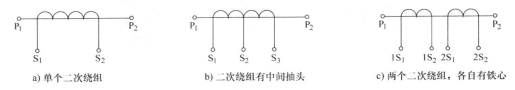

a) 单个二次绕组　　　b) 二次绕组有中间抽头　　　c) 两个二次绕组,各自有铁心

图 3-49　电流互感器的二次绕组的标记方法

端子标志一经标定,就决定了电流互感器的极性。GB 1208—2016 规定,所有标有 P_1、S_1 和 C_1 的接线端子,在同一瞬间具有同一极性,也就是 P_1、S_1 和 C_1 是同名端,按照这样标示的互感器的极性就是减极性的。

所谓的减极性原则是指,当互感器的一次绕组和二次绕组同时由同名端(极性侧)注入电流时,所产生的磁通在铁心中相互叠加,如图 3-50a 所示。这也意味着当一次绕组的极性侧输入电流时,二次绕组的同名端会输出电流,如图 3-50b 所示。

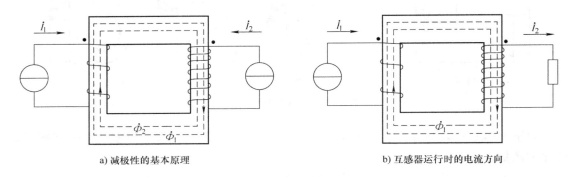

a) 减极性的基本原理　　　　　　　　　　b) 互感器运行时的电流方向

图 3-50　互感器的减极性原则

(2) 电流互感器产品实例

1) 某型 110kV 油浸式电流互感器。

图 3-51 为某型油浸式电流互感器剖面图,其一次绕组为 U 型结构,和外部接线端子相连接,一次绕组由单股或多股铝或铜材料构成,其外部包裹有绝缘纸。

一次绕组装设于磁套管和油箱内,油箱中还装设有铁心和二次绕组。根据用途装设有多个铁心,用于测量的铁心一般常采用镍合金,具有低损耗和低饱和级的特性。保护用铁心采用带气隙的高导磁性能的钢带构成。二次绕组采用铜导体,缠绕铁心之上,其接线端子装设于接线盒中。在油箱的外部装设有用于接线的端子,一次绕组采用电容绝缘机构。

互感器的顶端装设有膨胀系统,在膨胀容器和油面之间充有氮气作为气垫,以增强运行可靠性并减少维护和监视的工作量。充油装置隐藏于膨胀容器中,而油位监视玻璃则用于监视运行中的油量。

2) 屋内浇铸绝缘支柱式电流互感器。

图 3-52 为常见的浇铸绝缘支柱式电流互感器的一种结构示意图。当电流较小时,一次

绕组用玻璃丝包线绕制；大电流时，用铜带或铜母线绕制。利用一次绕组出线端将一次绕组固定住，从而确保一、二次绕组之间，一次绕组和铁心及其他零件之间，以及一次绕组到浇铸体外表之间的绝缘厚度符合设计要求。

2. 电流互感器的工作原理

电流互感器的工作原理类似于变压器，不过由于要将大电流变换为小电流，一次绕组的匝数要小于二次绕组的匝数。电流互感器的额定电流比 K_i 为其基本参数。

$$K_i = \frac{I_{1N}}{I_{2N}} \approx \frac{N_2}{N_1} \quad (3\text{-}14)$$

式中，I_{1N}、I_{2N} 分别为一、二次绕组的额定电流；N_1、N_2 分别为一、二次绕组的匝数。

电流互感器的额定一次电流标准值为：10A、12.5A、15A、20A、25A、30A、40A、50A、60A、75A，以及它们的十进位倍数或小数，有下标线的是优先值。在选择电流互感器的时候应该尽量选择接近实际回路电流的标准值，以减少互感器误差。

额定二次电流一般为1A或5A。

电流互感器的等效电路如图3-53所示，其中 $\dot{E}'_2$、$\dot{I}'_2$ 的方向标志为减极性原则。图中的二次绕组阻抗 x'_2、r'_2，负载阻抗 x'_{2L}、r'_{2L} 和二次电动势 $\dot{E}'_2$、$\dot{U}'_2$、电流 $\dot{I}'_2$ 的值都归算到一次侧的值。

电流互感器的铁心合成磁动势 $\dot{I}_0 N_1 = \dot{I}_1 N_1 - \dot{I}_2 N_2 = \dot{I}_1 N_1 - \dot{I}'_2 N_1$，化简可得 $\dot{I}_1 = \dot{I}_0 + \dot{I}'_2$。

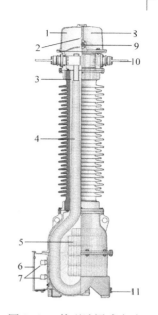

图3-51　某型油浸式电流互感器剖面图

1—气垫　2—充油装置　3—绝缘填充物
4—纸绝缘的一次导体　5—铁心和二次绕组
6—二次接线盒　7—二次接线端
8—膨胀容器　9—油位监视玻璃
10——次接线端子　11—接地端子

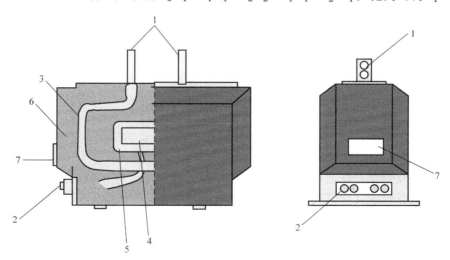

图3-52　10kV 浇铸绝缘支柱式电流互感器

1——次接线端子　2—二次接线端子　3——次绕组　4—铁心　5—二次绕组　6—树脂混合料　7—铭牌

电流互感器是以实际测量所得的电流 $\dot{I}'_2$ 来反映被测电流 $\dot{I}_1$，由于有励磁 $\dot{I}_0$ 的存在，电流互感器必然存在误差。

要求电流互感器的二次绕组阻抗尽量小，使得其尽量接近短路状态运行，以减少误差。

3. 电流互感器的误差

由于互感器存在励磁损耗，使 $\dot{I}'_2$、$\dot{I}_1$ 在数值和相位上均有差异，即测量结果有误差。这种误差通常用电流误差 ε 和相位误差 δ_i 来表示。

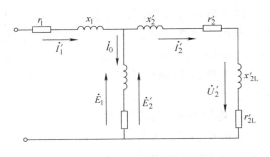

图 3-53 电流互感器等效电路

根据电磁感应定律、磁动势方程 $I_0 N_1 = L_{av} B / \mu$ 和二次侧回路方程 $E_2 = I_2(Z_2 + Z_{2L})$ 等电磁关系，整理可得

$$\varepsilon_i = -\frac{(Z_2 + Z_{2L})L_{av}}{222 N_2^2 S \mu} \sin(\psi + \alpha) \times 100 \tag{3-15}$$

$$\delta_i \approx \frac{(Z_2 + Z_{2L})L_{av}}{222 N_2^2 S \mu} \cos(\psi + \alpha) \times 3440 \tag{3-16}$$

式中，S、L_{av} 分别为铁心截面积（m²）和磁路平均长度（m）；μ 为铁心磁导率（H/m）。

可见，电流互感器的电流误差 ε_i 及相位误差 δ_i 都取决于互感器铁心及二次绕组的结构，同时又与互感器的运行状态（二次负荷 Z_{2L} 及运行中铁心的 μ 值）有关。通常电流互感器按制造厂家设计的额定参数运行时，铁心的磁感应强度最大，即在额定二次负荷下，一次电流为额定值时，μ 接近最大值。可见，在工程设计与电网运行时，应尽量使电流互感器在额定一次电流附近运行，以减小误差。

电流误差和相角误差常用于表示仪表用电流互感器的性能。对于保护用电流互感器，则常用复合误差来表示其误差限值。所谓的复合误差是指，当一次电流与二次电流的正符号与端子标志的相一致时，稳态情况下，下列二者之差的方均根值：①一次电流的瞬时值；②二次电流的瞬时值乘以额定电流比。

复合误差 ε_c 通常是按下式用一次电流方均根值的百分数来表示：

$$\varepsilon_c = \frac{100}{I_1} \sqrt{\frac{1}{T} \int_0^T (K_n i_2 - i_1)^2 dt} \% \tag{3-17}$$

式中，K_n 为额定电流比；I_1 为一次电流的方均根值；i_1、i_2 分别为一次电流和二次电流的瞬时值；T 为一个工频周期的时间。

这样定义的复合误差既适用于正弦波形的电流，也适用于非正弦波形的电流。实际上，当超过额定电流几倍或几十倍的短路电流流经电流互感器的一次绕组时，互感器铁心中的磁感应强度会很高。由于铁磁材料的非线性特性，励磁电流中高次谐波分量很大，波形呈尖顶形，与正弦波相去甚远，即使一次电流是理想的正弦波，二次电流也不是正弦的，此时的电流波形如图 3-54 所示。非正弦波不能用相量图进行分析，所以要采用复合误差的概念来分析。

4. 电流互感器的准确级和误差限值

由于励磁回路的存在，电流互感器必然有误差。对于电流互感器的误差常用误差限值来

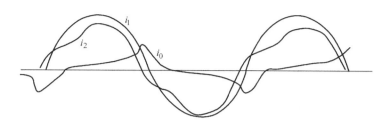

图 3-54　一次绕组过电流时的二次电流和励磁电流波形

描述，电流互感器测量的准确级（即准确程度）也以误差限值来确定。测量仪表月的电流互感器的准确级有 0.1、0.2、0.5、1 和 3，共 5 级，部分规定见表 3-3。由表可见，测量用电流互感器的准确级是以额定电流下的最大允许电流误差的百分数标称的。

表 3-3　电流互感器的准确级和误差限值

准确级	一次电流为额定电流的百分数（%）	误差限制		二次负荷的变化范围
		电流误差（%）	相位差/′	
0.2	10 20 100~120	±0.5 ±0.35 ±0.2	±20 ±15 ±10	
0.5	10 20 100~120	±1 ±0.75 ±0.5	±60 ±45 ±30	$(0.25\sim1)S_{2N}$
1	10 20 100~120	±2 ±1.5 ±1	±120 ±90 ±60	
3	50~120	±3	不规定	$(0.5\sim1)S_{2N}$

对于稳态保护用的电流互感器，其准确级由复合误差来确定，见表 3-4。

表 3-4　稳态保护用电流互感器的准确级

准确级	电流误差（%）	相位差/′	复合误差（%）
	在额定一次电流下		在额定准确限值一次电流下
5P	±1	±60	5.0
10P	±3	—	10.0

在电压比较低的电网中，继电保护动作时间较长，可达 0.5s 以上，而且决定短路电流中非周期性分量衰减速度的一次时间常数 T_1 较小，短路电流很快进入稳态值，电流互感器也很快进入稳定工作状态，采用只考虑稳态误差的一般保护用电流互感器能够满足实用要求。在超高压系统中，短路电流非周期分量的衰减时间较长，而要求切除短路故障的时间很短，在 0.1s 以下，此时的电流互感器还处于暂态工作状态中，因此要求电流互感器能保证暂态误差，此时常采用暂态保护用电流互感器，其准确级为 TPX、TPY 和 TPZ。

TPX 级电流互感器环形铁心不带气隙，额定电流和负载下，电流误差不大于 ±5%，相

位差不大于 ±30′，在短路全过程中，在其额定准确级范围内，其瞬间最大电流误差不超过额定二次对称短路电流峰值的 ±5%，电流过零时的相位差不大于3°。TPY级电流互感器铁心带有小气隙，使得铁心不易饱和，有利于直流分量的快速衰减，在额定负荷下允许最大电流误差为 ±1%，最大相位差1°，在其额定准确级范围内，其瞬间最大电流误差不超过额定二次对称短路电流峰值的 ±7.5%，电流过零时的相位差不大于4.5°。TPZ电流互感器的铁心带有较大气隙，一般不易饱和，特别适用于有快速重合闸的线路。

5. 电流互感器的额定容量

电流互感器的额定容量 S_{2N}，指的是电流互感器在额定二次电流 I_{2N} 和额定二次阻抗 Z_{2N} 下运行时，二次绕组输出的容量，即 $S_{2N} = I_{2N}^2 Z_{2N}$。由于电流互感器的额定二次电流为标准值，为了便于计算，有的厂家会提供电流互感器的 Z_{2N} 值。

因电流互感器的误差和二次负荷有关，故同一台电流互感器使用在不同准确级时，会有不同的额定容量。例如，LMZ1-10-3000/5型电流互感器在0.5级工作时，$Z_{2N}=1.6\Omega$，$S_{2N}=40VA$；在1级工作时，$Z_{2N}=2.4\Omega$，$S_{2N}=60VA$。

6. 电流互感器的保安系数

电力系统中使用的电流互感器往往会有很大的过电流流过其一次绕组。为避免互感器二次回路的仪器、仪表不致受到大电流的冲击，希望测量用电流互感器在过电流情况下二次电流不再严格按比例增长，因此 GB 1208—2016 推荐性地提出了仪表保安系数的要求。所谓仪表保安系数（FS）是指仪表保安电流与额定一次电流的比值。而所谓的仪表保安电流则是指测量用电流互感器在额定二次负荷下，其复合误差不小于10%的最小一次电流。从理论上讲，如果对电流互感器规定了仪表保安系数，当电力系统的过电流倍数达到或超过仪表保安系数时，互感器的误差加大，二次电流的增长速度变慢，但并不是不再增长，所以标准规定复合误差不超过10%就认为合格。

必须注意，对测量用电流互感器的仪表保安系数，是要求复合误差超过10%；对保护用电流互感器则是要求在规定的准确限值系数下复合误差不超过规定值。对于保安系数取值并没有明确的规定，当用户有要求时，仪表保安系数推荐为5或10。

7. 电流互感器的开路电压

电流互感器的二次回路必须接有负荷或直接短路。如果二次开路，当一次绕组流过电流时，则二次磁动势不存在，一次磁动势全部用来励磁，励磁磁动势为

$$I_0 N_1 = I_1 N_1 \quad (3-18)$$

铁心中的磁密急剧增加达到饱和状态，磁通波形成为平顶波。根据电磁感应定律

$$e_2 = -N_2 \frac{d\Phi}{dt} \quad (3-19)$$

在一个周期内，当磁通由正变到负或由负变到正时，二次感应电动势急剧上升；而在磁通饱和变化平缓期间，二次感应电动势很小。磁通及二次感应电动势的波形如图3-55所示。由图可见，二次绕组中的感应电动势峰值很高，通常也说是开路电压很高。

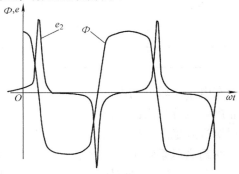

图3-55 电流互感器二次绕组开路时的磁通和电流波形

二次开路会产生如下不良后果：
1) 出现的高电压将危及人身及设备安全。
2) 铁心高度饱和将在铁心中产生较大的剩磁。
3) 长时间作用可能造成铁心过热。

因此，电流互感器在使用中必须与二次负荷可靠连接。不接负荷时则应可靠短接，短接的导线必须有足够的截面，以免当一次过电流时产生的较大的二次电流将导线熔断，造成二次开路而出现高电压。

8. 电流互感器的分类

根据安装地点，电流互感器可分为屋内式和屋外式。
1) 20kV 及其以下的一般制成屋内式，常装设于屋内高压开关柜中。
2) 35kV 及其以上的制成屋外式。

按照安装方式，电流互感器可分为支持式、装入式和穿墙式等。
1) 支持式安装在平面和支柱上。
2) 装入式（套管式）套装在变压器导体引出线穿出外壳的油箱上，可以节省套管绝缘子。
3) 穿墙式主要用于室内的墙体上，可兼作导体绝缘和固结设施。

按照绝缘方式，电流互感器可分为干式、浇注式、油浸式，气体绝缘式等。
1) 干式用绝缘胶浸渍，用于低压的屋内配电装置中。浇注式以环氧树脂作绝缘，用于 3~35kV 的电压等级中。
2) 油浸式用变压器油作绝缘，其中一次绕组的主绝缘可以采用链式或电容式。①链式先在二次绕组上包扎一部分绝缘，这部分绝缘一般为主绝缘总厚度的 1/2 或略小，然后在包有主绝缘的二次绕组上绕制二次绕组，最后在一次绕组上绕制二次绕组，这种方式常用于 63kV 及以下的场合。②电容式则以分接绝缘电屏安装于一次绕组外，每两个电屏及其中间的绝缘就是一个电容器，靠近二次绕组的电屏接地，这样就形成了线路高电压和地电位之间的一组电容器，这种方式常用于 220kV 的电流互感器中。110kV 可以用电容式或链式。
3) 气体绝缘式电流互感器一般采用 SF_6 作为绝缘介质。

按一次绕组的匝数，电流互感器可分为单匝式和多匝式。

按工作原理，电流互感器可分为电磁式、电容式、光电式和无线电式。

110kV 及以上电压等级的电流互感器常采用屋外支持式电流互感器，如图 3-56 所示。顶部的油箱表明其绝缘方式为油浸式，其左侧为隔离开关、右侧为断路器，这也表明电流互感器串接入电路，将其布设于断路器旁边是为了测量和控制对象的统一。

3.6.3 电压互感器

电压互感器（Potential Transformer，PT）用于将电力系统中的高电压变换为低电压。

1. 电压互感器的分类

电压互感器有很多种分类方式。

按照安装地点，电压互感器可分为户内式和户外式。

按照相数，电压互感器可分为单相式和三相式，一般只有 20kV 以下才制成三相式。

按每相绕组数目，电压互感器可分为双绕组式和三绕组式。三绕组电压互感器有两个二

图 3-56 串接于隔离开关和少油断路器之间的电流互感器

次绕组,分别为基本二次绕组和辅助二次绕组。辅助二次绕组供接地保护用。

按绝缘方式,电压互感器可分为干式、浇注式、油浸式、串级油浸式和电容式等。干式多用于低压;浇注式用于 3~35kV;油浸式主要用于 35kV 及以上;电容式常用于 110kV 及以上系统。

按结构和工作原理,电压互感器可分为电磁式和电容式两种。图 3-57 和图 3-58 分别为电磁式电压互感器和电容式电压互感器的剖面图。

2. 电磁式电压互感器及误差

电磁式电压互感器的基本原理和变压器大体相同,但容量很小,结构上要求较高的安全系数。为了保证测量的准确性,二次侧所接的仪表和继电保护装置的电压线圈阻抗应很大,使得电压互感器接近于空载状态运行。

和电磁式电流互感器一样,由于励磁回路的存在,电磁式电压互感器也必然有误差。其电压误差 ε_u 定义为

$$\varepsilon_u = \frac{K_u U_2 - U_1}{U_1} \times 100\% \tag{3-20}$$

式中,额定电压比 $K_u = U_{1N}/U_{2N}$。

电磁式电压互感器的准确级,是指在规定的一次电压和二次负荷变化范围内,负荷功率因数为额定值时,电压误差的最大值。测量用电压互感器的准确级有 0.1、0.2、0.5、1、3 级,我国电压互感器准确级和误差限值标准见表 3-5。

保护用电压互感器各准确级包括剩余电压绕组的准确级,是以该准确级在 5% 额定电压到额定电压因数相对应的电压范围内最大允许电压误差的百分数标称的,其后标以字母"P"。保护用电压互感器的准确级为 3P 和 6P,各准确级的误差限值见表 3-6。

第 3 章 风电场主要一次设备

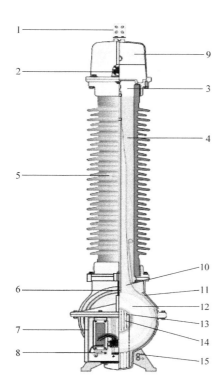 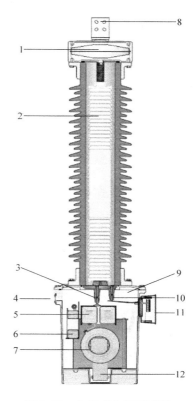

图 3-57 电磁式电压互感器
1——一次接线端子 2——油面监视玻璃 3——油
4——石英填充物 5——绝缘套管 6——起重用吊耳
7——二次接线盒 8——中性线端子 9——膨胀系统
10——纸绝缘 11——油箱 12——一次绕组
13——二次绕组 14——铁心 15——接地端子

图 3-58 电容式电压互感器
1——膨胀系统 2——电容器元件 3——中间电压套管
4——油位玻璃 5——补偿电抗器 6——铁磁谐振的阻尼电路
7——一次和二次绕组 8——一次接线端子 9——气垫
10——低压接线端 11——接线盒 12——铁心

表 3-5 测量用电压互感器准确级和误差限值标准 (GB 1207—2016)

准确级	误差限制		一次电压变化范围	二次负荷的变化范围
	电流误差 (%)	相位差 /′		
0.2	±0.2	±10		$(0.25 \sim 1) S_{2N}$
0.5	±0.5	±20	$(0.8 \sim 1.2) U_{N1}$	$\cos\varphi_2 = 0.8$
1	±1	±40		$f = f_N$
3	±3	不规定		

表 3-6 保护用电压互感器的误差限值 (GB 1207—2016)

准确值	误差限值			一次电压范围	二次负荷变化范围 $\cos\varphi = 0.8$ (滞后)
	电压误差 (%)	相位差			
		/′	/crad		
3P	±3.0	±120	±3.5	$(0.05 \sim 1.5) U_{1a}$ 或 $(0.05 \sim 1.9) U_{1n}$	$(0.25 \sim 1.0) S_{2n}$
6P	±6.0	±240	±7.0		

3. 接地电压互感器的剩余电压绕组的额定电压

三相系统发生单相接地故障时,加在完好相上的接地电压互感器一次绕组上的电压发生变化,其二次绕组和剩余电压绕组电压也相应变化,这些变化与系统中性点接地方式有关,因此剩余电压绕组额定电压的确定与互感器所在的系统有关。

在我国,通常是规定在上面情况下产生的开口角电压为100V,即按 $U_d = 100V$ 来考虑剩余电压绕组的额定电压。因此,用于中性点直接接地系统的接地电压互感器的剩余电压绕组的额定电压为100V。用于中性点绝缘系统的接地电压互感器的剩余电压绕组的额定电压则为 $100/\sqrt{3}V$。

中性点有效接地系统的接地系数可达80%,因此实际的开口角电压往往会超过100V。还需要特别说明的是,在系统正常运行时,由于各相的互感器都存在误差,以及铁心的非线性特征,会产生三次谐波电压,三相剩余电压绕组接成的开口角端会出现小的电压。对于三台单相电压互感器组成的三相组,开口角电压受到每一组(台)互感器的剩余电压绕组保证的准确级所限制。对于三相接地电压互感器,剩余电压绕组是在产品内接成开口角后引出的。按照我国以往的经验,开口角电压应不超过8V。

4. 电磁式电压互感器的铁磁谐振

由非线性电感(铁心线圈)和线性电容组成的回路,当外施电压发生变化时,可能因电感的变化而产生谐振,这种现象称为铁磁谐振。

产生铁磁谐振的基本条件是:①电路中有非线性电感元件,电压互感器就是典型的非线性电感元件;②电路参数发生突变,也就是有一个激发过程,例如线路发生接地和短路故障、跳闸或合闸操作以及由于某种原因造成中性点位移等。

铁磁谐振将使电压互感器承受过电压,铁心磁通成倍增高,励磁电流加大。在分频电压作用下,在电压增高的同时,频率降低,因而铁心迅速饱和,互感器一次绕组流过的电流将远远超过其正常的承受能力,导致绕组过热甚至烧毁。

为了防止铁磁谐振,电磁式电压互感器常采用以下措施:

1)改善互感器伏安特性,采用饱和磁密较高的导磁材料。
2)调整线路电容,使其难以和互感器产生谐振。
3)采用阻尼,常在电压互感器的剩余电压绕组接入适合的阻尼电阻。
4)选用伏安特性呈容性的电压互感器。
5)在低压系统采用中性点附有电阻的三相电压互感器。

图3-59所示的电压互感器在二次侧辅助绕组上接有电阻,并接入继电器报警。

5. 电容式电压互感器

随着电力系统输电电压的增高,电磁式电压互感器的体积越来越大,成本随之增高,因此研制了成本较低的电容式电压互感器。目前,我国500kV电压互感器只生产电容式的。

电容式电压互感器的结构原理如图3-60a所示。电容式电压互感器实质上是一个电容分压器,在被测装置的相和地之间接有电容器 C_1 和 C_2,按反比分压有

$$U_{C2} = \frac{U_1 C_1}{C_1 + C_2} = K U_1 \tag{3-21}$$

式中,K 为分压比,且 $K = C_1/(C_1 + C_2)$。

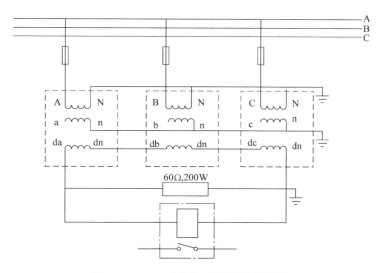

图 3-59 10kV 电压互感器的消谐回路

由于 U_{C2} 与一次电压 U_1 成比例变化，故可根据 U_{C2} 测出相对地电压。当 C_2 两端与负荷接通时，由于 C_1、C_2 有内阻抗压降，使 U_{C2} 小于电容分压值，负荷越大，误差越大。

为获得理想电压源，常在网络中串入非线性补偿电感线圈 $L(X_L = j\omega L)$。为抗干扰，减少互感器开口三角形绕组的不平衡电压，提高零序保护装置的灵敏度，可增设一个高频阻断线圈 L'，则工频内阻抗为

$$Z_i = j\omega L + \frac{1}{j\omega(C_1 + C_2)} \qquad (3-22)$$

当 $\omega L = 1/[\omega(C_1 + C_2)]$ 时，输出电压 U_{C2} 与负荷无关。实际上由于电容器损耗，电抗器也有电阻，因此负荷变化时，还会有误差产生。为了进一步减少负荷电流的影响，将测量仪表经中间变压器 TV 升压后与分压器相连。

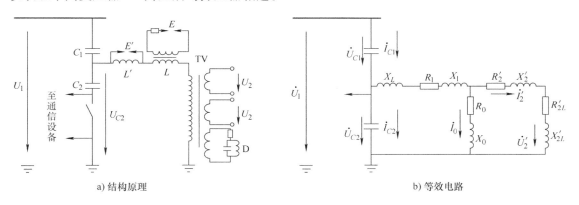

a) 结构原理   b) 等效电路

图 3-60 电容式电压互感器结构原理和等效电路

电容式电压互感器的等效电路如图 3-60b 所示。由等效电路的结构和客观存在的电路参数不难知道，$\dot{U}'_1$ 与 $\dot{U}'_2$ 存在幅值及相位误差。通常电压误差大约在 ±（3%～5%），相位误差角范围为 ±5°。

电容式电压互感器结构简单，成本低，且电压越高经济性越显著；同时分压电容器还可兼作载波通信的耦合电容，因此，广泛应用于110~500kV中性点直接接地系统。电容式电压互感器的缺点是输出容量较小，误差较大。

习 题

1. 对比当前主流风机的特点及适用范围。
2. 参阅图3-8，分析变压器的电－磁－电的能量转换过程。
3. 什么是变压器的"铜损"和"铁损"。
4. 查阅资料，结合相关图示理解变压器的星形和三角形接线方式。
5. 对比断路器和隔离开关的区别。
6. 对比真空断路器和SF_6断路器的特点和适用范围。
7. 结合图2-10和倒闸操作的过程，思考断路器、隔离开关、接地刀闸的不同作用。
8. 为什么电流互感器二次回路中不允许接入熔断器，电压互感器二次回路中需接入自动空气开关？
9. 在10kV配电装置中常采用矩形或槽形硬导体，在110kV以上如采用硬导体则截面常为圆形，为什么？
10. 并联电抗器的作用有哪些？

第4章 风电场一次设备的选择

关键术语：
导体的发热，电气设备选择，热稳定校验，动稳定校验。

知识要点：

重要性	能力要求	知 识 点
★★	了解	导体的发热和电动力
★★★★	理解	电气设备选择的技术条件和校验方法
★★★★	分析	变压器的容量、台数和型式选择
★★★★	分析	开关设备的型式和参数选择
★★★★	分析	电压互感器和电流互感器的选择
★★★	计算	载流导体的选择和校验

预期效果：

通过本章内容的阅读，应能了解风电场一次电气设备选择的一般条件和技术条件，以及热稳定校验、动稳定校验和环境校验方法，理解和掌握电气设备的型式、参数与其在风电场中运行环境的关系，并且能对风电一次设备的选择进行初步分析和简单计算。

4.1 导体的发热和电动力

4.1.1 导体长期发热和载流量

金属导体是电力系统中构成电能传送路径的重要部件。当电流流过导体时，由于有电阻存在将造成能量损耗，同时由于涡流和磁滞损耗，在导体附近的磁场中也将有一部分能量损耗，这些能量的损耗将转换为热能，使导体的温度升高。导体的温度升高会使导体附近的绝缘材料绝缘性能下降，使金属材料的机械强度下降，并导致导体接触部分的接触电阻增大，这些都可能对导体及相关的电气设备造成损害或构成潜在威胁。

为保证导体可靠工作，往往要对导体正常工作时的最高允许温度做出如下限制：
1）对于一般裸导体，最高允许温度一般为70℃。
2）对于计及日照的钢芯铝绞线和管形导体，最高允许温度一般为80℃。
3）对于接触面有镀锡的可靠覆盖层，最高允许温度一般为85℃。

根据 $Q = I^2Rt$，导体上的发热主要由电流作用于电阻而产生，因此可以认为导体的最高温度由其所承载的最大电流决定。导体所产生的热量一部分用于提升自身温度，另一部分通过对流和辐射传递给周围介质，这一过程存在于导体运行的每一时刻。由于导体正常运行时，电流是额定值，发热量不是很大，可以持续运行而不超过导体的最高允许温度，因此称导体正常运行时的发热过程为长期发热。

考虑到导体本身的发热和散热过程，电流和温度的关系如下：

$$I = \sqrt{\frac{\alpha_w F(\theta_w - \theta_0)}{R}} \tag{4-1}$$

式中，I 为导体载流量；α_w 为导体的散热系数，与通风方式、是否涂漆和表面光洁程度等因素有关；F 为散热面积，与导体的摆放方式及形状有关；θ_w 为带电运行的导体的温度；θ_0 为环境温度；R 为单位长度的导体电阻，与导体的材料和形状有关。

思考：导体的最大载流量如何计算？如何提高导体的载流量？

4.1.2 导体的短时发热

电气设备运行时，有时会因绝缘破坏等原因发生短路故障。短路时系统电流会明显增大，甚至达到额定电流的几十倍。如此大的短路电流可能会使电气设备因为发热和电动力而损坏，并破坏电力系统的稳定运行。因此，电气一次设备往往都要装设继电保护装置。

继电保护装置一般是根据流过电气设备的电流或电气设备本身的电压变化来判断该设备是否发生故障。当电气设备发生故障时，继电保护快速动作，引发与该设备相连的开关（多为断路器）跳闸，从而使电气设备尽快脱离带电状态。继电保护的动作十分迅速，一般主保护动作可以短到 20ms，而后备保护也会在 10s 以内动作，因此系统中的短路过程一般不会超过 10s。

短路发生后，导体中流过的电流急剧增加，热量积累也非常迅速（按照电流的平方产生），但是短路不允许持续很长时间，继电保护会尽可能快地将其切除，因此这一过程被称为短时发热。就短时发热而言，不同材料的导体，其温度上限也有所不同，例如硬铝及铝锰合金为 200℃，而硬铜为 300℃。

通过计算温度来表征导体短时发热的情况，实际使用起来显然很不方便。一般采用短路电流热效应来计算短路后的导体发热量积累。短路电流热效应计算公式为

$$Q_k = \int_0^{t_k} I_{kt}^2 dt \tag{4-2}$$

式中，I_{kt} 为短路电流；t_k 为短路时间，即从短路开始发生到继电保护触发断路器将电路断开的全部时间。

由于短路电流的变化规律十分复杂，很难用简单的解析表达式来计算，因此工程中常用一种简化的实用计算法来计算 Q_k：

$$Q_k = \int_0^{t_k} I_{kt}^2 dt = Q_p + Q_{np} \tag{4-3}$$

式中，Q_p 为短路电流周期分量所产生的热效应，Q_{np} 为短路电流非周期分量所产生的热效应。

$$Q_p = \int_0^{t_k} I_{pt}^2 dt = \frac{t_k}{12}(I''^2 + 10I_{\frac{t_k}{2}}^2 + I_{t_k}^2) \tag{4-4}$$

$$Q_{np} = \frac{T_a}{2\omega}(1 - e^{-\frac{2\omega t_k}{T_a}})i_{np0}^2 = \frac{T_a}{\omega}(1 - e^{-\frac{2\omega t_k}{T_a}})I''^2 = TI''^2 \tag{4-5}$$

当短路电流切除时间超过 1s 时，发热主要由周期分量决定，可忽略非周期分量的影响。

4.1.3 导体短路时的电动力

带电的导体在磁场中会受到力（$F=BLi$，其中 B、L、i 分别为磁场强度、导体的有效长度和电流大小）的作用。在三相电力系统中，每一相的导体都会受到其他相的电动力作用。正常运行时，由于电流较小，一般不考虑电动力对导体的作用。但是在短路的时候电流急剧增大，导体所受的电动力也急剧增大，很可能造成导体的变形扭曲，导致电气设备的损坏，因此必须分析短路情况下导体所受电动力的大小。

电力系统中，每一相导体所受的电动力和自身电流及周围的磁场有关，而磁场又由其他相的电流产生，因此电动力的大小其实是和各相的电流都有关。在分析电动力的时候需要考虑最严重的情况，也就是电动力最大的情况。一般情况下，系统中发生三相故障时的短路电流最大，而且短路电流的最大数值出现在短路后最初的半个周期（常按 $t=0.01\mathrm{s}$ 分析），此时的短路电流的最大峰值被称为最大冲击电流 i_{sh}。

三相所受的电动力也会因导体布设方式的不同而存在差别。平行布置的三相导体，短路时最大电动力的计算公式一般为

$$F_{\text{Amax}} = F_{\text{Cmax}} = 1.616 \times 10^{-7} \frac{L}{a} i_{sh}^2 \tag{4-6}$$

$$F_{\text{Bmax}} = 1.73 \times 10^{-7} \frac{L}{a} i_{sh}^2 \tag{4-7}$$

式中，L 为导体长度，a 为导体的相间距离。

由此可见，对于电气设备中的导体，其可能受到的最大电动力一般出现在三相短路情况下，在短路后的最初半个周期（按 $t=0.01\mathrm{s}$ 计算），三相导体中 B 相（中间相）的电动力最大，为

$$F_{\text{Bmax}} = 1.73 \times 10^{-7} \frac{L}{a} i_{sh}^2 \tag{4-8}$$

可见，最大电动力直接对应于 i_{sh}，因此一般用 i_{sh} 来分析短路时导体所受到的电动力大小。

4.2 电气设备选择的依据

电气主接线是由导体和电气设备连接而构成的电路。选择适合本地使用的导体和电气设备，不仅需要考虑电气设备的电气参数，要满足正常工作时流过的电流、承载的电压以及故障时所受到的高温和电动力的影响（由短路后的大电流造成），还需综合考虑电气设备所处的环境因素，如海拔、环境温度、日照及风速等。此外也要注意电气设备运行可能给环境带来的影响，如噪声和电磁干扰等。

4.2.1 电气设备选择的一般条件

选择适用的电气设备，首先要确定其额定参数，使其可以长期承载流过它的电流而不过热，可以承受加于其上的电压而不致使设备绝缘受到损坏。同时，还要考虑设备安装地点的环境因素以应对工作现场实际情况，只有这样才能保证电气设备的长期稳定工作。此外，必

须考虑电力系统中短路所造成的巨大短路电流对系统的损害,要使电气设备本身可以承受短路时的短时发热和电动力对设备的影响。

在选择电气设备时,必须考虑下列各项原则:

1) 应满足正常运行、检修、短路和过电压情况下的要求,并考虑发展远景。
2) 应按当地环境条件校核。
3) 应力求技术先进和经济合理。
4) 与整个工程的建设标准协调一致。
5) 同类设备尽量减少品种。
6) 选用的新产品均应具有可靠的试验数据,并经正式鉴定合格。

4.2.2 电气设备选择的技术条件

1. 按照正常工作状态选择

对电气设备来说,首先要考虑其是否可以承受流过的电流和加于其上的电压。

(1) 额定电压

$$U_N \geq U_{ns} \tag{4-9}$$

即电气设备的额定电压 U_N 要大于设备安装处的电网额定电压 U_{ns}。

(2) 额定电流

$$I_N \geq I_{max} \tag{4-10}$$

即运行中的电气设备额定电流 I_N 不得低于所在回路在各种可能运行方式下的最大持续工作电流 I_{max}。

不同于电压,不同回路的持续电流需要分别计算。对于发电机、调相机和变压器,其回路电流 I_{max} 按照其额定电流的 1.05 倍计算,如果变压器可能过负荷运行则按照负荷确定(1.3~2 倍的变压器额定电流);对于母联断路器回路,一般按照母线上最大一台发电机或变压器的 I_{max} 计算;对于母线分段电抗器,I_{max} 应为母线上最大一台发电机跳闸时,保证该母线负荷所需电流,或最大一台发电机额定电流的 50%~80% 计算;出线回路的 I_{max} 除考虑正常电流外,还应考虑事故时由其他回路转移过来的负荷。

高压电气设备没有明确的过载能力,所以在选择额定电流时,应满足各种可能运行方式在回路持续工作电流的要求。

此外对于套管和绝缘子等承力设备还需要考虑其机械负载能力。

2. 按照短路状态校验

由于短路以后电气设备将承受比正常时候大得多的热积累和电动力,虽然时间很短,但仍可能对设备造成巨大破坏,因此按照正常条件选出的电气设备必须要校验其热稳定和动稳定能力。一般来说,电气设备在出厂时都会给定以下参数:

1) 设备允许通过的热稳定电流 I_t 和时间 t,并以此校验其热稳定性是否满足要求:

$$I_t^2 t \geq Q_k \tag{4-11}$$

式中,Q_k 是实际计算得到的短路电流热效应。

2) 设备允许通过的动稳定电流幅值 i_{sh} 及其有效值 I_{sh},以此校验电气设备是否可以满足动稳定的要求:

$$i_{es} \geq i_{sh} \text{ 或 } I_{es} \geq I_{sh} \tag{4-12}$$

式中，i_{es} 和 I_{es} 为实际计算得到的冲击电流幅值（kA）。

在计算 Q_k 时需要选取合适的短路时间，一般考虑短路时间 t_k 为保护动作时间 t_{pr} 和断路器全开断时间 t_{br} 之和，即

$$t_k = t_{pr} + t_{br} \tag{4-13}$$

考虑到主保护可能拒动，使得通过电气设备的短路电流持续时间较长，t_{pr} 一般采用后备保护动作时间；而断路器全开断时间为断路器分闸命令发出促使断路器机构的跳闸线圈动作，由此引发断路器的各相触头分离直至触头间电弧完全熄灭的过程所需的时间，即

$$t_{br} = t_{in} + t_a \tag{4-14}$$

式中，t_{in} 为断路器的固有分闸时间，指断路器从接受跳闸命令到跳闸机构拉开触头的时间；t_a 为断路器触头开始拉开直至触头间电弧完全熄灭为止。

对于以下几种情况，也可以不去校验动稳定和热稳定性：

1) 用熔断器保护的电气设备，其热稳定由熔断时间保证，故可不验算热稳定。
2) 采用有限流电阻的熔断器保护的设备，其回路电流被电阻限制。
3) 装设在电压互感器回路中的裸导体和电气设备。

4.2.3 电气选择的环境因素

电气设备必须能够适应工作场所的实际环境，因此，应根据具体工作场所的实际情况有针对性地选择电气设备的结构和型式。对环境因素的考虑主要涉及以下方面：

1. 温度

目前我国生产的电气设备，在设计时一般按周围的介质温度为 40℃ 来考虑。如果周围的环境温度不是 40℃，则设备的允许电流须按一定的规则进行修正。当环境温度高于 40℃ 时，每增高 1℃，设备的允许电流应减少 1.8%；如果周围环境温度低于 40℃，则每降低 1℃，设备的允许电流可增加 0.5%，但是总的增量不能超过 20%。

普通高压电气设备一般可在环境最低温度为 -30℃ 的情况下正常运行。在高寒地区工作的电气设备，应选择可以适应最低环境温度为 -40℃ 的高寒电气设备。在最高温度超过 40℃、长期处于低湿度的干热地区，应选用型号后带"TA"字样的干热型产品。

2. 日照

屋外高压电气设备在日照的作用下将产生附加温升，由于电气设备的发热试验是在避免阳光直射的条件下进行的，因此，当设备提供的额定载流量未考虑日照时，在电气设计中可以按电气设备额定电流值的 80% 满足电流要求来选择设备。

3. 风速

一般高压电气设备可在风速不大于 35m/s 的环境下正常运行。当最大风速超过 35m/s 时，除向制造厂商提出特殊订货外，还应在设计和布置时采取有效防护措施，如降低安装高度、加强基础固定。

4. 冰雪

在积雪和附冰严重的地区，应采取措施防止冰串引起瓷件绝缘发生对地闪络。

5. 湿度

一般高压电气设备可在环境温度为 20℃、相对湿度为 90% 的环境中使用。在长江以南和沿海地区，当相对湿度超过一般产品使用标准的时候，可选用型号后标有"TH"的湿热

带型高压电气设备。

6. 污秽

电气设备工作于污秽环境时，要考虑环境可能给电气设备带来的化学腐蚀。根据盐密和泄漏比距，发电厂和变电所的污秽等级可以分为1、2、3级。根据实际情况，应采取以下措施：

1）增大电瓷外绝缘的有效泄漏比距或选用有利于防污的电瓷造型，如采用半导体、大小伞、大倾角、钟罩等特制绝缘子。

2）采用屋内配电装置。2级及以上污秽区的63~110kV配电装置采用屋内型。当经济技术合理时，污秽区220kV配电装置也可采用屋内型。

7. 海拔

电气设备的一般使用条件为海拔不超过1000m，对安装在海拔高度超过1000m地区的电气设备外绝缘一般应予以加强，可选用高原型产品或选用外绝缘提高一级的产品。在海拔3000m以下地区，220kV及以下配电装置可选用性能优良的避雷器来保护一般电气设备的外绝缘。

8. 地震

选择电气设备时要考虑本地地震强度，选用可以满足地震要求的产品。

4.2.4 环境保护

选择电气设备时，还应该考虑电气设备对周围环境的影响，主要考虑电磁干扰和噪声。

1. 电磁干扰

电磁干扰会损害或破坏电磁信号的正常接收及电气设备、电子设备的正常运行。频率大于10kV的无线电干扰，主要来自电气设备的电流、电压突变和电晕放电。因此，要求电气设备及金具在最高工作相电压下，晴天的夜晚不应出现可见电晕；110kV及以上的电气设备，户外晴天无线电干扰电压不应大于2500μV。

根据运行经验和现场实测结果，对于110kV以下的电气设备，一般可不校验无线电干扰电压。

2. 噪声

电气设备的噪声应该控制在以下水平：在距电气设备2m处，连续性噪声不应大于85dB；非连续性噪声，屋内设备不应大于90dB，屋外设备不应大于110dB。

4.3 变压器的选择

4.3.1 变压器的容量和台数

风电场中的变压器包括主变压器、集电变压器和场用变压器。变压器容量过大或台数过多，会造成投资的浪费，占地和运行损耗增加；容量太小，则发出的电能就无法全部送出到电力系统或满足风电场内部负荷需求。因此，应该合理地选择变压器的容量和台数。风电场各种变压器容量的确定方法如下：

1. 集电变压器

集电变压器的选择，可以按照常规电厂中单元接线的机端变压器的选择方法进行。即：按发电机额定容量扣除本机组的自用负荷后，留 10% 的裕度确定。由于风电机组输出电压一般为 690V，不是常规电力系统的标准电压等级，因此，和风电机组相连接的集电变压器，往往是和风电机组配套的特殊设计，确定容量范围后，一般不会有太多选择。

2. 升压变电站的主变压器

对于升压变电站中的主变压器，则参照常规发电厂有发电机电压母线的主变压器进行选择。

1）主变容量的选择应满足风电场对于能量输送的要求，即主变压器应能够将低压母线上的最大剩余功率全部输送入电力系统。最大剩余功率指风电机组生产的额定功率减去本地所消耗的功率（如变电站用负荷和本地负荷）。

2）有两台或多台主变并列运行时，当其中容量最大的一台因故退出运行时，其余主变在允许的正常过负荷范围内，应能输送母线最大剩余功率。

3. 场用变压器

风电场场用变压器的容量选择按估算的风电场内部负荷并留一定的裕度确定。

变压器的台数与电压等级、接线形式、传输容量、与系统的联系紧密程度等因素有密切关系。

1）与系统有强联系的大型、特大型风电场，在一种电压等级下，升压变电站中的主变应不少于两台。

2）与系统联系较弱的中、小型风电场和低压侧电压为 6~10kV 的变电所，可只装一台变压器。

4.3.2 变压器的型式

1. 相数

高压大容量变压器的绝缘要求高、体形大、结构复杂。在三相电力系统中，若采用三台单相变压器组实现三相变压器的功能，要比用同样容量和电压等级的一台三相变压器投资大、占地多，而且运行损耗大，配电装置结构复杂，维护工作量也大。而采用三柱变压器，有时会因为体积过于庞大而不具备运输条件。用一台三相变压器还是用三台单相变压器组，就要根据具体情况确定，一般要考虑以下原则：

1）当不受运输条件限制时，330kV 及以下的电力系统，一般都应选三相变压器。

2）当风电场连接到 500kV 的电网时，宜经过技术经济的比较后，确定选用三相变压器、两台半容量的三相变压器还是单相变压器。

3）对于与系统联系紧密的 500kV 变电站，除考虑运输条件外，还应根据系统和负荷情况，分析变压器故障对系统的影响，以确定选用单相或三相变压器。

2. 绕组数

根据每相铁心上缠绕的绕组数目，变压器分为双绕组、三绕组或多绕组变压器。绕组数一般对应于变压器所连接的电压等级，即电压变化的数目。

当风电场中的变压器连接三个电压等级（其中两个为升高的电压等级）时，可以选择采用两台双绕组变压器或者一台三绕组变压器。

对于容量为 125MW 及以下的风电场,可采用三绕组变压器,每个绕组的通过容量应该达到变压器额定容量 15% 及以上。三绕组变压器的台数一般不超过两台,因为三绕组变压器比同容量双绕组变压器价格高 40%~50%,其运行检修也比较困难,台数过多容易造成中压侧短路容量过大,同时采用室外配电装置时其布置比较复杂。

对于 200MW 及以上的风电场,采用双绕组变压器加联络变压器连接多个电压等级。风电场的电能直接升高到一种电压等级,两个升高电压等级间采用联络变压器联系。联络变压器一般采用自耦变压器,自耦变压器的高中压绕组连接两个升高电压等级,低压侧常接入自用电系统用作备用/启动电源。

3. 联结组别

变压器三相绕组的联结组别必须和系统电压相位一致,否则不能并列运行。

电力系统采用的变压器三相绕组联结方式只有"Y"和"D"两种,也分别称作"星形联结"(简称星接)和"三角形联结"(简称角接),如图 4-1 所示。变压器三相绕组的联结方式应根据具体工程确定。在我国,110kV 及以上电压等级中,变压器三相绕组都采用"Yn"联结;35kV 采用"Y"联结,而中性点多通过消弧线圈接地。35kV 以下,采用"D"联结。在发电厂和变电站中,根据以上原则,并考虑系统或机组的同步并列要求以及限制三次谐波对电源的影响等因素,主变压器的联结组别一般都选用 YnD11 常规联结。其中的 11 表示低压侧线电压的比对应的高压侧线电压在相位上滞后 11 个 30°。

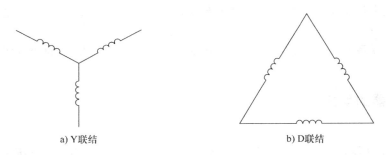

a) Y联结　　　　　　　　b) D联结

图 4-1　变压器三相绕组的接线方式

近年来,国内外有采用全星形联结组别的变压器。全星形,指联结组别为 Yn/Yn0/y0 或 Yn/y0 的三绕组变压器或自耦变压器。它不仅与 35kV 电网并列时,由于相位一致比较方便,而且零序阻抗较大,有利于限制短路电流。同时也便于在中性点接消弧线圈。但全星形联结的变压器,无三次谐波通路,因此将引起正弦波电压畸变,并对通信设备发生干扰,同时对继电保护整定的准确度和灵敏度有影响。

4. 调压方式

为保证供电质量,电压须维持在允许范围内。通过变压器的分接开关切换,改变变压器高压绕组的有效匝数,即可改变该变压器的电压比,从而实现电压调整。根据分接头的切换方式,变压器的调压方式有两种:

无励磁调压:不带电切换,调压范围在 ±2×2.5% 以内;

有载调压:带负荷切换,调压范围在 30% 以内,但结构较复杂。

一般来说,有载调压只在下列情况选用:

1) 接于风电场这种出力变化大的发电厂的主变压器,特别是潮流方向不固定,且要求变压器二次电压维持在一定水平。

2) 接于时而为送端,时而为受端,具有可逆工作特点的联络变压器。为保证供电质量,要求母线电压恒定。

3) 发电机经常在低功率因数下运行。

5. 冷却方式

变压器的冷却方式有以下几种:

1) 自然风冷:7500kVA 以下的小容量变压器,为使热散到空气中,常常装有片状或管形辐射式冷却器,以增大油箱冷却面积,靠自然的风吹进行冷却。

2) 强迫空气冷却:容量大于 10000kVA 的变压器,在绝缘允许的油箱尺寸下,即使有辐射式的散热装置但仍达不到要求时,常采用人工风冷。在辐射器管之间加装数台电动风扇,吹风使油迅速冷却,加速热量散出。风扇的起停可以自动控制,也可人工操作。

3) 强迫油循环水冷却:单纯加强表面冷却虽然可以降低油温,但当油温降到一定程度时,油的黏度增加,使油流迅速降低,对大容量变压器已达不到预期的冷却效果。因此,常采用潜油泵强迫油循环,让水对油管道进行冷却,把变压器中的热量带走。水源充足的地方采用此方式极为有利,散热效率高,可节省材料,减小变压器本体尺寸。但需增加一套水冷却系统和有关附件,且对冷却器的密闭性要求高。极微量的水渗入油中,都会影响油的绝缘性能,所以要求油压要高于水压 $(1 \sim 1.5) \times 10^5 \text{Pa}$。

4) 强迫油循环导向冷却:近年来大型变压器都采用这种方式。利用潜油泵将冷油压入线圈之间、线饼之间和铁心的油道中,使铁心和绕组中的热量直接由具有一定流速的油带走;而上层热油用潜油泵抽出,经水冷却器或风冷却器冷却后,再由潜油泵注入变压器油箱的底部,形成变压器的油循环。

5) 水内冷变压器:绕组用空心导体制成,运行中将纯水注入空心绕组中,借助水的不断循环,将变压器中的热量带走。水系统复杂,成本较高。

6) 充气式变压器:用 SF_6 气体取代变压器油,或在油浸变压器上安装蒸发冷却装置。在热交换器中,冷却介质利用蒸发时的巨大吸热能力,使变压器油中的热量有效散出,抽出汽化的冷却介质,进行二次冷却,重新变为液体,周而复始地进行热交换,使变压器得以冷却。

例 4-1 某风电场安装 1500kW 风电机组 33 台,风机及附属设备耗电不大于 3%,请选择风电机组中升压变压器的容量。

解:$S_n = \dfrac{(1-3\%) \times 1500 \times 10^3}{0.85} \times 1.1 \text{kVA} \approx 1883 \text{kVA}$,注:0.85 为功率因数

例 4-2 对于例 4-1 中的风电场,每 11 台机组升压为 35kV 集成一路接入风电场升压变电站,升压变电站接有一路 110kV 架空线路,请从表 4-1 中选择升压站主变压器。

解:风电场全场总装机容量为

$$P_n = 33 \times 1500 = 49500 \text{kW}$$

主变压器台数的选择:考虑变压器检修,风电场中应装设两台主变压器。

主变压器容量的选择:由于风电的不连续特性,风电场的利用小时数低以及主变具备一定的过负荷运行特性,因此要求当一台主变停运的时候,另一台主变可以依据其自身过负荷

能力将风电场生产的全部电能送入电网,计算如下:

$$S_n = \frac{P_n}{0.85} = \frac{49500}{0.85} \text{kVA} \approx 58235 \text{kVA}$$

风电机组发电时,潮流从风电场送到电网;风电机组不发电时,潮流从系统倒送变电站,电压波动较大,选用有载调压变压器。

由上所述,选表 4-1 中 3 号为升压站主变压器。

表 4-1 变压器参数

序号	型号	额定电压/kV			联结组标号
		高压	中压	低压	
1	SFP7—120000/110	121±2×2.5%	—	13.8	YNd11
2	SFP—120000/110	121	—	35	YNd11
3	SFZ10—63000/110	121±8×1.25%	—	35	YNd11
4	SFZ9—63000/110	121±8×1.25%	—	10.5	YNd11
5	SSZ—63000/110	110±8×1.25%	38.5,35	6.3,6.6,10.5,11	YNd11
6	S9—800/35	35±5%	—	3.15,6.3,10.5	Yd11
7	OSFPS—120000/220	220±2×2.5%	121	10.5	YNynd11

4.4 开关电气设备的选择

4.4.1 断路器的选择

1. 断路器的型式

根据灭弧介质,断路器可以分为:油断路器(多油、少油)、压缩空气断路器、SF_6 断路器、真空断路器等。

应根据各种类型断路器的结构、性能特点以及使用环境和条件等,来合理选择断路器的型式。各种断路器的结构和性能特点,参见第 3 章。

2. 断路器的电气参数

高压断路器的作用是分合电路(切断或接通电流),不仅需要分合正常的负荷电流,还要能分合故障时的短路电流。因此,选择高压断路器时,不仅要考虑其额定电压和额定电流的大小,还要考虑其对故障电流的开合能力,即考虑其额定开断电流和短路关合电流。

(1)额定电流和电压

$$U_N \geq U_{ns} \tag{4-15}$$

即断路器的额定电压 U_N 要大于其安装位置的电网额定电压 U_{ns}。

$$I_N \geq I_{max} \tag{4-16}$$

即断路器的额定电流 I_N 不得低于所在回路在各种可能运行方式下的最大持续工作电流 I_{max}。

(2)额定开断电流

额定开断电流 I_{Nbr} 是表明断路器灭弧能力的参数,指的是在额定电压下可能开断的最大

电流，其值不应小于实际开断瞬间的短路电流周期分量 I_{pt}，即

$$I_{Nbr} \geq I_{pt} \tag{4-17}$$

当断路器的额定开断电流较系统短路电流大很多时，简化计算可用 $I_{Nbr} \geq I''$ 进行选择。

（3）短路关合电流

由于断路器合闸的时候，与其连接的电气设备可能仍有故障，而且要求断路器能够在故障后可由重合闸装置触发进行合闸，因此，要求断路器具有关合短路电流的能力。

$$I_{Ncl} \geq i_{sh} \tag{4-18}$$

即短路关合电流要大于等于短路后的最大冲击电流。

（4）热稳定和动稳定的校验

根据电压和电流要求选择断路器后，还要校验其是否可以承受流过它的短路电流造成的热稳定和动稳定问题，分别按式（4-11）和式（4-12）确定。

例 4-3 请计算例 4-2 中的主变压器高压侧断路器的最大持续工作电流。

解：主变压器高压侧最大持续工作电流为

$$I_{max} = \frac{1.05 S_n}{\sqrt{3} U_n} = \frac{1.05 \times 63 \times 10^6}{\sqrt{3} \times 110 \times 10^3} A \approx 347 A$$

例 4-4 例 4-3 中主变压器高压侧短路电流数据如表 4-2 所示。

表 4-2 主变压器高压侧短路电流数据

三相短路电流周期分量/kA	短路冲击电流峰值/kA	短路冲击全电流有效值/kA
8.73	22.27	13.27

已知 110kV 系统后备用保护动作最长时间为 3s，风电场接入系统可以认为是无穷大，请在表 4-3 中初步选择断路器。

表 4-3 断路器参数

序号	型号	额定电压/kV	额定电流/A	额定开断电流/A	极限通过电流/A	热稳定电流/A 3s	热稳定电流/A 5s	固有分闸时间/s	合闸时间/s
1	LW6—220/3150	220	3150	50	125	31.5	—	0.03	0.09
2	LW36—126/2000	126	2000	21	80	31.5	—	0.06	0.09
3	SW4—110/1000	110	1000	18.4	55	—	21	0.06	0.25
4	ZN4—10/2000	10	2000	40	110	43.5	—	0.06	0.06

解：1）计算短路时间 $t_k = t_{pr} + t_{in} + t_a \approx (3 + 0.06 + 0.04)$ s $= 3.1$s

2）由于 $t_k > 1$s，不计短路电流非周期分量，短路电流的热效应 Q_k 等于周期分量热效应 Q_p，可采用 $Q_k = t_k(I''^2 + 10I_{tk/2}^2 + I_{tk}^2)/12$ 计算，又由于风电场接入无穷大系统，可简化为

$$Q_k = I''^2 t_k = 8.73^2 \times 3.1 \approx 236.26 [(kA)^2 \cdot s]$$

3）$i_{sh} = 22.27$kA

4）断路器的选择如下：

① 额定电压，由表 4-3 可知 1、2、3 号断路器均可满足要求，由于 1 号断路器用于 220kV，暂不考虑。

② 2、3 号断路器的额定电流、额定开断电流和额定关合电流均满足要求。

③ 3 号断路器为户外少油型,造价较低但维护工作量较大。2 号断路器为自能式高压 SF_6 断路器,虽造价较高,但此种开关性能好、可靠性高、使用方便,因此选用 2 号断路器。

4.4.2 隔离开关的选择

隔离开关的选择,除了要根据安装地点和实际需求选择型式以外,其电气参数的选择方法和断路器类似,不过隔离开关的电气参数选择要比断路器简单。

隔离开关不需要选择开断电流和关合电流,而其他参数的确定方法则与断路器完全相同。

4.4.3 熔断器的选择

熔断器是最简单的开关设备,用来保护电气设备免受过载和短路电流的损害。在 6~10kV 电气系统及低压系统中,熔断器常和接触器组成 FC 回路,用于替代价格昂贵的断路器,其中熔断器起保护作用,而接触器是操作电器。

1. 熔断器的型式

根据安装地点,高压熔断器可以分为屋外跌落式、屋内式。屋外跌落式常装设于高压杆上变压器的高压侧,作为保护。

熔断器还可以分为限流型或不限流型。不限流熔断器在熔件熔化后,电流几乎不减小,仍继续达到其最大值,在第一次过零或经过几个半周期之后电弧才熄灭。限流熔断器在熔件熔化后,其电流在未达到最大值之前就立即减小到零。

2. 熔断器的额定电压

高压熔断器的额定电压 U_N 必须大于或等于熔断器安装处电网的额定电压 U_{ns},即

$$U_N \geqslant U_{ns}$$

熔断器额定电压的确定原则与其他电气设备没有区别。

需要注意的是,填充了石英砂的有限流能力的熔断器,不宜在低于熔断器额定电压的电网中使用,以防其熔断时所产生的巨大过电压对电气设备造成损害。

3. 熔断器的额定电流

熔断器额定电流的选择,主要是熔体的额定电流的选择。熔管额定电流的选择按照大于或等于熔体额定电流的原则。

由于是用于保护电气设备,熔体的选择主要考虑其所保护的对象。当系统电压升高或波形畸变引起回路电流增大,或运行中产生涌流时,要防止熔断器发生误熔断。

(1) 被保护设备是 35kV 及以下的电力变压器

用熔断器保护 35kV 以下的电力变压器时,熔体的额定电流按下式选择:

$$I_{Nfs} = K I_{max} \tag{4-19}$$

式中,K 为可靠系数(不计电动机自起动时 $K=1.1\sim1.3$,考虑电动机自起动时 $K=1.5\sim2.0$);I_{max} 为电力变压器回路的最大工作电流。

(2) 被保护设备是电力电容器

用限流式高压熔断器保护电力电容器时,熔体的额定电流按下式选择:

$$I_{Nfs} = K I_{NC} \tag{4-20}$$

式中，K 为可靠系数（保护单台电容器时 $K=1.5\sim2.0$，保护一组电容器时 $K=1.3\sim1.8$）；I_{NC} 为电力电容器回路的额定电流。

4. 熔断器的开断电流

对于没有限流作用的熔断器，选择时用冲击电流的有效值 I_{sh} 校验开断电流，即

$$I_{Nbr} \geq I_{sh} \quad (4\text{-}21)$$

对于有限流作用的熔断器，电流在达到最大值之前已经截断，因此可不计非周期分量的影响，而采用 I'' 进行校验，即

$$I_{Nbr} \geq I'' \quad (4\text{-}22)$$

5. 熔断器的选择性校验

为了保证前后两级熔断器之间或熔断器与电源（或负荷）保护装置之间动作的选择性，应进行熔体的选择性校验。

如图 4-2 所示，当图 4-2a 中的 FU_2 所在回路发生短路时，流过 FU_1 的短路电流基本相同，因此要求熔断器 FU_1 的电流要大于 FU_2，以保证此时 FU_1 的断开时间要长于 FU_2。

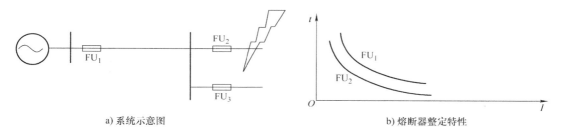

图 4-2 熔断器的选择性整定

4.5 互感器的选择

4.5.1 电流互感器的选择

1. 电流互感器的种类和型式

选择电流互感器时，应根据安装地点（如屋内、屋外）和安装方式（如穿墙式、支持式、装入式等）选择其型式。

选用母线型电流互感器时还应注意校核窗口尺寸。

当一次电流较小（在 400A 及以下）时，宜优先采用多匝式电流互感器，以提高准确度。

当采用弱电控制系统或配电装置距离控制室较远时，为减小电缆截面，提高带二次负荷能力及准确级，二次额定电流应尽量采用 1A；而强电系统用 5A。

2. 电流互感器一次回路的额定电压和电流

电流互感器一次回路的额定电压 U_N 和额定电流 I_{1N} 应满足：

$$U_N \geq U_{Ns}, \quad I_{1N} \geq I_{max}$$

为确保所供仪表的准确度，电流互感器的一次额定电流应尽可能与最大工作电流接近。

3. 电流互感器的准确级和额定容量

为了保证测量仪表的准确度，电流互感器的准确级不得低于所供测量仪表的准确级。安装于重要回路（如发电机、变压器、厂用馈线、出线等回路）中的电流互感器，其准确级不应低于 0.5 级；对测量精度要求较高的大容量发电机、变压器、系统干线和 500kV 级的回路，宜选用 0.2 级；对供运行监视、估算电能的电能表和控制盘上仪表的电流互感器应为 0.5～1 级；供只需估计电参数仪表的电流互感器可用 3 级。当所供仪表要求不同准确级时，应按相应的最高级别来确定互感器的准确级。

由选定的准确级所规定的互感器额定容量，应大于或等于二次侧所接负荷，即

$$S_{2N} \geqslant I_{2N}^2 Z_{2L} \tag{4-23}$$

$$Z_{2L} = r_a + r_{re} + r_L + r_C$$

式中，r_a、r_{re} 分别为二次侧回路中所接仪表和继电器设备的电流线圈电阻（忽略电抗）；r_C 为接触电阻，一般可取 0.1Ω；r_L 为连接导线电阻。

将 $r_L = \rho L_C / S$ 代入，可得到满足电流互感器准确级额定容量要求的二次导线的允许最小截面

$$S \geqslant \frac{I_{2N}^2 \rho L_C}{S_{2N} - I_{2N}^2(r_a + r_{re} + r_C)} = \frac{\rho L_C}{Z_{2N} - (r_a + r_{re} + r_C)} \tag{4-24}$$

式中，S、L_C 分别为连接导线截面积（mm^2）和计算长度（m）；ρ 为导线电阻率，铜的电阻率 $\rho = 1.75 \times 10^{-2} \Omega \cdot mm^2/m$。

式（4-24）中 L_C 与仪表到互感器的实际距离 L 及电流互感器的接线方式有关。

图 4-3 为电流互感器常用接线方式。其中图 4-3a 用于对称三相负荷，测量一相电流，$L_C = 2L$；图 4-3b 为星形联结，可不计中性线电流，$L_C = L$，由于导线计算长度小，测量误差小，常用于 110kV 及以上线路和发电机、变压器等重要回路；图 4-3c 为不完全星形联结，常用于 35kV 及以下电压等级的不重要出线。

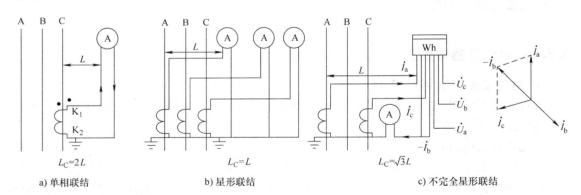

图 4-3 电流互感器的常用接线方式

发电厂和变电站多采用铜芯控制电缆，由式（4-24）求出的铜导线截面若小于 $1.5mm^2$，应选 $1.5mm^2$，以满足机械强度要求。在接入表计中，有供收费的电能表时，最小截面不应小于 $2.5mm^2$。

4. 电流互感器的热稳定和动稳定校验

(1) 热稳定校验

只对本身带有一次回路导体的电流互感器进行热稳定校验。电流互感器热稳定能力常以 1s 允许通过的热稳定电流 I_1 或一次额定电流 I_{1N} 的倍数 K_t 来表示。热稳定校验式为

$$I_1^2 \geqslant Q_k \ 或 (K_t I_{1N}) \geqslant Q_k$$

(2) 动稳定校验

动稳定校验包括由同一相的电流相互作用产生的内部电动力校验，以及不同相的电流相互作用产生的外部电动力校验。显然，多匝式一次绕组主要经受内部电动力，单匝式一次绕组不存在内部电动力，则电动力稳定性由外部电动力决定。

内部动稳定校验式为

$$i_{es} \geqslant i_{sh} 或 \sqrt{2} I_{1N} K_{es} \geqslant i_{sh} \tag{4-25}$$

式中，i_{es}、K_{es} 分别为电流互感器的动稳定电流及动稳定电流倍数，由制造厂提供。

外部动稳定校验式为

$$F_{al} \geqslant 0.5 \times 1.73 \times 10^{-7} i_{sh}^2 \frac{L}{a} \tag{4-26}$$

式中，F_{al} 为作用于电流互感器磁帽端部的允许力（N），由制造厂提供；L 为电流互感器出线端至最近一个母线支柱绝缘子之间的跨距；a 为相间距离；0.5 是系数，表示互感器磁套端部承受该跨上电动力的一半。

4.5.2 电压互感器的选择

1. 电压互感器的种类和型式

应根据装设地点和使用条件选择电压互感器的种类和型式。

1) 在 6~35kV 屋内配电装置中，一般采用油浸式或浇注式电压互感器；110~220kV 配电装置特别是母线上装设的电压互感器，通常采用串级式电磁式电压互感器；当容量和准确级满足要求时，通常多在出线上采用电容式电压互感器。

2) 在 500kV 配电装置中，配置有双套主保护，并考虑到后备保护、自动装置和测量的要求，电压互感器应具有三个二次绕组，即两个主二次绕组和一个辅助二次绕组。

3) 三相式电压互感器投资省，但只在 20kV 以下才有三相式产品。三相五柱式电压互感器广泛用于 3~15kV 系统；而三相三柱式电压互感器很少采用，这是由于为避免电网单相接地时，因零序磁通的磁阻过大，致使过大的零序电流烧坏互感器，则互感器的一次侧三相中性点不允许接地，不能测量相对地电压。

4) 当二次侧负荷不对称，特别是单相接地时，三相式电压互感器的三相磁路不对称，将增大误差。所以当接入精度要求较高的计费电能表时，不宜采用三相式电压互感器，可采用三个单相电压互感器组或两个单相电压互感器接成不完全三角形。

2. 电压互感器的一次和二次额定电压

3~35kV 电压互感器一般经隔离开关和熔断器接入高压电网。110kV 及以上的互感器可靠性高，电压互感器只经过隔离开关与电网连接。

(1) 电压互感器一次绕组的额定电压 U_{1N}

应根据电压互感器的联结方式来确定其相电压或相间电压。电压互感器的联结方式很

多，常用的有以下几种：

1）一台单相电压互感器，当用于110kV及以上中性点接地系统时，可测量某一相对地电压；当用于35kV及以下中性点不接地系统时，只能测量相间电压，不能测量相对地电压。

2）三台单相三绕组电压互感器采用YNynd11联结或YNyd11联结（二次侧星形绕组中性点不直接接地，而采用B相接地），广泛应用于各电压级系统。而3～15kV电压等级广泛采用三相式电压互感器，其二次绕组用于测量相间电压或相对地电压，辅助二次绕组接成开口三角形，供接入中性点不接地电网的绝缘监视仪表、继电器设备使用，或供中性点直接接地系统的接地保护用。

3）两台单相互感器分别跨接于电网的线电压U_{AB}和U_{BC}上，接成不完全三角形（也称Vv联结），广泛应用在20kV以下中性点不接地的电网中，测量三个相间电压，可节省一台互感器（也不能测量相对地电压）。

这种不完全三角形联结，用于测量两个线电压U_{AB}和U_{BC}，当互感器的主要二次负荷是电能表和功率表时，这种联结方式最为恰当。当接入的表计仅有电能表和功率表时，两台电压互感器的负荷是相等的，电流I_A与I_C的相位相差120°，没有必要再安装第三台互感器。这种联结方式还可获得另一个线电压$U_{CA} = -(U_{AB} + U_{BC})$，但是，当在二次侧$U_{CA}$接入仪表时，两个互感器的电流与电压间的相位差将不同，从而可能增大误差，所以应避免在A、C端上接入仪表。用于这种联结方式的电压互感器，一次侧额定电压应当是电网线电压，且一次绕组的两个引出端应当是全绝缘型，而二次侧电压为100V。

（2）电压互感器二次绕组的额定电压U_{2N}

电压互感器的二次绕组额定电压，通常是供额定电压为100V的仪表和继电器设备的电压绕组使用。显然，单个单相式电压互感器的二次绕组电压为100V，而其余可获得相间电压的联结方式，二次绕组电压为$100/\sqrt{3}$V；电压互感器开口三角形的辅助绕组电压，用于35kV及以下中性点不接地系统的电压为$100/\sqrt{3}$V，而用于110kV及以上的中性点接地系统的电压为100V。

3. 电压互感器容量和准确级选择

应根据仪表和继电器的接线要求，选择电压互感器的接线方式，并尽可能地将负荷均匀地分布在各相上，然后计算各相负荷大小，按照所接仪表的准确级和容量，选择互感器的准确级和额定容量。

互感器的额定容量（对应于所要求的准确级），应不小于电压互感器的二次负荷，即$S_{2N} \geq S_2$，而二次负荷

$$S_2 = \sqrt{(\sum S_0 \cos\varphi)^2 + (\sum S_0 \sin\varphi)^2} = \sqrt{(\sum P_0)^2 + (\sum Q_0)^2} \quad (4-27)$$

式中，S_0、P_0、Q_0、$\cos\varphi$分别为各仪表的视在功率、有功功率、无功功率和功率因数。

电压互感器三相负荷如果不相等，为了满足准确级要求，通常以最大相的负荷进行比较。

计算电压互感器的各相负荷时，必须注意互感器和负荷的联结方式。

4.6 导体的选择

导体的选择主要是选择其截面积,以保证导体在正常运行时可以通过一定的电流而发热不会超过其限值,在发生故障时可以满足热稳定要求,对于硬导体还需要校验其动稳定和共振情况。

常见的软导体为钢芯铝绞线、组合导线、分裂导线和扩径导线。

当电流较大时,可以选用硬导体,常见的硬导体截面为管形、矩形和槽形,常用材料为铝,在持续工作电流较大、出现位置特别狭窄或污秽等级高的场合可以选用铜。

4.6.1 导体截面积的选择

导体的截面积一般按照工作电流或经济电流密度进行选择。对于年负荷利用小时数大(大于5000h),传输容量大,母线较长(大于20m)的情况,一般按照经济电流密度选择,其他情况可按照工作电流选择。

(1) 按回路持续工作电流选择

$$I_{max} \leqslant KI_{al} \tag{4-28}$$

式中,I_{max}为导体所在回路的持续工作电流;I_{al}为在额定环境温度25℃时导体的允许电流;K为与实际环境温度和海拔有关的综合校正系数,如表4-4所示。

表4-4 与环境温度和海拔有关的综合校正系数

导体最高允许温度/℃	适应范围	海拔高度/m	实际环境温度/℃						
			+20	+25	+30	+35	+40	+45	+50
+70	屋内矩形、槽形、管形导体和不计日照的屋外软导线		1.05	1.00	0.94	0.88	0.81	0.74	0.67
+80	计及日照时屋外软导线	1000及以下	1.05	1.00	0.95	0.89	0.83	0.76	0.69
		2000	1.01	0.96	0.91	0.85	0.79		
		3000	0.97	0.92	0.87	0.81	0.75		
		4000	0.93	0.89	0.84	0.77	0.71		
	计及日照时屋外管形导体	1000及以下	1.05	1.00	0.94	0.87	0.80	0.72	0.63
		2000	1.00	0.94	0.88	0.81	0.74		
		3000	0.95	0.90	0.84	0.76	0.69		
		4000	0.91	0.86	0.80	0.72	0.65		

(2) 按照经济电流密度选择

$$S_J = I_{max}/J \tag{4-29}$$

式中,S_J为经济截面积(mm^2);I_{max}为回路持续工作电流(A);J为经济电流密度(A/mm^2)。

图4-4给出了几种常用导线的经济电流密度曲线。

1——变电站站用、工矿用及电缆线路的铝线纸绝缘铅包、铝包、塑料护套及各种铠装

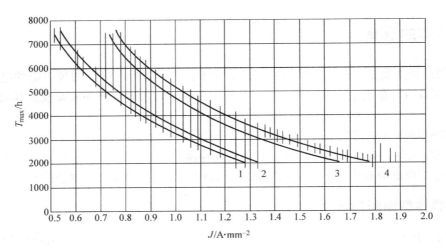

图 4-4 经济电流密度曲线

1—电缆
2—铝矩形、槽形母线及组合导线
3—火电厂厂用铝线纸绝缘铅包、铝包、塑料护套及各种铠装电缆
4—35～220kV 线路的 LGJ、LGJQ 型钢芯铝绞线

4.6.2 电晕电压校验

对 110kV 及以上电压等级的裸导体，需要按晴天不发生全面电晕的条件来校验，即裸导体的临界电压 U_{cr} 应大于最高工作电压 U_{max}。可不进行电晕校验的最小导体型号及外径，可从相关资料中获得。

4.6.3 热稳定校验

在校验导体热稳定时，若考虑集肤效应系数 K_f 的影响，由短路时发热的计算公式可得到短路热稳定所决定的导体最小截面积 S_{min} 为

$$S_{min} = \sqrt{\frac{Q_k K_f}{A_h - A_w}} = \frac{1}{C}\sqrt{Q_k K_f} \tag{4-30}$$

式中，Q_k 为短路热效应（$A^2 s$）；C 为热稳定系数，$C = \sqrt{A_h - A_w}$，其取值如表 4-5 所示。

表 4-5 不同工作温度下裸导体的热稳定系数

工作温度/℃	40	45	50	55	60	65	70	75	80	85	90
硬铝及铝锰合金	99	97	95	93	91	89	87	85	83	82	81
硬铜	186	183	181	179	176	174	171	169	166	164	161

4.6.4 硬导体的动稳定校验

各种形状的硬导体通常都安装在支柱绝缘子上，短路冲击电流产生的电动力将使导体发生弯曲，因此，硬导体应按弯曲情况进行应力计算。而软导体不必进行动稳定校验。

1. 矩形导体

(1) 相间应力 σ_{ph} 的计算

矩形导体构成的母线,会受到相间应力的作用。导体最大相间计算应力 σ_{ph} 为

$$\sigma_{ph} = \frac{M}{W} = \frac{f_{ph}L^2}{10W} \tag{4-31}$$

式中,f_{ph} 为单位长度导体上所受相间电动力(N/m);L 为导体支柱绝缘子间的跨距(m);M 为导体所受的最大弯矩(N·m);W 为导体对垂直于作用力方向轴的截面系数(m³)。

硬导体通常为多跨矩、匀载荷梁,此时取 $M = f_{ph}L^2/10$。当跨矩数等于 2 时,取 $M = f_{ph}L^2/8$,式(4-31)也应做相应修改。

当三相系统平行布置时,对于长边为 h,短边为 b 的矩形导体,导体摆放方式及每相导体数目不同时,W 的取值如表 4-6 所示。

表 4-6 导体摆放方式及数目不同时,W 的取值

	每相单条导体	每相两条导体	每相三条导体
长边呈水平布置	$bh^2/6$	$bh^2/3$	$bh^2/2$
长边呈垂直布置	$bh^2/6$	$1.44bh^2$	$3.3bh^2$

(2) 条间应力 σ_b 的计算

每相母线由多条矩形导体组成时,同相的各条导体之间也会有电动力作用。

对于长边为 h,短边为 b 的矩形导体,条间应力 σ_b 可按下式计算

$$\sigma_b = \frac{M_b}{W} = \frac{f_b L_b^2}{12W} = \frac{f_b L_b^2}{2bh^2} \tag{4-32}$$

式中,M_b 为边条导体所受弯矩,按两端固定的匀载荷梁计算(N·m),$M_b = f_b L_b^2/12$;W 为导体对垂至于条间作用力的截面系数(m³),$W = bh^2/6$;L_b 为条间衬垫跨距(m);f_b 为单位长度导体上所受的条间作用力(N/m)。

每一相由双条导体组成时,认为相电流在两条导体中平均分配,条间作用力为

$$f_b = 2K_{12}(0.5i_{sh})^2 \frac{1}{2b} \times 10^{-7} = 2.5K_{12}i_{sh}^2 \frac{1}{b} \times 10^{-8}$$

式中,K_{12} 为导体条 1、2 之间的截面形状系数。双条矩形导体(竖立)俯视图如图 4-5 所示,矩形截面形状系数曲线如图 4-6 所示。

每一相由三条导体组成时,认为中间条通过 20% 相电流,两侧条各通过 40%,当条间中心距离为 $2b$ 时,受力最大的边条作用力为

$$f_b = f_{b1-2} + f_{b1-3} = 8(K_{12} + K_{13})i_{sh}^2 \frac{1}{b} \times 10^{-9} \tag{4-33}$$

式中,K_{13} 为导体条 1、3 之间的截面形状系数。

条间装设衬垫(螺栓)是为了减小 σ_b,由于同相条间距离很近,条间作用力大,为了防止同相各条矩形导体在条间作用力下产生弯曲而互相接触,衬垫间允许的最大跨矩,即临界跨矩 L_{cr},可由下式决定

$$L_{cr} = \lambda b^4 \sqrt{\frac{h}{f_b}} \tag{4-34}$$

式中，系数 λ 的取值如表 4-7 所示。

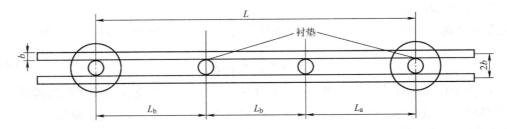

图 4-5 双条矩形导体（竖立）俯视图

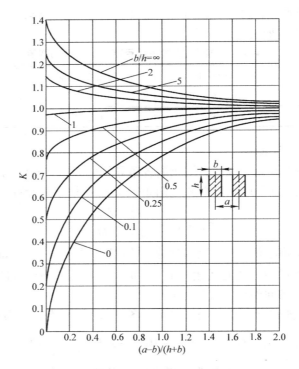

图 4-6 矩形截面形状系数曲线

表 4-7 不同导体材料的 λ 系数

导体材料	每相两条导体	每相三条导体
铜	1774	1355
铝	1003	1197

（3）矩形导体的动稳定校验

每相只有单条导体的情况，由于没有条间应力，导体最大相间应力 σ_{ph} 应小于导体材料允许应力 σ_{al}（硬铝 7×10^6 Pa、硬铜 140×10^6 Pa），即 $\sigma_{ph} \leqslant \sigma_{al}$。

那么，满足动稳定要求的绝缘子间最大允许跨矩 L_{max} 为

$$L_{\max} = \sqrt{\frac{10\sigma_{\text{al}}W}{fp_{\text{h}}}} \tag{4-35}$$

显然，$L_{\max}$是根据材料最大允许应力确定的。当矩形导体平放时，当避免导体因自重而过分弯曲，所选跨矩一般不超过 1.5~2m。三相水平布置的汇流母线常取绝缘子跨矩等于配电装置间隔宽度，以便于绝缘子安装。

每相母线由多条矩形导体组成时，导体所受的应力由相间应力 σ_{ph} 和条间应力 σ_{b} 叠加而成，则母线满足动稳定的条件为

$$\sigma_{\text{ph}} + \sigma_{\text{b}} \leq \sigma_{\text{al}} \tag{4-36}$$

由于条间距离远小于相间距离，因此条间作用力会明显大于相间作用力，导体受到的电动力以条间作用力为主。根据条间允许应力 $\sigma_{\text{al}} - \sigma_{\text{ph}}$，则导体满足动稳定要求的最大允许衬垫跨矩 L_{Bmax} 为

$$L_{\text{Bmax}} = \sqrt{\frac{12(\sigma_{\text{al}} - \sigma_{\text{ph}})W}{f_{\text{b}}}} = b\sqrt{\frac{2h(\sigma_{\text{al}} - \sigma_{\text{ph}})}{f_{\text{b}}}} \tag{4-37}$$

所选衬垫跨矩 L_{b} 应满足 $L_{\text{b}} < L_{\text{cr}}$ 及 $L_{\text{b}} < L_{\text{bmax}}$，但过多增加衬垫数量会使导体散热条件变坏，一般每隔 30~50cm 设一衬垫。

2. 槽形导体

槽形导体应力的计算方法与矩形导体相同。

槽形导体截面如图 4-7 所示。双槽形导体的布置如图 4-8 所示，按图 4-8a 布置，导体截面系数 $W = 2W_X$；按图 4-8b 布置，$W = 2W_Y$（W_X、W_Y 分别为单槽导体对 X 和 Y 轴的截面系数）。当采用焊片将双槽形导体焊成整体时，图 4-8b 的 $W = 2W_{Y10}$。

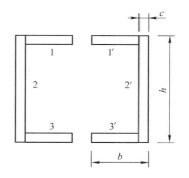

图 4-7 槽形导体截面

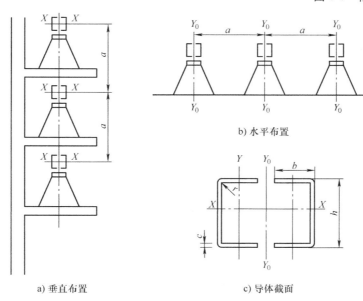

图 4-8 双槽形导体的布置

当双槽形导体条间距离 $2b = h$ 时，$K_{12} \approx 1$，双槽形导体间作用力可表示为

$$f_b = 2(0.5i_{sh})^2 \times 10^{-7} \frac{1}{h} = 5 \times 10^{-8} i_{sh}^2 \frac{1}{h} \tag{4-38}$$

由于双槽形导体间抗弯曲的截面系数 $W = 2W_Y$，故条间应力为

$$\sigma_b = \frac{f_b L_b^2}{12W_Y} = 4.16 \frac{i_{sh}^2 L_b^2}{hW_Y} \times 10^{-9} \tag{4-39}$$

双槽形导体焊成整体时，式（4-40）中的 L_b 应改为 L_{b1}：

$$L_{b1} = L_b - L_{b0} \tag{4-40}$$

4.6.5 硬导体的共振校验

对于重要回路（如发电机、变压器回路及汇流母线等）的导体应进行共振校验。当已知导体材料、形状、布置方式和应避开的自振频率（一般为 30~160Hz）时，保证导体不发生共振的最大绝缘子跨矩 L_{max} 为

$$L_{max} = \sqrt{\frac{N_f}{f_1}} \sqrt{\frac{EI}{m}} \tag{4-41}$$

4.6.6 封闭母线的选择

凡属定型产品，制造厂将提供有关的额定电压、电流和动稳定等参数，因此，可按电气设备选择的一般条件中所述的方法来进行选择和校验。同时应根据具体工程情况，向制造厂提供有关资料，供制造厂进行布置和连接部分的设计。

当选用非定型封闭母线时，应进行导体和外壳发热、应力及绝缘子抗弯的计算，并进行共振校验。

习　题

1. 对比长期发热和短时发热的不同之处。
2. 加入某一回路中正常流过的负荷电流为 100A，短路时流过的电流为 10000A，则短路时发热和电动力大约增大多少倍？
3. 某风电场有 30 台 1MW 的风电机组，升压变电站低压侧（10kV）采用单母线接线，请为升压变电站选择主变压器（本题目需要参阅《电力工程电气设备手册》）。
4. 题目 3 中的 30 台风电机组 5 台集成一路接入升压变电站，请选择升压变电站中 10kV 断路器。
5. 在题目 4 的基础上选择 10kV 侧的电流互感器和电压互感器。
6. 在题目 5 的基础上选择 10kV 侧的导体。
7. 题目 3 的风电场中是否需要装设串联电抗器和并联电容器？

第5章 风电场电气二次系统

关键术语：

二次系统，二次回路，原理接线图，展开接线图，相对编号法，安装接线图，继电器，接触器，控制开关，小母线，接线端子，成套保护设备，成套测控设备，继电保护，变电站综合自动化。

知识要点：

重要性	能力要求	知识点
★★	了解	电气二次系统的概念和功能
★★★	识记	电气二次系统的主要设备种类和作用
★★	了解	主要的电气二次回路
★★★★	识记	电气二次系统的图形表示方法
★★★★	了解	风电场和升压变电站电气二次系统的构成
★★	了解	变电站综合自动化技术

预期效果：

通过本章内容的阅读，应能了解电气二次部分的含义和功能，知悉电气二次系统的主要设备及其原理和功能，掌握电气二次系统的图形表示方法；应能了解风电场和升压变电站电气二次系统的构成，并对我国目前已普遍采用的变电站综合自动化技术有一定的认知。

电气二次部分也是风电场电气部分的重要组成内容，由各种二次设备相互连接而成，对一次设备进行监测、控制、调节和保护。

对一次设备的工作进行监测、控制、调节、保护以及为运行、维护人员提供运行工况或生产指挥信号所需的低压电气设备，称为二次设备，如熔断器、控制开关、继电器、控制电缆等。由二次设备相互连接，构成对一次设备进行监测、控制、调节和保护的电气回路称为二次回路或二次接线系统。

本章首先详细介绍二次系统中最重要的二次设备——继电器和二次部分的其他基本元件，包括接触器、控制开关、小母线、接线端子、电缆和绝缘导线、成套保护装置和测控装置，并对实现保护、控制、测量、信号等功能的二次回路和操作电源系统分别加以介绍。然后具体说明风电场（为了便于分别说明，本章将风电场分为风力发电厂和升压变电站两个部分）的电气二次部分构成。最后介绍目前已经普遍采用的变电站综合自动化技术。

5.1 继电器

5.1.1 继电器的结构和原理

继电器是常见的控制元件，其英文"Relay"原意为轮转、接力。继电器最早应用于电报业务，用以实现不同电路之间的控制，即用一个电路去控制另一个电路。在电路中，继电器控制逻辑的实现依赖于其自身结构，即线圈和触点的基本设计。

传统的电磁型继电器由线圈、触点以及它们的接线端子和可动铁片、复位弹簧组成。电磁型继电器的基本结构如图 5-1 所示。图 5-1a 为继电器线圈不带电的状态，注意其触点的位置。当继电器线圈带电后（见图 5-1b），继电器触点在可动铁片的带动下位置发生变化，这是线圈中流过电流所产生的电磁力吸引可动铁片的结果。如果线圈中不再流有电流，在复位弹簧的作用下，继电器触点位置将恢复到图 5-1a 中的状态。

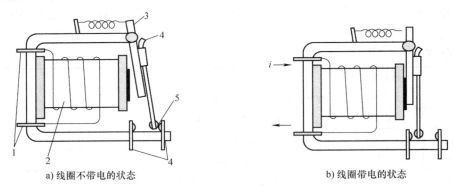

a) 线圈不带电的状态　　　　　　　　　　b) 线圈带电的状态

图 5-1　电磁型继电器的基本结构
1—线圈端子　2—线圈部分　3—可动铁片　4—触点端子　5—触点

由上述分析可知，继电器的线圈和触点可以分别接入不同的电路中，从而实现由线圈至触点的顺序控制。

线圈可以反映不同的电气量，进而用于实现触点位置的变换。通常所要反映的电气量有若干种，例如某一特定电压/电流（可以是交流也可以是直流）的有或无、大或小等，以此来实现对应的各种逻辑。例如：交流过电流、交流过电压、欠电压、直流电压的带电/不带电等，它们所反映的逻辑上的"有"或"无"。

继电器的触点也可以有不同的逻辑，例如：有即时变化和延时变化之分。即时变化的触点在电流发生变化时会立即触发触点位置变化。通常在线圈不通电或线圈电流较小时，处于分开状态的触点称为常开触点，处于闭合状态的触点称为常闭触点（如图 5-1 中的触点）；以及存在延时闭合的常开或常闭触点等。对于同一个继电器，根据其功能和实际需要，往往要装设多个触点，有时候这些触点的类型也会不同。

5.1.2　继电器的表示符号

在专业研究和工程实践中，往往采用类似于电气主接线（一次系统）的处理方式，以简化的符号来表示继电器和二次电路。

例如，在图 5-2 中，借助于简化符号的连接，可以直观明了地看出继电器有 8 个接线端子，其线圈通过 7-8 端子与外部电路连接，1-2 端子间为常开触点，4-6 端子间接有延时闭合的常闭触点，5-9 端子间为常闭触点，5-3 端子间为常开触点，而端子 5 是端子 3 和 9 的公共端子。

思考：图 5-2 中的继电器连接有 4 个电路，其中 KC 为中间继电器，LD 为绿灯，HD 为

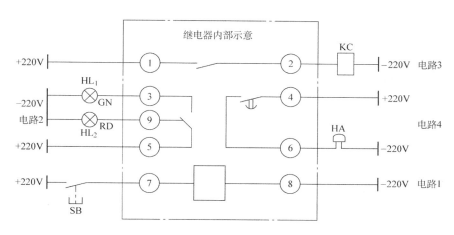

图 5-2　继电器和二次回路的简化表示

红灯，HA 为电铃。当按下按钮 SB 后，各个电路中都会有什么情况发生？

前文中提到的继电器均为常规的电磁型继电器，即当继电器线圈带电以后，依靠线圈的电磁力来吸附继电器触点，从而实现触点闭合和打开的逻辑。此外，还有晶体管继电器、静态继电器及微机继电器等，分别采用二极管、集成电路和微处理器等元件来实现相同的逻辑。

对于复杂的电气二次系统，需要采用各种不同种类的继电器来构建二次电路，实现其控制、监视和保护等功能。

5.1.3　常用的继电器类型

在电气二次系统中常见的继电器有：电流继电器、电压继电器、时间继电器、中间继电器、功率方向继电器、差动继电器、冲击继电器、信号继电器等。

这些继电器的主要区别在于其控制电路的不同。对于电流和电压继电器来讲，其控制电路是某一回路的电流或某一节点的电压，当电流或电压越过预先设定的限值（分别称为电流越限或电压越限）时，继电器动作。功率方向继电器判别的是功率的流向，需要同时采集某一支路的电流和电压，以确定该支路上流过的功率的方向是否在设定区间内。差动继电器的基本原理是基尔霍夫电流定律，通过判别流入某一元件（线路、变压器、母线等）的电流和流出该元件的电流之差值来决定是否动作。上述继电器线圈上的控制电路都为交流的，采用的是经 CT 和 PT 采集的电流和电压。

提示：本节只对各种继电器做概要说明，关于各种继电器的更多内容，请参阅关于继电保护的专业文献。

1. 电流继电器

电流继电器反映一次回路中的电流越限，常用于二次系统的保护回路，例如用于电机、变压器和输电线路等设备的过负荷及短路保护。它的继电器线圈接入 CT 的二次侧交流电流回路，触点则引出至直流控制回路，用以起动时间继电器的动作或直接触发断路器分闸。

图 5-3 为继电保护中最常用的电流继电器示意图。继电器接线端子 2 和 8 之间的两个线圈以串联方式连接，2 和 8 端子和继电器外部的 CT 交流电路相连，用于判别某线路中 C 相

电流是否超过继电器的整定值。正常运行时，C 相线路中的电流未超限，继电器线圈中的电流较小，继电器接线端子 1 和端子 3 之间的常开触点处于分开状态；当电流越限时，继电器接线端子 1 和 3 之间的常开触点闭合，触发保护回路中的时间继电器动作，或直接用于控制回路中的断路器跳闸。

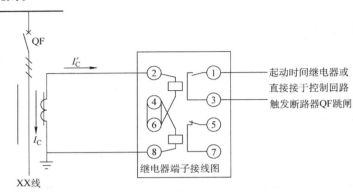

图 5-3　电流继电器示意图

2. 电压继电器

电压继电器用于继电保护装置中的过电压保护或欠电压闭锁，其线圈接入 PT 二次侧的交流电压小母线上，触点用于起动控制回路跳闸或与其他保护继电器组成相关保护逻辑。

图 5-4 所示为电压继电器示意图，电压继电器引入 PT 二次交流电压小母线的 A、C 相之间的线电压，用于闭锁其他保护元件。系统正常运行时，接线端子 2 和 8 串联的线圈带有 100V 左右的电压，继电器线圈中流过的电流较大，其常闭触点此时打开，实现对其他电路的闭锁；当 A、C 相之间的线电压降低到整定值时，线圈中电流较小，常闭触点闭合，将外部电路开放。

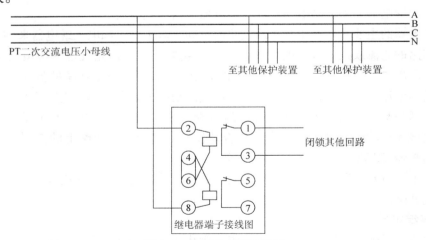

图 5-4　电压继电器示意图

3. 功率继电器

功率继电器判别某支路上流过的功率的方向，动作限值是一个角度区间。当电流和电压的相位差处于某一设定的区间内时，继电器动作。

常用的功率继电器采用90°接线,如图5-5所示,其接线端子5和6之间的电压线圈接BC相电压,而接线端子2和4之间的电流线圈接入A相电流。当电压和电流的相位差落于整定区间内时,继电器接线端子1和3之间的常开触点闭合。

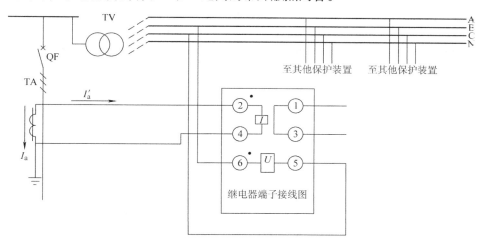

图5-5 功率继电器示意图

需要注意的是,在功率继电器中需要考虑电压和电流的相位关系,因此继电器有极性的概念,如图5-5中"●"号表示为电流或电压的极性端。极性可以认为是事先标定好的参考方向。

4. 差动继电器

图5-6所示为差动继电器示意图。图中继电器的节点端子2、5、3及1采用星形联结,分别与变压器高、中、低三侧的C相电流互感器相接,在继电器内部经过变流器汇流形成差流。差流再变换到二次绕组上,接于二次绕组的电流继电器感应差流的大小,决定是否动作。当差流越限(差流大于该继电器的预先整定值)时,继电器接线端子10和12之间的常开触点闭合。

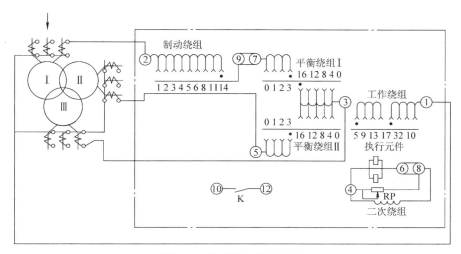

图5-6 差动继电器示意图

知识扩充：上述几种继电器直接和 CT、PT 二次回路相连接，用于判断回路中的电流和设备上的电压是否正常，以确定设备是否处于故障状态，因此也被称为度量继电器。除了上面介绍的以外，还有频率继电器、同期继电器、接地继电器、相序继电器等。

要实现二次部分的测量、控制、监视和保护功能，仅仅依靠这些继电器是无法完成的。还必须有时间继电器、中间继电器、信号继电器、冲击继电器等继电器来实现其他的逻辑，这类继电器常由度量继电器起动后实现后续逻辑。由于这几种继电器实现的只是开断、有无、01 类简单顺序控制逻辑，又被称为有无继电器。

5. 时间继电器

常由其他继电器或控制元件起动，用以判别某一状态的持续时间，使被控设备或电路按照预定的时间动作。

图 5-7 所示为由电流继电器和时间继电器组成的带时限过电流逻辑电路示意图。图中只显示了电流继电器的触点，关于其线圈所在电路，请参考本节电流继电器的介绍。

当电流继电器 KA 触点闭合后，时间继电器的线圈带电，但接线端子 4 和 6 之间的延时闭合常开触点并不闭合。只有当 KA 触点持续闭合，时间继电器线圈持续带电超过时间继电器整定的时间后，4 和 6 之间的延时闭合常开触点才闭合，给断路器操作机构发出跳闸命令。

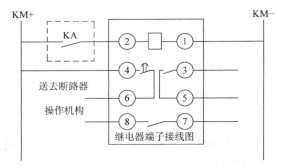

图 5-7 带时限过电流逻辑电路示意图

图 5-7 中的控制电路为直流电路，为了保证变电站或发电厂在全厂站停电后依然可以实现对设备的控制，电气二次部分常采用直流电作为控制电源。

6. 中间继电器

中间继电器常用于二次系统中增加某一控制电路触点数量和容量。

在图 5-8 所示的二次回路中，当电流继电器 KA 触点闭合后，中间继电器的线圈带电，其三个常开触点闭合，闭合的触点用于触发多个断路器操作机构的跳闸。通过本例可以看出，使用中间继电器可以方便地实现将某一控制命令下发到多个控制回路中。

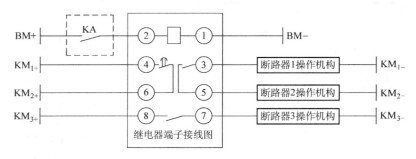

图 5-8 中间继电器示意图

关于其他类型的继电器和上述几种继电器的更详细内容，请参阅有关继电保护的专业文献。

5.1.4 继电保护的接线图

1. 原理接线图

由度量继电器和有无继电器即可搭建符合需求的二次回路以实现对于电气一次设备的保护功能，在二次系统的应用中常采用原理接线图来描述某一设备的继电保护动作原理。

图 5-9 为 10kV 及 35kV 线路中常用的采用两相 CT 作为相间保护的电流速断保护原理接线图。原理接线图只描述继电保护回路搭建的基本原理，注意继电器的线圈和触点（图中为常开触点）的对应关系，对应于断路器 QF 的辅助常开触点 QF（其位置对应于断路器位置）被串接于跳闸回路中和跳闸线圈 YT 相连，用于控制跳闸回路的分合。压板 XB 的作用是人工有选择地实现对于速断保护跳闸逻辑的投入和退出，可以看出，当 XB 打开时，即使继电器 KA_1 或 KA_2 动作跳闸，回路也无法导通。

正常运行时，AC 相 CT 的二次侧将电流送入电流继电器 KA_1 和 KA_2，由于电流继电器的整定值大于正常负荷电流，其常开触点处于打开的位置。当线路中发生相间短路故障时，KA_1 或 KA_2 中流过的电流大于整定值，其触点闭合，跳闸回路的正极经过 KA_1 或 KA_2 的触点以及 KS、XB、QF 和 YT 与负极接通；YT 触发断路器跳闸，QF 变为分位，其辅助触点 QF 位置变化，打开，从而断开跳闸回路（这种设计可以使用容量较大的断路器辅助触点断开跳闸回路，防止使用容量较小的继电器触点断开电路时被烧坏）；同时电流继电器 KA_1 和 KA_2 中不再流有电流，其常开触点断开。

需要注意的是：跳闸回路导通时，信号继电器 KS 也带电，从而其触点闭合，但其触点需要人工复位（注意触点图形符号的不同）以便于人员检查和记录。

思考：35kV 及以下的线路中，除了电流速断保护，还会采用过电流保护。图 5-9 中应加入哪些元件，如何修改可以实现过电流保护？

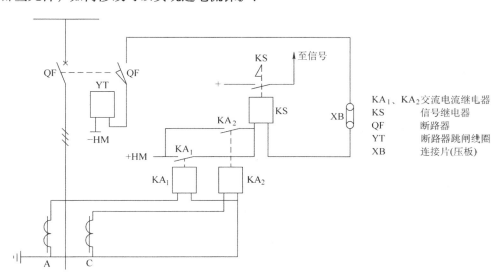

图 5-9 相间电流速断保护原理接线图

2. 展开接线图

使用原理图来描述二次回路比较复杂，不易于表示不同功能的实现顺序，因此在实践中常使用展开接线图来描述二次回路的基本结构。

展开图对于二次回路的描述是按照回路表示的,由于不同的回路实现不同的功能,因此它其实是以功能来描述二次回路的。

与图 5-9 所示原理接线图相对应的展开接线图如图 5-10 所示。可以看出,展开接线图以回路功能来描述二次回路,继电器线圈和触点往往分别处于不同的回路中。整个回路的布置采用从上往下、从左往右的方式来描述逻辑功能的实现。为了便于理解,图形描述的右侧一般需要加入对回路的文字描述。

思考:图 5-10 只用于实现速断保护的自动跳闸,如果要加入人工分合断路器及实现过电流保护跳闸,该展开图应该如何修改?

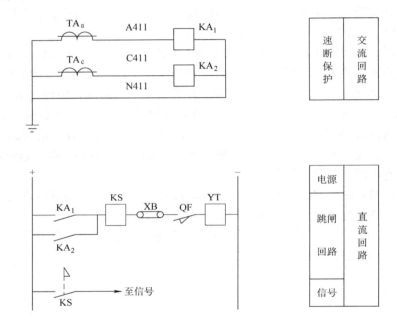

图 5-10　相间电流速断保护的展开接线图

5.2　二次部分的其他元件

5.2.1　接触器

接触器的原理和继电器类似,电力系统中常用的电磁型接触器,也是依靠线圈带电来吸附触点的分合。与继电器相比,接触器的触点容量明显要大,可以通过较大电流,为了保证能对较大的电流进行分合,接触器往往装设有灭弧装置。

在电气一次系统中,接触器和熔断器配合使用可以取代较为昂贵的断路器;在电气二次部分,接触器常用于断路器的合闸,其线圈接于断路器的操作回路,触点接入合闸回路,用以分合较大的合闸电流。

图 5-11 为某电磁机构断路器控制回路的简化示意图,以展开接线图的形式给出。图中

控制回路采用直流电源。虚线框内元件和合闸回路在断路器操作机构中。SB₁ 为断路器合闸按钮，SB₂ 为断路器分闸按钮，用于控制断路器的分合。SB₁ 和断路器 QF 常闭辅助触点（1、2 之间）、合闸接触器 KM 的线圈形成合闸回路；SB₂ 和断路器 QF 常开辅助触点（3、4 之间）、跳闸线圈 YT 形成跳闸回路。断路器辅助触点不同于继电器触点，它是位置触点，联动于断路器位置的变化，当断路器处于分位时，常开触点为分、常闭触点为合，断路器分闸时则刚好相反。

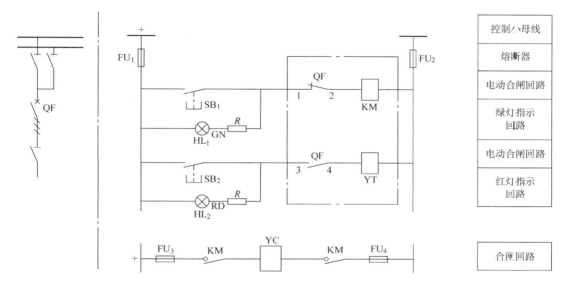

图 5-11　断路器控制回路简化示意图

断路器合闸时，由于回路中需要较大的电流，不能将合闸线圈直接接入控制回路，需要用接触器 KM 进行控制。将 KM 的线圈接入电动合闸回路，再将 KM 辅助触点和合闸线圈接到专门的合闸回路电源，可实现合闸回路和控制回路的分离。而分闸的时候电流较小，可以直接将跳闸线圈接入控制回路中。

为了显示断路器的当前状态，在电动合闸回路和电动分闸回路中并联有红绿灯指示回路。在电力系统中常用红灯表示断路器处于合闸位置，绿灯表示断路器处于分闸位置；但在电路连接中，却是绿灯串联高电阻接入合闸回路，而红灯串联高电阻接入分闸回路。

当断路器 QF 为分闸状态时，其常开辅助触点为分位（3、4 之间），常闭辅助触点为合位（1、2 之间）。合闸接触器 KM 线圈上虽加有电压，但由于绿灯和高阻的限流作用，流过它的电流非常小，不足以使其动作；而绿灯由于带有电压发出平光，指示断路器当前处于分闸位置。

当合闸按钮 SB₁ 按下时，合闸电源的电压全部作用在合闸接触器上，接触器流过较大电流，其触点闭合，最终接通合闸回路，合闸回路中的合闸线圈 YC 带电，将断路器 QF 闭合。QF 一旦闭合，其辅助触点位置即发生变换，常开触点闭合（3、4 之间），而常闭触点（1、2 之间）打开。此时无论 SB₁ 是否松开，接触器 KM 的线圈都不再带电，其触点打开，合闸线圈也不再带电。此时 HL₂、高阻 R、断路器 QF 的常开辅助触点（3、4 之间）及跳闸线圈 YT 形成回路，由于红灯和电阻的限流作用，YT 上流过的电流不足以使得断路器分闸，而红灯则发出平光，指示断路器处于合闸位置。

思考：在断路器分闸过程中，红、绿指示灯是如何工作的呢？

5.2.2 控制开关

在上面的分析中，人工对于电路的控制依靠按钮来实现。用按钮控制电路分合，虽然简单，但其触点数目太少，实现的逻辑较为简单，因此除了一些简单控制回路以外，常用控制开关来实现电路的复杂逻辑控制。

图 5-12 所示为 LW15 型控制开关，其正面有用于人工控制的手柄，手柄有三个位置，中间位置可以顺时针和逆时针旋转 45°。其后部为接线端子，用来连接电路，最终实现对于电路的控制。LW5 – 15B48 型转换开关的触点通断表如表 5-1 所示。

图 5-12　LW15 型控制开关
1—手柄　2—接线端子

表 5-1　LW5 – 15B48 型转换开关触点通断表（×表示接通）

触点	手柄位置	45° ←	0° →←	45° →
1 ○┤├─┤├○ 2				×
3 ○┤├─┤├○ 4		×	×	
5 ○┤├─┤├○ 6			×	×
7 ○┤├─┤├○ 8		×		
9 ○┤├─┤├○ 10			×	

图 5-13 中用控制开关替代了图 5-11 中的按钮，由于控制开关的触点可以根据其手柄位置的变化产生多种通断组合，因此可以实现较为复杂的逻辑。图 5-13 中，控制开关的引入不仅实现了断路器的合闸和分闸，还引入闪光指示回路及事故音响回路作为故障后的灯光和音响信号指示。图中还引入了外部保护电路中保护继电器的触点 KA，它接入断路器控制回路中，当电气设备发生故障时，其对应保护继电器动作触发故障电气设备相关断路器跳闸，将故障设备从电力系统中切除出去。

1. 断路器合闸过程

控制开关的手柄一般处于中间位置，即 0°位置，其接线端子 5、6 间的触点闭合，此时断路器 QF 常开辅助触点在合位，因此 WL +、SA_5、SA_6、HL_1、R、QF_1、QF_2、KM、WC – 形成回路。由于 HL_1 和高阻的限流作用，KM 不会动作，由于 WL + 为闪光电源，此时绿灯 HL_1 会发出闪光。

人工将控制开关的手柄顺时针旋转 45°，由触点通断表 5-1 可知，SA_1 和 SA_2 将接通，其他触点断开。SA_1 和 SA_2 的接通使得 WC + 和 WC – 之间的电压全部作用于 KM 上，KM 触点闭合，导通合闸回路，使得断路器合闸。

合闸后，控制开关 SA 的手柄将自动返回到 0°位置。此时断路器 QF 常开辅助触点闭合、

第 5 章 风电场电气二次系统

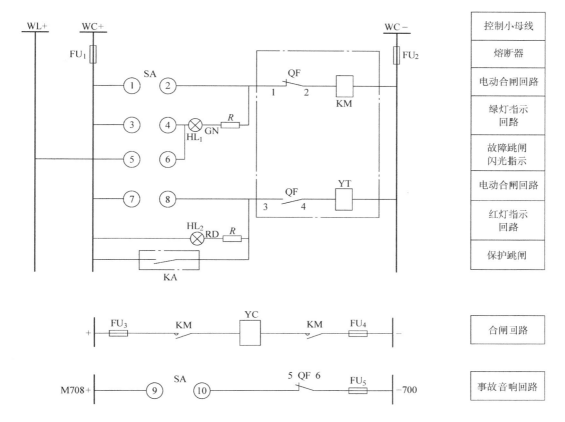

图 5-13 应用了控制开关的断路器控制回路简化示意图

常闭辅助触点打开。红灯指示回路中 WC+、HL_2、R、QF_3、QF_4、YT、WC- 形成回路，红灯 HL_2 发光。

需要说明的是：在事故音响回路中，SA_9 和 SA_{10} 接通，但断路器 QF 常闭辅助触点打开，M708+ 和 -700 之间无法形成回路，也无法触发外部电路的事故音响信号。

故障跳闸过程：

电气设备运行中如果发生故障，对其进行保护的继电器会发生动作，如电流继电器、差动继电器等，保护继电器的触点 KA 被引入控制回路中，如图 5-13 所示。

KA 的闭合将直接导致 WC+、KA、QF_3、QF_4、YT 和 WC- 之间形成回路，最终 WC+ 和 WC- 上的电压完全作用于跳闸线圈 YT 上，断路器跳闸。

断路器跳闸后其辅助触点的位置会发生变化，将导致以下结果：

1) 事故音响回路中的 M708+、SA_9、SA_{10}（此时控制开关手柄位置未发生变化）、QF_5、QF_6、-700 导通，M708+ 接入中央信号回路（图中未显示），发出事故音响。

2) WL+、SA_5、SA_6、HL_1、R、QF_1、QF_2、KM、WC- 形成回路，绿灯闪光指示当前断路器位置异常。

要解除事故音响，只需将 SA 的手柄逆时针旋转 45° 即可，即使其处于分闸后位置，旋转后控制开关 SA 手柄将自动返回 0° 位置。

思考：手动分闸的控制过程，读者可尝试自行分析。

5.2.3 小母线

在一次系统中，母线用于实现电能的集中和分配。在二次系统中，小母线实现类似的功能，所不同的是除了直流电源小母线用于给不同的设备分配电能，交流电压小母线和辅助小母线主要用于集中和分配信号。

直流电源小母线用于实现直流屏柜向不同的保护装置、测控装置等设备供电。控制电源、信号电源、保护电源需要分别设置，直流屏一般提供双回路供电。

交流电压小母线用于PT二次侧电压信号向不同保护测量装置的分配。各类保护测量装置根据其所对应的一次设备的实际连接，有选择地接入不同的PT电压。

在发电厂及变电站中，根据控制、信号、继电保护、自动装置等的需要，可设置辅助小母线，如合闸脉冲小母线、闪光小母线、熔断器报警小母线、事故跳闸音响信号小母线、同期电压小母线等。这些小母线分别布置在控制室的屏上和配电装置内。

布置在控制室内的小母线，安装在屏柜的顶部，一般使用直径为6~8mm的铜棒或铜管，保护和测控装置采用外部绝缘的导线和它相连接。

5.2.4 接线端子、电缆和绝缘导线

继电器、接触器、控制开关、指示灯、各类保护和自动装置等基本元件，需要连接成可以实现二次系统测量、控制、监视和保护功能的电路。这些设备的连接需要依靠导体和接线端子来实现。

常用的导体为绝缘导线和电缆，绝缘导线主要用于屏内或装置内配线，而电缆用于连接距离较远的设备。

提示：这里所说的绝缘导线是指导线带有绝缘皮，与外部绝缘，并非导线本身是绝缘的。

装设于各类屏柜内、断路器操作机构内部不同的二次元件，如继电器、信号指示灯、控制开关等，它们之间也需要相互连接形成电路，这类屏柜或装置内部的连线一般以绝缘导线来实现。

而屏柜之间、室内外之间的二次设备的连接则需要采用控制电缆来实现。控制电缆常由多芯独股铜导线外裹绝缘材料和屏蔽层构成。用于连接CT二次的交流电流回路和需要流过大电流的直流电源回路常采用单芯截面积为$2.5mm^2$及以上的电缆，而用于实现逻辑控制功能的电缆常采用单芯截面积为$1.5mm^2$的电缆。

接线端子是二次系统中用于连接屏柜内部和外部的连接元件，一般成组排列，形成端子排，以实现屏柜内的保护测控装置和屏柜外的其他装置的集中连接。在二次系统中，各种基本元件被装设于保护屏、控制屏等屏柜上，以实现功能的集中。端子排可以认为是屏柜内部设备和屏柜外部设备的接口元件。在室外配电装置中，为了使得CT、PT及断路器隔离开关等设备的二次回路可以集中布设，还设置有专用的端子箱，以实现室内的各类二次设备和室外的一次设备的连接。

5.2.5 成套保护装置和测控装置

除了采用各种继电器、控制开关等元件构造二次系统外，现在电力系统中常采用成套保

护装置和测控装置来实现二次系统的构建。在微机保护大规模应用后，成套保护装置和测控装置可以认为是应用于我国的二次系统中的最基本的元件。

成套式的保护装置，即将保护元件、控制元件等集中于单一装置中，装设于保护、测控屏柜中提供给用户使用。用户只需要使用电缆将保护、测控屏柜和其他屏柜及断路器等设备连接起来就完成了二次回路的构建。

图 5-14 为我国普遍采用的成套保护和测控装置，实现保护、测控功能的具体元件集成在单一的装置之中，不需要运行人员关注如何连接。图 5-15 所示为国外常见的元件组屏方式，微机继电器、电磁型继电器、控制把手等元件都布置于屏柜表面，一些连接需要运行人员自行完成。

图 5-14 成套保护和测控装置

图 5-15 保护和测控电路的元件组屏方式

5.3 二次回路

电气二次部分的测量、监视、控制和保护功能的实现，需要由各类继电器、控制开关、指示灯等元件搭建相应的电路，这些功能不同的电路统称为二次回路。

根据所实现的功能，二次回路可以分为保护回路、控制回路、测量和监视回路、信号回路和为其提供电源的直流电源系统。

5.3.1 保护回路

继电保护回路用于实现对一次设备和电力系统的保护功能，它引入 CT 和 PT 采集的电流和电压并进行分析，最终通过跳闸或合闸继电器的触点将相关的跳闸/合闸逻辑传递给对应的断路器控制回路。如图 5-10 中的交流回路所示。

5.3.2 控制回路

控制回路的控制对象主要是断路器和隔离开关。控制回路不仅要求可以人工对被控对象进行操作，还要求可以引入继电器等设备的触点实现自动控制。

对于断路器和隔离开关的控制可以采用就地控制或远方控制方式。就地控制方式是指在断路器和隔离开关的设备安装处对其控制，远方控制是指在远离断路器和隔离开关安装位置的主控制室等处对断路器或隔离开关进行控制。由于断路器在分合电流的时候有爆炸的可能性，一般采用远方控制方式，只允许在检修时用就地控制方式对断路器进行试验。隔离开关可以根据现场实际情况采用就地控制或远方控制方式。

断路器的操动机构是断路器本身附带的合、跳闸传动装置，用来使断路器合闸或维持闭合状态，或使断路器跳闸。在操动机构中均设有合闸机构、维持机构和跳闸机构。由于动力来源的不同，操动机构可分为电磁操动机构、弹簧操动机构、液压操动机构、电动机操动机构和气动操动机构等。电磁操动机构是靠电磁力进行合闸；弹簧操动机构是靠预先储存在弹簧内的位能来进行合闸；液压操动机构是靠压缩气体作为能源，以液压油作为传递媒介来进行合闸；气动操动机构是以压缩空气储能和传递能量来进行合闸。

在控制回路中需要有直流电源，这是因为控制回路中设备的运行需要电能，同时控制回路功能的实现还依赖于可以传递逻辑的电信号。控制电源按照其电压和电流的大小可分为强电控制和弱电控制两种。强电控制采用较高电压（直流 110V 或 220V）和较大电流（5A），弱电控制采用较低电压（直流 60V 以下，交流 50V 以下）和较小电流（交流 0.5~1A）。

5.3.3 测量回路

测量回路是由各种测量仪表及其相关回路组成的，其作用是指示和记录一次设备的运行参数，以便运行人员掌握一次设备运行情况。它是分析电能质量、计算经济指标、了解系统潮流和主设备运行工况的主要依据。测量回路分为电流回路与电压回路。

电流回路各种设备串联于电流互感器（CT）二次侧，CT 将一次电流统一变为 5A 左右的测量电流。计量与保护分别用各自的互感器（计量用的互感器精度要求高），计量用互感器串接于电流表以及电能表、功率表与功率因数表的电流端子。保护用互感器串接于保护继电器的电流端子。微机保护一般将计量及保护集成于一体，分别有计量电流端子与保护电流端子。

电压测量回路，低压系统可以直接连接到 220V 或 380V 回路，3kV 以上高压系统全部经过电压互感器（PT）将各种等级的高电压变为统一的 100V 左右的电压，电压表、电能表、功率表与功率因数表的电压线圈经其端子并接在 100V 电压母线上。微机保护单元的计量电压与保护电压统一为一种电压端子。

5.3.4 信号回路

在变电站中，除了运用各种仪表监视电气设备的运行状况外，还要借助灯光和音响信号装置反映设备的正常和非正常运行状况,并作为主控室与生产车间联络、传送信息的工具。运行值班员根据信号的性质进行正确的分析、判断和处理,以保证发电、供电工作的正常运行。信号系统由信号发送机构、接收显示元件及其传递网络构成,其作用是准确、及时地显示出相应的一次设备的工作状态,为运行人员提供操作、调节和处理故障的可靠依据。

信号回路按其电源可分为强电信号回路和弱电信号回路。按其用途可分为位置信号、事故信号、预告信号、指挥信号和联系信号。

1)位置信号:包括断路器位置信号、隔离开关位置信号和有载调压变压器调压分接头位置信号。为便于识别,不同的位置信号要采用不同的形式。

2)事故信号:当断路器事故跳闸时,继电保护动作起动蜂鸣器发出较强音响引起运行人员的注意,同时断路器位置指示灯发出闪光指明事故对象及性质。

3)预告信号:当一次设备出现异常情况时,继电保护起动警铃发出音响,同时光字牌亮,帮助运行人员发现隐患,以便及时处理。变电站可能发生的异常状态很多,如变压器过负荷、变压器轻瓦斯动作、变压器油温过高、电压互感器二次回路断线、交/直流回路绝缘损坏和控制回路断线等。

4)指挥信号和联系信号:指挥信号是用于主控制室向各控制室发出操作命令的。联系信号用于各控制室之间的联系。

以上各种信号中,事故信号和预告信号都需要在主控室或集中控制室中反映出来,他们是电气设备各信号的中央部分,通常称为中央信号。中央信号另外还包括中央光字牌信号和其他一些公用信号。将事故信号、预告信号回路及其他一些公共信号回路集中在一起成为一套装置,称为中央信号装置。在变电站中,为便于运行人员对全站主要电气设备的运行状况进行监视,一般设置中央信号装置。

变电站普遍采用的中央信号系统具有设备构造简单实用、电路设计合理、造价低、运行维护方便等优点,在电力系统中得到广泛使用。中央信号装置的核心设备是冲击继电器,变电站广泛采用 JC-2 型、CJ1 型、ZC-23 型、BC-3A 型冲击继电器构成信号装置。

在大、中型变电站,一般装设能重复动作、集中复归的事故信号和预告信号系统;而在小型变电站,一般只装设简单的音响信号系统。

在变电站综合自动化技术应用以后,测量和信号系统得到了简化,很多功能被计算机监控系统所取代。

5.3.5 操作电源系统

在变电站中,继电保护和自动装置、控制回路、信号回路及其他二次回路的工作电源称为操作电源。操作电源系统由电源设备和供电网络构成。变电站的操作电源有直流操作电源和交流操作电源两种。

直流操作电源又可分为独立式直流电源和非独立式直流电源。独立式直流电源有蓄电池直流电源和电源变换式直流电源;非独立式直流电源有硅整流电容储能直流电源和复式整流直流电源。

在变电站中,一般采用蓄电池组作为直流电源,基本工作原理是通过交流配电单元引入交流电,通过整流输出直流,并送给充电模块储存。这种直流电源不依赖于交流系统的运行,是一种独立式的电源。即使交流系统故障,该电源也能在一段时间内正常供电,保证二次设备正常工作，具有高度的可靠性。

变电站除直流操作电源外，还需要交流电源。例如电池的充电电源，隔离开关的驱动和控制，变压器的冷却器用电，监控计算机用电，检修动力用电，照明及生活用电等。交流电源一般由站用变压器供电。

交流操作电源系统就是直接使用交流电源，正常运行时一般由 PT 或站用变压器作为断路器的控制和信号电源，故障时由 CT 提供断路器的跳闸电源。这种操作电源结构简单、维护方便、投资少，但其技术性能不能满足大、中型变电站的要求。另外交流操作电源可以使操作回路单元化，每个电气元件都用本身的电流互感器作为操作电源，可以减少二次回路之间的相互影响，从而简化二次接线，节省操作电缆和占地面积，降低造价。但是，由于交流操作电源的可靠性不如直流操作电源，一旦一次系统的交流电源失去，操作电源也同时失去，所以交流操作电源的使用有局限性。

另外还有一种交流不间断电源系统（UPS），可向需要交流电源的负荷提供不间断的交流电源。它的基本原理是将来自蓄电池的直流电变换成正弦交流电。

5.4 相对编号法与安装接线图

展开接线图和原理接线图可以描述二次系统的电路结构，但无法用于具体实现物理连接。实际工程应用中要采用安装接线图来实现电路的连接，安装接线图的完成要依赖于相对编号法则来实现。

图 5-16 为一个保护测控屏柜的屏柜布置图，描述的是保护测控屏柜上装置的实际布设，并赋予每个元件以唯一的编号。每个元件的接线端子也进行编号，从而实现了连接部分的编号唯一。

由图 5-16 可以看出，屏柜上装设有两套线路保护，编号为 1n、2n，保护屏柜后侧左右各有一组端子排 1D、2D，保护屏柜顶部装设有自动空气开关 1K1、1K2、2K1、2K2 作为两套保护装置的保护和控制电源，还装设有用于引入交流电压的自动空气开关 1ZKK、2ZKK。另外，保护屏柜的下方往往还装设有成组的压板，屏柜顶部装设有电压和直流电源小母线（图上未示出）。

图 5-16 中背面上部的 1K1 为保护电源用的自动空气开关（用于作为屏柜内保护回路的短路保护开关）。屏柜顶端的保护电源小母线 BM 使用绝缘导线和 1K1 连接，1K1 在使用绝缘导线将保护电源送至端子排上以连接屏内或屏外设备。

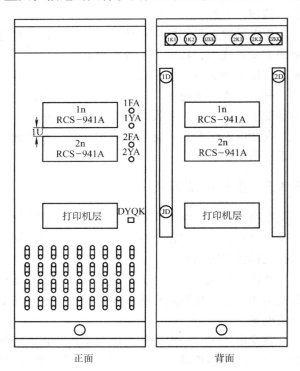

图 5-16 某保护测控屏柜布置图

为了可以清楚地表示 1K1 上四个接线端子所接绝缘导线的对端，在设计图纸及现场施工中需要在 1K1 的每个端子上标注出其绝缘导线的对端编号，如图 5-17 所示，可以看出 1K1-1、1K1-3 分别和 +BM、-BM 相连；同理，1K1-2、1K1-4 对端元件为端子排 1D 的接线端子 1D28、1D52。

在绝缘导线的对端（另一端），即 1D 端子排上也采用相同的方法，由图 5-17 可见，28 端子和 52 端子分别标注了 1K1-2、1K1-4，表示其对端元件为 1K2 的 2 和 4 接线端子。

对于屏柜内设备的连接，采用相对编号法可以清楚表示元件连接关系，在现场运行中对于二次回路的检查也很方便。

对于屏柜和外部设备的连接则往往采用回路号标注的方式。图 5-18 为线路保护的简单二次系统连接示意图。继电保护接线端子与端子箱的接线分别如图 5-19 和图 5-20

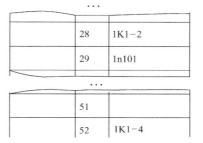

图 5-17 接线端子编号

所示。可以看出，继电保护、端子箱、断路器机构箱和 CT 接线盒等设备之间由电缆连接，用于传输信号的电缆芯被以唯一的回路号所标注，清楚地表明这一电缆及其芯线所在二次回路及其功能。

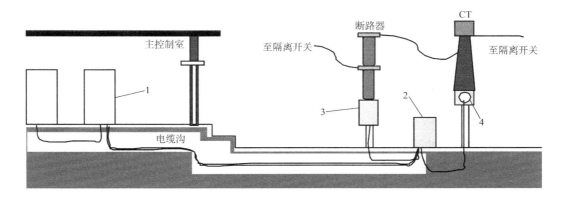

图 5-18 二次系统连接示意图
1—继电保护屏柜　2—室外端子箱　3—断路器机构箱　4—CT 二次接线盒

提示：在实践应用中，接线编号往往有具体规定。如图 5-19 和图 5-20 中的电流回路以 A411、B411、C411、N411 标注，控制电流的正方向编为 1、电流的负方向编为 2。

注意：当同一回路中有不同的元件时，元件两侧的回路号不能相同，以表示功能的变化。

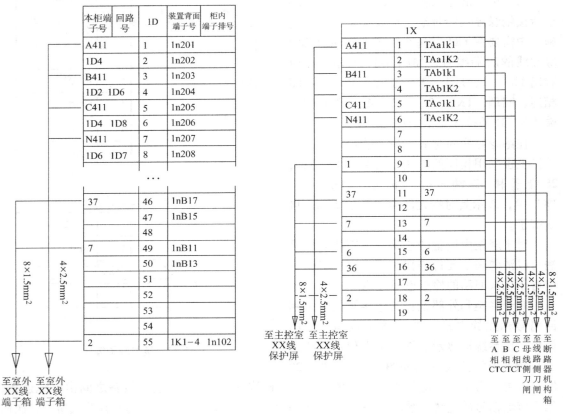

图 5-19　继电保护端子排接线图　　　图 5-20　端子箱端子接线图

5.5　风电场的二次部分

5.5.1　风电机组的保护、控制、测量、信号

风力发电厂的监控系统分为现地单机控制、保护、测量和信号以及中控室，对各台风电机组进行集中监控，也可在远方（业主营地或调度机构）对风电机组进行监视。

风电机组的控制器系统包括两部分：第一部分为计算机单元，主要功能是控制风电机组；第二部分为电源单元，主要功能是使风电机组与电网同期。

1) 每台风电机组的现地控制系统是一个基于微处理器的控制单元，该控制单元可独立调整和控制机组运行。控制柜上运行人员可通过操作键盘对风力发电机进行现地监视和控制。如手动开机、停机，电动机起动，风力发电机组向顺时针方向或逆时针方向旋转。风力发电机组在运行过程中，控制器能持续监视风力发电机组的转速，控制制动系统使风力发电机安全运行，还可调节功率因数。

在风电机组塔架发电机机舱里有手动操作控制箱，在控制箱上配有开关和按钮，如自动操作/锁定的切换开关、偏航切换开关、叶片变桨控制按钮、风速计投入/切除转换开关、起动按钮、电动机起动按钮、制动器卡盘钮和复归按钮等。

2）为保证电力系统正常运行，确保供电质量，风电机组配置以下保护装置：温度保护、过负荷保护、电网故障保护、低电压保护、震动超限保护和传感器故障保护等。

3）风电机组配备各种检测装置和变送器，能自动连续对各风电机组进行监视，在中控室计算机屏幕上可反映风力发电机实时状态，如当前日期和时间、叶轮转速、发电机转速、风速、环境温度、风力发电机组温度、当前功率、当前偏航、总电量等。

5.5.2 箱式变电站中变压器的保护、控制、测量、信号

箱式变电站中的变压器的控制，保护，测量和信号按照《电力装置的继电保护自动装置设计规范》（GB/T 50062—2008）和《继电保护和安全自动装置技术规程》（GB/T 14285—2006）的规定，变压器配置高压熔断器保护、避雷器保护和负荷开关。高压熔断器作为短路保护，避雷器用于防御过电压，负荷开关用于正常分合电路，不装设专用的继电保护装置。

5.5.3 风电场控制室的控制、测量、信号

风电场控制室布置在110kV变电所内，与110kV变电所中控室在同一房间内。在中控室内采用微机对风电场厂区中的风力发电机组进行集中监控和管理。控制室内的值班人员或运行人员可通过人机对话完成监视和控制任务，操作方法与在升压变电站控制室的值班人员的操作方法基本相同。

5.5.4 遥测和遥信系统

遥测、遥信、遥控、遥调称为变电站综合自动化中的四遥。

"测"指测量，即电流电压等模拟量数据的本地搜集及远方传输与监视。

"信"指信号，指发生在发电厂和变电站中的某一设备或系统状态的变化，如电压越限、断路器弹簧未储能，它其实是现场监控设备对于具体和某一设备的状态变化的判别，是逻辑判定后的结果，因此一般采用二进制开关量表示。

"控"指控制，其控制对象为断路器、隔离开关等控制设备。

"调"指调整，调整不同于控制，控制最终实现了状态的变化，而调整是在某一状态范围的调整，如变压分接头的调整。

遥测和遥信用于远方监视，由现场数据采集设备将搜集的数据送给监控单元，而遥控和遥调则由监控单元下发控制和调整命令到远方具体的被控被调设备。

目前，遥视系统也开始在系统内得到应用，不同于四遥的电气变量的监控，它使用视频监控设备直接监视发电厂变电站内的场景和设备的视频信息，因此可以用于安防、事故后设备之间观测、异常事件观测等情况。

5.6 升压变电站的二次部分

升压变电站的二次部分按照"无人值班"（少人值守）原则进行设计，采用全计算机监控方式，通过计算机监控系统进行机组的起、停及并网操作、主变压器高压侧断路器和线路

断路器的操作、站用电切换、辅助设备控制等。

计算机监控系统主干网采用分层分布开放式结构的双星形以太网，通信规约采用标准的 TCP/IP，设置中央控制单元和现地控制单元，中央控制单元和现地控制单元通过冗余高速以太网联结，网络介质为光纤。中央控制单元设备置于变电站的中央控制室，现地控制单元按被控对象分布。

升压变电站计算机监控系统中央控制配置为两台工业级主机操作员工作站（各配置一台监视器）、一台工程师/培训工作站（配置一台监视器）、一个语音报警及报表管理打印工作站、两台互为热备用的以太网交换机、GPS 时钟系统及外围设备等。其主要功能为数据采集与处理、控制操作、运行监视、事件处理、报警打印、自检等。

5.6.1 升压变电站的控制、测量、信号

1. 110kV 及以上变电所的控制、测量和信号的原则

1）110kV 变电所的主要电气设备可采用现地控制也可采用集中监控系统。在中控室可操作 110kV 断路器、110kV 隔离开关、主变压器中性点隔离开关、10kV 断路器。

2）110kV 隔离开关与相应的断路器和接地刀闸之间，装设闭锁装置。

3）110kV 变电所监控系统结构分为站级层和间隔层，网络按双网考虑，通信介质采用光纤。站级层采用总线型，其包括当地监控、运动终端、打印机等。间隔层也采用总线型，按间隔配置，35kV 测控、保护合二为一，置于 35kV 开关柜，主变测控、保护各自独立，置于主控室，其他智能设备可通过通信口或智能型设备接入监控系统。

监控系统控制范围包含全站的断路器和电动隔离开关。控制方式如下：断路器分别在远方、监控系统和保护屏上控制，隔离开关分别在远方、监控系统和配电装置处控制。

2. 监控系统的功能

1）运行监视功能：主要包括变电站正常运行时的各种信息和事故状态下的自动报警，站内监控系统能对设备异常和事故进行分类，设定等级。当设备状态发生变化时推出相应画面。事故时，事故设备闪光直至运行人员确认，可方便地设置每个测点的越限值、极限值，越限时发出声光报警并推出相应画面。

2）事故顺序记录和事故追忆功能：对断路器、隔离开关和继电保护动作发生次序进行排列，产生事故顺序报告。

3）运行管理功能：可进行自诊断、在线统计和制表打印，按用户要求绘制各种图表，定时记录变电站运行的各种数据，采集电能量，按不同时段进行电能累加和统计，最后将其制表打印。

4）远动功能：在站级层设置远动终端，按双通道考虑。可从计算机网络上直接获得站内全部运行数据，可与调度端的 EMS 主站进行通信，将其所需的各个遥测、遥信和电能信息传给调度端，同时也可接收调度端发来的各种信息，并具有通道监视功能。

5）运行管理功能：记录设备的各种参数，检修维护情况，运行人员的各种操作记录，继电保护定值的管理，操作票的开列。

3. 电测量

按《电力装置的电测量仪表装置设计规范》（GBJ 63—1990）进行配置。全站配置一套计费装置，关口计费点设置为：产权分界点，即在变电站 110kV 出线及对侧变电站接入间

隔中实施。在关口点设置双方向 0.2s 级多功能电子电能表两块。电量信息接入对侧变电站电量采集器,通过该采集器向中央调度室(以下简称中调)发送。

同时在本站配置一台电量采集器,完成对电能表的数据采集。通过电量采集器将电量数据分别向中调、地调电量采集主站系统传输发送。电能计量信息传输规约按电力系统要求实施。

电能测量选择智能式电子电能表,正、反向有功电能、无功电能(峰、谷)分开计量,电能表另外组屏,布置在控制室内。

4. 信号及其传递

信号分为电气设备运行状态信号,电气设备和线路事故及故障信号。

按《风电场接入电力系统可行性研究报告》将系统要求的遥测量和遥信信号通过相互独立的通道传输到地调。

5.6.2 升压变电站的继电保护

主变压器、110kV 线路、35kV 线路及箱式变压器的继电保护参照《电力装置的继电保护和自动装置设计规范》(GB 50062—2008)选用微机型保护装置。

1. 110kV 主变压器保护

主变压器保护:配置一套二次谐波制动原理的微机型纵差保护,保护动作跳变压器各侧断路器。

差动保护是变压器的基本电气量主保护,用于保护变压器本身故障,其原理为基尔霍夫电流定律,将变压器看作一个节点,则流入变压器的电流应该和流出的相同。

图 5-21 给出了双绕组变压器差动保护单相原理接线图。变压器两侧分别装设旦流互感器 TA_1 和 TA_2,并按图中所示极性关系进行连接。

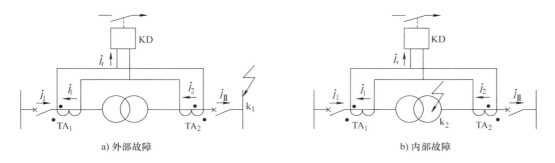

a) 外部故障　　　　　　　　　　　　b) 内部故障

图 5-21　双绕组变压器差动保护单相原理接线图

理想状态下,当两侧的互感器选择不存在误差和不平衡,则可以看出当发生外部故障时,流入差动继电器 KD 的差流为 0,而当发生内部故障时,流入差动继电器 KD 的差流则很大。

在实际运行时,情况要复杂得多,首先变压器的联结组别不同,则需要考虑其相位相对关系,电力系统中变压器常采用 Yd11 联结方式,因此,变压器两侧电流的相位为 30°,以往常规继电器型需要通过修改互感器二次联结方式来修正,目前的微机保护可以依靠程序来进行自动修正。其次,变压器差动保护中总会存在不平衡电流,由于互感器变比不能做到完全匹配，其自身有误差、暂态传变特性会有区别，变压器分接头也会调整，因此实际差动保护常需要采用比率制动的方式来对抗可能出现的不平衡电流，以防止变压器在外部短路的时候误动作。

需要注意，变压器中存在励磁回路，它是变压器中磁场传变电能在电路中的等效回路，这一回路无法由电流互感器直接测量电流。这不仅造成了变压器正常工作时差动保护回路中存在不平衡电流，更严重的是，当变压器空载合闸时，电压等于零，这时会产生很大的非周期分量电流，可达短路电流的幅值。若非周期分量电流产生的磁通方向与铁心中剩余磁通方向一致，则使铁心严重饱和，要产生与外加电压平衡的电势所需的励磁电流就非常大，这种励磁电流称为励磁涌流，其数值最大可达到变压器额定电流的 6~8 倍，这意味着此时差动保护会误动作，因此变压器差动保护需要可以避过励磁涌流，微机保护常采用二次谐波或电流波形间断角来实现对于励磁涌流的判别。

除了比率制动差动保护，一般还装设差动速断保护用于快速动作于较为严重的故障，差动保护的跳闸逻辑为跳变压器各侧断路器以实现变压器和带电系统的完全隔离。

非电量保护：重瓦斯、轻瓦斯、油温、绕组温度、压力释放，保护动作于发信号。

非电量保护也用于保护变压器本体，气保护（瓦斯保护）用于反映当变压器内部短路时由于温度升高所产生的气体的流速，常用重瓦斯来实现跳闸，轻瓦斯动作于信号，它可以反映差动保护不容易判别的变压器匝间短路。压力释放装置是变压器本体所安装的安全装置，用于释放变压器故障时变压器内部产生气体所造成的压力，压力释放装置也开出动作节点，用于接入非电量保护动作于变压器各侧断路器，实现故障变压器和带电系统的隔离。

由于调压机构本身也为油绝缘，因此为了防御调压机构的故障，有载调压的变压器也会装设调压瓦斯保护，直接动作于跳开变压器各侧断路器。

此外，为了应对变压器本体的变化还装设有油温、绕组温度、油位、冷却器故障等动作于信号的保护，其中冷却器故障和油温高也可以视情况整定带时限动作于跳闸。

主变压器的后备保护：在低压侧装设复合电压起动的过电流保护，高压侧装设低电压闭锁过电流保护，保护经延时动作于跳开主变两侧断路器。

除了装设主保护，变压器还装设有后备保护，后备保护用于防御变压器本身和外部系统的故障，常见的后备保护是用于防止相间短路的电流保护和用于防止接地短路的零序电流和零序电压保护。

电流保护动作于回路电流的增大，小容量变压器常在高压侧装设速断电流保护作为变压器主保护，而容量较大的变压器则一般采用带时限的过电流保护作为后备保护，还可以装设低电压元件作为起动元件，形成低电压电流保护以提高灵敏度，当进一步加入负序电压给起动元件时，就形成和复合电压闭锁过流保护，只有满足低电压、负序电压及电流三个判据，保护才会最终动作。

复合电压闭锁过流保护的跳闸逻辑一般为顺序跳母联、跳本侧、跳三侧。

在 220kV 以上系统，为了保护变压器本身，复合电压闭锁过流还需要加装方向元件。

为了防御外部或变压器本体的接地故障，还装设有零序电流和零序电压保护，其零序电流由变压器中性点处的电流互感器直接测量，零序电流保护用来保护变压器中性点接地时发生的接地短路，而零序电压保护用于保护变压器中性点不接地发生接地故障时在变压器上所产生的零序过电压，此外还装设有间隙电流保护，用于当零序过电压击穿中性点间隙形成放电电流时的电流保护。零序保护动作于跳变压器各侧断路器。

此外，变压器还装设有主变过负荷保护，带时限动作于发信、起动风扇、闭锁有载调压或跳低压侧分段断路器。

2. 110kV 或 220kV 线路保护

对于风电场中的 110kV 或 220kV 线路保护，也需要装设相应的线路保护，对于国内成套式线路保护来讲，110kV 线路保护常装设有三段式距离保护和四段式零序保护。距离和零序保护的 I 段为线路的主保护，可以保护线路全长的 80% 左右，带方向元件，一般无时限动作于本线路断路器；距离 II 段和零序 II、III 段保护和下级线路配合，带方向元件，经过一定的时限动作于本线路断路器；距离 III 段和零序 IV 段则带长时限动作于本线断路器，其整定值按大于正常负荷进行整定。当线路负荷重、线路全长短时，视情况还需装设导线保护或高频、电流差动等保护以提高保护动作灵敏性。成套保护本身一般还装设有自动重合闸，用于区分线路的瞬时性故障和永久性故障。当继电保护动作跳闸后，重合闸经过延时动作于断路器合闸，当线路上为瞬时性故障时，延时保证了故障已经消失继电保护不用再动作；而当线路上为永久性故障时，继电保护再次加速动作，瞬时再次跳开断路器。

对于 220kV 及以上的电气设备要求继电保护双重化配置，即装配两套独立工作的继电保护装置，同时一般加装可以保护线路全长的全线速动保护，即高频、电流差动保护。由于 220kV 及以上的断路器要求分相操作，因此重合闸可以单跳单重，也可以三跳三重，一般可以选择单重、三重和综重方式。所谓单重指断路器可以在线路单相故障时跳单相并合单相，但相间故障则不重合；三重指故障时候跳三相重合三相；而综重指当发生单相故障时候跳单相合单相，而相间故障时候跳三相合三相。需要注意的是无论何种重合闸，当线路永久故障时以及当断路器重合后都需要加速跳开三相。

3. 站用变保护

设置电流速断、限时电流速断和过电流保护，保护动作于跳开所用变断路器。零序过电流保护，动作于跳开主变低压侧断路器。

4. 10～35kV 进线保护

设置限时电流速断、过电流、零序过电流保护，保护动作于断开本进线断路器。

5. 10～35kV 电容器保护

装设限时电流速断、定时限过电流、过欠电压、不平衡电压、零序过电流保护，保护动作于断开电容器回路断路器。

6. 其他配置

一般要配置一个录波装置柜，记录设备事故时的线路和主变电流电压等参数值的变化波形。

线路及主变部分综合自动化设备布置在主控室或单独的继电器室。

5.6.3 升压变电站的操作电源系统

升压变电站的操作电源系统包括直流和交流系统。

变电所直流系统电压采用 DC 220V，设一组性能可靠的 300Ah 免维护高频开关直流电源成套装置作为变电站的操作电源。直流系统接线采用单母线接线方式，不设端电池，并采用浮充电运行方式。直流系统设一套微机型绝缘监测装置蓄电池容量检测仪。直流系统应具有智能化功能并能与所内监控系统通信。

交流电源供电的集中监控设备可由交流不停电电源供电。

5.6.4 升压变电站的图像监控

升压变电站可设置一套图像监控系统，作为变电站处于少人值班的辅助配套设备，与站内监控系统相连。

图像监控系统主要监视的场所包括：主变压器、电容器室、GIS 室、高低压开关室、进厂大门、主要风机位等重要部位。为操作人员及管理人员提供电厂控制和管理必需的图像判断依据。可根据需要设置若干监测点，例如某风电场设置了 16 个监测点。

监控系统可采用具有多媒体技术支持的数字式装置，主要由三部分组成：第一部分在主要监视的场所的各个重要部位，安装监控前端设备——一体化球机；第二部分为传输网络，主要完成将前端设备的音、视频信号和监控信号传输到监控中心，并预留远程传输接口，传输介质采用同轴电缆或光纤；第三部分为监控中心，主要包括多媒体数字监控系统主机、长时间录像机、打印机等。

5.7 变电站综合自动化技术

5.7.1 引言

在电力系统中，广泛采用综合自动化技术。风电场的升压变电站也一样，常采用变电站综合自动化技术。变电站综合自动化技术是提高变电站安全稳定运行水平、降低运行维护成本、提高经济效益和向用户提供高质量电能的一项综合技术。它把电力系统自动化技术与先进的计算机技术、通信技术和现代电力电子技术等相结合，实现对变电站二次设备的功能进行重新组合和优化设计，完成对变电站全部设备的监视、测量和控制。国内变电站自动化经历了以下三个发展阶段：

(1) 20 世纪 70 年代以前的传统变电站阶段

受当时社会发展水平的限制，变电所中各种设备多由模拟式、机械式或电磁式的分立元件组成，性能差、可靠性不高、维护工作量大。该时期的变电站自动化系统对提高当时的自动化水平，保证变电站安全稳定运行，发挥了一定的作用。

(2) 内含微机远动系统 RTU 的变电站阶段

20 世纪 70 年代后期，人们研制成了微机远动系统。相对传统变电站，内含微机远动系统 RTU 的变电站具有以下优点：

1) 可靠性有了明显的提高，因为微机远动系统具有故障自诊断功能。

2) 变电站自动化水平大大提高。微机远动系统能自动监视和记录变电站的运行状态，不再依靠人工巡视、抄表和汇总。记录的准确度、可信度提高了。微机远动系统还能对变电站设备进行控制和调节。各种操作可以自动记录，供以后查阅。这些都使电力系统调度自动化等技术的实现成为可能。

3) 人机联系计算机化。除保留传统变电站直观的模拟屏外，更常见的是面对微机显示器屏幕进行变电站的实时显示监视和控制操作，以及用打印机打印各种报表，用键盘和鼠标进行变电站操作的输入等。

（3）变电站综合自动化系统的发展阶段

20世纪80年代中期，人们研制成了微机继电保护装置，并很快得到广泛使用。微机远动系统和微机继电保护装置的应用，使变电站综合自动化技术成为电力系统的热门课题。迄今为止，变电站综合自动化技术的应用范围，上至220~500kV变电站，下至0.4kV配电变电站，几乎覆盖到全部供电网络。

5.7.2 变电站综合自动化的功能

国际大电网会议WG34.03工作组在研究变电站的数据流时，分析出变电站综合自动化需完成的功能大概有63种，归纳起来可分为以下几种功能组：

1) 微机继电保护功能。
2) 远动终端（RTU）功能。
3) 当地监控功能。
4) 自动装置功能。
5) 其他功能。

结合我国的情况，变电站综合自动化系统的基本功能体现在下述五个方面。

1. 微机继电保护

微机继电保护是变电站综合自动化系统的最基本、最重要的功能。它种类繁多，技术含量高，可靠性要求高。它包括220~500kV超高压输电线路保护和后备保护；110kV高压输电线路保护；10~66kV输电线路保护；两绕组变压器的主保护、后备保护以及非电量保护；三绕组变压器的主保护、后备保护以及非电量保护；母线保护；自动重合闸装置；电容器保护等。

微机继电保护与非微机的常规继电保护相比具有以下特点：

1) 微机继电保护装置有在线自检功能，能检测到本身绝大多数的故障，保护装置的可靠性大大提高了。

2) 微机继电保护装置的保护性能超过了常规继电保护。随着电力系统越来越复杂，常规继电保护变得越来越难以满足要求，现在只有微机继电保护才有能力承担电力系统的保护任务。例如，长线路超高压输电线路的纵差动保护，大型发电机的反时限保护等。

3) 微机继电保护装置提供了一些附加功能。这些附加功能最初只是为保护功能锦上添花，而现在却发展成了保护装置功能必不可少的重要组成部分。例如，微机线路继电保护可以提供保护动作时间、故障类型和相别、短时故障录波等功能，这些有助于运行部门对事故的分析和处理。进行在线自检功能，能检测到本身绝大多数的故障，保护装置的可靠性大大提高了。

4) 微机继电保护装置还提供了重要的附加功能——通信功能。微机继电保护装置的通信功能使它可以向变电站监控系统实时传送多种信息，为实现变电站自动化提供基础。随着对自动化水平要求越来越高，对装置的通信功能要求也越来越高。

5) 其他特点。例如维护调试方便，改变保护定值方便从而适用电力系统运行方式的变化，软硬件灵活性强而有利于保护的设计、生产等。

综合自动化变电站的微机继电保护与非综合自动化变电站的微机继电保护相比又更进了

一步，例如：

1）通信功能大大增强。因为需要与变电站监控系统交换大量的监控数据，这就要求综合自动化变电站的微机继电保护装置提供足够强大的通信功能。视不同的情况而定，保护装置要提供多个 RS232、RS422、RS485、电以太网、光以太网、LonWorks 网或其他网络接口。例如，每套 CSC-200 系列保护装置的网络接口基本配置有：RS232 串口一个，单或双电以太网接口，RS485 接口一个；还可以选配：LonWorks 网络接口一个，光以太网或光 RS485 一个或两个，RS485 接口一个或两个。

2）能配合变电站监控系统共同完成测控功能，功能强弱视不同的情况而定。例如，10kV 输电线路保护可以为变电站远动系统提供本间隔的全部数据采集和操作控制执行功能。

3）更友好的人机对话功能。由于保护装置能很容易与变电站监控系统通信，因此人机对话有了更多更方便的途径。

2. 远动终端（RTU）功能

在发电厂或变电站内按规约完成远动数据采集、处理、发送、接收以及输出执行等功能的设备，称为远动终端（RTU）。远动终端（RTU）的主要任务是，将表征电力系统运行状态的各发电厂和变电站的有关实时信息采集到调度控制中心，把调度控制中心的命令发往发电厂和变电所，对设备进行控制和调节。

RTU 需要采集并传送到调度控制中心的典型模拟量有：

1）变压器各侧的有功功率、无功功率、电流。
2）各输电线路的有功功率、无功功率、电流。
3）电容器的无功功率、电流。
4）各段母线和部分输电线路的电压、零序电压。
5）母线分段断路器、联络断路器的有功功率、无功功率、电流。
6）并联补偿装置的电流，消弧线圈的电流、零序电流，变压器温度，变电站室温，直流电源电压，变压器有载调压的分接头位置，电网频率。

RTU 需要采集并传送到调度控制中心的典型开关量有：

1）所有断路器的状态，所有隔离开关的状态，所有接地刀闸的状态。
2）所有继电保护的动作信号。
3）自动装置动作信号，例如电压、无功综合控制装置动作信号，低频减负荷动作信号，备用电源自动投入动作信号。
4）所有继电保护、自动装置等二次设备的各种告警信号，例如各个装置的失电告警信号，保护装置模拟量采集回路出错，保护装置开入自检回路出错，直流电压异常等信号。
5）变电站一次设备的各种告警信号，例如断路器操作机构压力降低，变压器油位异常等信号。
6）所有继电保护或自动装置的硬压板或软压板。
7）各种软件生成的逻辑开关量，例如各装置通信中断告警，变电站各电压等级总告警，各输电线路总告警，各间隔总告警，各装置总告警。

RTU 需要执行调度控制中心的典型控制命令有：

1）变电站所有和可遥控隔离开关的分、合。
2）变压器中性点的可遥控隔离开关的分、合。

3）所有继电保护或自动装置软压板的投、退。
4）继电保护或自动装置信号的复归。
5）其他变电站设备投、退，例如空调、照明、消防等。

RTU 需要执行调度控制中心的调节命令很少，典型的如下：
1）变压器有载调压的分接头位置调节，这也可用多个控制命令来实现。
2）消弧线圈抽头位置调节。它只有少数变电站才有，也可用多个控制命令来实现。

RTU 需要采集并传送到调度控制中心的还有事件顺序记录。事件顺序记录是指把开关量发生变位时的状态及变位时间记录下来。变位时间常常包括月、日、时、分、秒和毫秒。事件顺序记录的作用是，比较发电厂变电站内或发电厂变电站间保护、开关等动作的确切时间，以确定保护、开关等的动作正确性。由于每条事件顺序记录占用的字节较多，因此只有重要的开关量才生成事件顺序记录。把发生的事件按先后顺序将有关的内容记录下来。

RTU 需要完成的功能还常常有：读出继电保护或自动装置的定值，并传送到调度控制中心；写入继电保护或自动装置的定值，并传送到调度控制中心；切换继电保护或自动装置的定值区号。这些功能都需要继电保护或自动装置与 RTU 相互配合才能实现。例如，调度控制中心要读出继电保护的定值，首先由调度控制中心通过远动信道发送命令至 RTU，RTU 再转送至继电保护，继电保护读出定值发送到 RTU，RTU 通过远动信道转送定值到调度控制中心。

3. 当地监控系统

当地监控系统类似于电力系统的远动系统，最大的不同在于控制地点前者是在变电站，后者是在调度控制中心。当地监控系统主要功能如下：

（1）数据采集功能

需要采集的数据主要包括模拟量、开关量和电能量，这与 RTU 是相同的。

（2）事件顺序记录与事故追忆功能

事件顺序记录功能与 RTU 的事件顺序记录功能是相同的。

事故追忆是指当电力系统发生事故时，把事故前及事故后的一段遥测记录下来。作用是事后分析事故过程中相关设备的运行情况，它与电力系统远动系统的事故追忆功能是相同的。

（3）操作控制功能

当地监控系统要控制的对象与 RTU 是相同的。对变电站设备进行控制时必须考虑操作权限、操作闭锁，以防止误操作。

（4）运行监视功能

类似于电力系统的远动系统调度端功能，运行监视是指对变电站的一次设备、继电保护、自动装置、变电站交直流供电等运行状态进行监视，以保证变电站的正常运行。

（5）越限报警功能

对采集的电流、电压、主变压器温度和频率等量要不断进行越限监视，如发现越限，立刻发出告警信号。

（6）人机联系功能

最常用的人机联系是用计算机显示器显示信息，用鼠标和键盘来输入信息，用打印机来打印信息。大型变电站还可以采用模拟屏显示重要信息。计算机显示器可以显示的信息有：

1）显示实时主接线图。对主接线图的显示可以分层分类用多个画面显示。主接线图可以显示模拟量、开关量等运行状态。

2）显示采集和计算的实时运行参数。显示的方法多种多样，可以在主接线图上显示，也可以列图表显示等。

3）事件顺序记录显示。

4）越限报警显示。

5）值班记录显示。

6）历史趋势显示。显示主变压器负荷曲线和母线电压曲线等。

7）保护定值和自控装置的设定值显示。

8）其他。包括故障记录显示和设备运行状况显示等。

需要输入的常用信息有以下几种：

1）为了显示、打印信息需要的计算机操作。

2）为了进行操作控制需要的计算机操作。

3）运行人员操作密码，自控装置的设定值。

4）电力系统运行方式发生变化时需要向变电站自动化系统输入的信息，例如报警越限值。

5）变电站设备发生变化时需要向变电站自动化系统输入的信息，例如电流互感器的电流比，保护定值或自控装置。

打印机可以打印的信息有：

1）报表和运行日志定时打印。

2）开关操作记录打印。

3）事件顺序记录打印。

4）越限打印。

（7）数据处理与记录功能

数据处理与记录是指历史数据的形成和存储。通过分析历史数据，有助于对变电站设备的运行管理和维护。它主要包括以下的内容：

1）主变压器和输电线路有功和无功功率最大值和最小值以及相应的时间。

2）母线电压定时记录的最高值和最低值以及相应的时间。

3）计算受、配电电能平衡率。

4）统计断路器动作次数。

5）断路器切除故障电流和跳闸次数的累计数。

6）控制操作和修改定值记录。

4. 自动装置功能

变电站常见自动装置包括：故障录波及测距装置、电压无功控制综合装置、低频减载装置、设备自投装置、小电流接地装置。

5. 其他功能

随着变电站自动化系统的发展，它能包括越来越多的功能，例如操作票专家系统功能，仿真培训系统等。

5.7.3 变电站综合自动化系统的特点

微机继电保护、RTU、当地监控系统是变电站二次设备的主要组成部分。长期以来，它们分属不同的专业方向和相应的管理部门,基本是相互独立的,某一部分的损坏基本不影响其他部分的正常工作。这些部分从所起作用来看是不同的,但也有很多相同点。它们控制的对象基本相同,都是本变电站的变压器、输电线路和电容器组等;实现它们功能的硬件很多是相同的,以微机为核心的系统,都包括 CPU 基本电路、采集电路、通信电路和跳闸电路等;它们的输入量很多是相同的,都是同一个一次设备的电压、电流和开关量等;它们的输出量很多是相同的,都是发出跳闸信号、告警信号或传送采集数据等。既然它们有这么多相同点,如果把它们结合起来,自然就可以减少重复硬件、降低成本。自从 20 世纪 90 年代以来,计算机技术、通信技术有了很大发展,使得对变电站主要二次部分进行综合在技术实现上得到了保证。

变电站综合自动化系统有以下特点:

1. 系统综合化

变电站综合自动化系统中的综合化有以下两点含义:

(1) 硬件综合化

继电保护可以和 RTU 进行硬件综合,即继电保护承担全部或部分的 RTU 功能。继电保护和 RTU 都需要采集同一电压、电流和开关量,都需要跳闸等信号输出电路,这些相同的硬件部分就可以两者公用,从而减少了硬件重复。硬件综合后的装置既是继电保护,又是RTU,不过称为继电保护装置更合适一些。

RTU 也可以和当地监控系统进行硬件综合。它们采集的数据是同样的,要控制的对象是相同的。

当地监控系统硬件综合化的程度有高有低。例如,10kV 的输电线路保护装置的硬件综合化程度就很高。它可以完成该输电线路的全部保护功能,自动重合闸功能,某些自动装置的部分功能,RTU 的数据采集功能和控制执行功能,当地监控系统的数据采集功能和控制执行功能等。又如,500kV 的变压器保护装置的硬件综合化程度就会低一些,因为它要完成的保护功能很复杂很繁重,目前还不能把它占用的资源设计得很大,所以就不能承担太多的非保护功能任务。

(2) 信息管理综合化

这种综合化比较简单,实现容易。它就是把继电保护、RTU 和当地监控系统等产生的信息综合起来,以便快速发现问题、处理事故,尽快恢复供电,提高变电站运行管理的自动化水平。

2. 系统结构分布分层、分散化

分布式结构是指这样的一种系统结构:它把一个很复杂的系统分解为若干个子系统,各个子系统并行、协同工作,各个子系统采用网络或串行方式实现数据通信,共享信息,共同完成整个系统各项功能。其优点是:

1) 可靠性大大提高。某部分设备有故障时,一般不影响其他部分的工作。

2) 灵活性高,设计、生产和维护工作量减小。某个子系统的改变一般不影响其他部分的设计、生产和维护。

3) CPU 数量增加,但每个 CPU 都简单。

分层结构是指将系统纵向分为多个层次,以利于发挥不同层次的特点。这就好像把整个学校分为学院、专业、班级一样。

系统分散化是指系统的组成部分就地安装，即安装在不同地点。

3. 信息通信网络化

变电站自动化系统是由若干个分散安装、协同工作的子系统完成的，子系统之间必须共享大量的信息，这就要求变电站自动化系统必须包括足够强大的信息通信子系统。从目前看来，承担该任务的最好选择就是变电站局域网。

4. 人机联系人性化

变电站自动化系统是由各种类型的微机组成，随着微机性能的提高和价格的下降，工作人员与变电站自动化系统的互动越来越简单、越来越人性化。例如，目前的设备告警可以有声音告警、语音告警、打印告警、彩色显示器上的状态条告警、画面闪烁告警、画面弹出告警等多种方式，以适应人的习惯，方便人的管理工作。

5.7.4 变电站综合自动化系统的结构

变电站综合自动化系统的设计要考虑当时的社会发展水平、生产厂家设计习惯、用户的使用习惯，使得变电站综合自动化系统的性能足以满足用户的要求，且用户也能承受其价格。从国内外变电站综合自动化系统的发展历史来看，其结构形式有集中式、分布式系统集中组屏、面向对象的分层分布分散式和全分散式四种类型。

1. 集中式结构

集中式结构的综合自动化系统是由以下两大部分组成：

1）一台或多台计算机完成变电站所有继电保护和自动装置的功能。综合功能比较齐全，适应面广。

2）一台或多台工控机完成 RTU 功能、当地监控功能、人机联系功能，收集处理保护的信息并作为 RTU、监控信息的一部分。

图 5-22 是这种集中式结构的自动化系统示意图。这种系统中每台计算机的功能较集中，

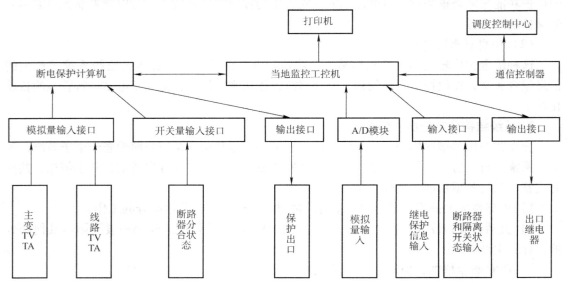

图 5-22　集中式结构的自动化系统示意图

如果一台计算机出故障,影响面大;计算机软件复杂,修改工作量大,调试麻烦;组态不灵活,对不同主接线或规模不同的变电站,软、硬件都必须另行设计,工作量大。

2. 分布式系统集中组屏结构

为了解决集中式结构系统引起的问题,于是产生了分布式系统集中组屏结构的自动化系统。其最主要的特点是把集中式结构系统的工控机用多个小计算机系统代替,以减轻工控机的工作量,提高系统的可靠性。变电站保护或自动装置功能按不同的功能由保护单元或自动装置单元完成。这样各保护或自动装置相对独立,不受其他部分损坏的影响。一台保护管理机收集处理保护的信息,并把它作为 RTU、监控信息的一部分上传到监控主机。变电站数据采集和操作控制功能由多个模拟量采集单元、开关量采集单元、电能量模拟量、开关量和电能量或操作控制单元在对应处理机的协调下来完成。集中组屏是指把系统的组成集中安装在变电站的主控制室中。

图 5-23 是这种分布式系统集中组屏结构的自动化系统示意图。这种系统显然是一种分布式结构。但这种系统的综合化程度不高,主要是信息管理综合化。系统的某些部分还是集中式的,例如,管理机、处理机或控制机部分。这些集中式的部分降低了变电站数据采集和操作控制的可靠性。

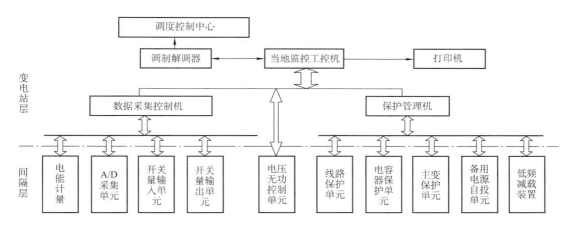

图 5-23 分布式系统集中组屏结构的自动化系统示意图

3. 面向对象的分层分布分散式结构

图 5-24 是这种面向对象的分层分布、分散式结构的自动化系统示意图。这种分层分布、分散式结构的系统按纵向分为三层:间隔层、网络层、变电站层。

间隔层是指直接面对一次设备的底层二次设备,承担变电站的继电保护、自动装置、数据采集和操作执行等功能。间隔层由不同的单元装置组成。这些单元装置有网络接口与网络层相连,可以把信息发送到网络层上或从网络层接受信息。

每个间隔层由多种不同的单元设备组成。如果这种单元设备主要是完成继电保护功能或自动装置功能的,就称之为保护单元。如果这种单元设备主要是完成数据采集和控制功能的,就称之为测控单元。两者合称为间隔层单元。

所谓的"面向对象"是指把间隔层按所属一次设备的不同划分为不同的间隔。例如一个间隔就是一条输电线路或一台变压器等。每个间隔层的二次设备完成本间隔的继电保护、

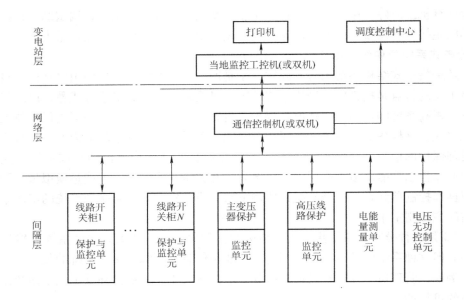

图 5-24　面向对象的分层分布、分散式结构的自动化系统示意图

数据采集和操作控制等功能，与其他间隔的设备没有关联或关联性小，比如其他间隔的停运常常不影响本间隔。与前面介绍的变电站自动化系统相比，按面向对象来设计变电站更有利于变电站自动化系统的设计、生产、运行和维护。

变电站层是指直接面向当地监控人员和调度用户的高层设备。变电站层设备有当地监控主机、远动主站、工程师站、操作闭锁主机或信息分布服务器等。这些设备从网络层接受信息或把工作人员的命令信息发送到网络层上，在计算机上处理、显示或打印等。

网络层包括间隔层上的通信接口、通信导线和变电站层通信接口等通信设备。有的书籍把变电站分层只分为间隔层和变电站层，这也有一定的道理。网络层是变电站综合自动化系统非常主要的组成部分。网络层不同设计方案的性能和成本差别很大，对变电站综合自动化系统的各部分设计和整体性能影响也很大。因为微机保护技术和微机远动技术相对成熟，而网络技术发展很快，所以采用最新最优技术来设计网络层就是变电站综合自动化系统设计的最关键点之一。

面向对象的分层分布、分散式结构针对以前变电站自动化系统结构的不足做了改进。这种系统在综合化程度方面有了很大的提高，其最主要的特点如下：

1) 面对对象进行适当综合。把同一间隔作为一个整体来完成，即保护功能、RTU 功能、当地监控功能等进行适当综合。20 世纪 90 年代以后，计算机技术达到了一个新的高度，出现了性价比很高的单片机，可以完成同一间隔的保护功能，全部或部分 RTU，或其他更多功能。

2) 系统分散化。间隔层单元尽量就地安装在一次设备附近，有利于对一次设备的继电保护、数据采集和控制。系统分散化后，带来了一些难题。间隔层单元的工作环境不及主控制室好，对间隔层单元的抗干扰能力要求提高了。网络层的通信距离加长、受干扰程度变大，对网络层的要求大大提高。20 世纪 90 年代以后，通信技术的发展正好可以解决这些难题。

面向对象的分层分布、分散式结构有以下优点:
1) 继电保护装置相对独立,不受当地监控、远动系统等的影响。
2) 间隔层单元综合化程度高,减少了硬件重复。
3) 间隔层单元就地安装,方便对一次设备的继电保护、数据采集和控制。此外,还减小了电流互感器的负载,提高了电流互感器的准确度。
4) 面对对象的结构,可扩展性和灵活性强,方便变电站自动化系统的设计、生产、运行和维护。
5) 设备安装紧凑,站内二次电缆大大减少,变电站占地面积缩小,节省了投资,简化了维护工作量。
6) 分层分布结构,提高了变电站自动化系统的可靠性和灵活性。

变电站自动化系统也有缺点。首先是其综合化程度更高、技术含量更高,对工作人员的知识面要求更广更深。其次,由于计算机技术和通信技术发展太快,变电站自动化系统中的软、硬件都容易过时,较难维护。例如,如果变电站自动化系统中的某一 CPU 坏了,过了若干年后就很难买到。

图 5-25 为 10kV 配电室、开关柜和安装在开关柜上的线路保护装置。

图 5-25　10kV 配电室、开关柜和安装在开关柜上的线路保护装置

4. 全分散式结构

全分散式结构的自动化系统如图 5-26 所示,它在面向对象的分层分布、分散式结构的基础上更进了一步,其特点如下:
1) 取消了保护管理机、电能管理机,可靠性更高。

2）当地监控主机直接接在网络上，与总控机不直接通信，即当地监控功能与远动功能基本分开，可靠性更高。

3）间隔层分散安装在开关柜上。

4）主控室内的变电站层（监控主机等）直接通过网络与间隔层联系。

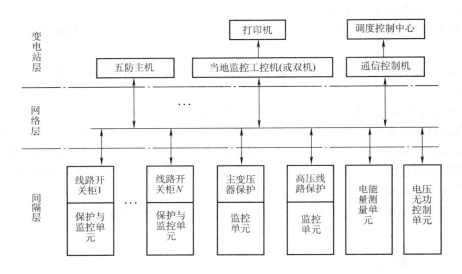

图 5-26　全分散式结构的自动化系统示意图

图 5-27 是某公司的 110kV 变电站综合自动化系统典型配置图，它取消了集中式的管理机，很接近全分散式的结构型式。

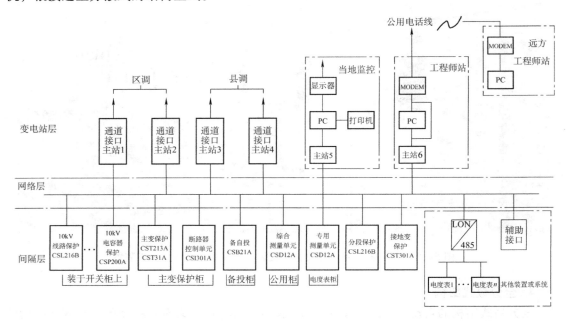

图 5-27　某公司的 110kV 变电站综合自动化系统典型配置图

习 题

1. 知识竞赛中抢答器是常见的设备,请查阅资料完成继电器来搭建抢答器的电路,理解"闭锁"的概念。

2. 查阅资料,画出电动机起动回路的接线图,理解"保持"的概念。

3. 二次系统中的测量、控制、监视和保护的概念也广泛地存在于生活中,请结合生活实际理解你身边的测量、控制、监视和保护的相关电路。

4. 请为某条 25kV 对端有电源的线路设计二次回路。

5. 请为图 2-10 所示的风电场中的主变压器设计二次回路。

6. 请为图 2-11 所示的风电场设计监控系统。

第 6 章 配电装置

关键术语：

配电装置，成套装置，继电保护装置，测量表计，架构，电缆沟，房屋通道，电工建筑物，安全净距，噪声，电晕，静电感应。

知识要点：

重要性	能力要求	知识点
★★★	识记	配电装置的图示
★★★	理解	配电装置的设计要求
★★★	识记	配电装置的种类
★★★★	理解	配电装置的选型和布置
★★	了解	风电场发电机组的排列布置
★★★	理解	升压站电工建筑物的布置

预期效果：

通过本章内容的阅读，应能了解风电场配电装置的概念和表示方法，熟悉各种常见的配电装置，理解和掌握配电装置的设计要求、选型和布置方法，了解风电场发电机组的排列布置和升压变电站电工建筑物的布置。

配电装置可以理解为接受和分配电能的装置，它是电气主接线的具体实现，用于完成进出线回路之间的连接。配电装置不仅包括母线、断路器、隔离开关、互感器等电气设备，还可能包括继电保护装置、测量表计以及架构、电缆沟、房屋通道等辅助设备。它是集电力、结构、土建等技术于一体的整体装置，最终用于实现发电机、变压器、线路等回路的连接。

6.1 配电装置的图示

不同于电气主接线图对于电路的抽象描述，为了描述配电装置自身的结构形状，配电装置的图示常采用平面布置图+断面图的描述方式，如图 6-1 和图 6-2 所示，以两个二维图形描述配电装置的三维空间外形和结构。此外，工程中还常采用配置图来示意配电装置的基本组成。

由于配电装置是电气主接线的具体实现，在设计配电装置时，不仅需要考虑各个电气设备的实际尺寸形状和占地大小，还需要考虑人员工作时候的巡视方便和检修安装的条件，并尽量减少三材（钢材、水泥、木材）消耗，降低造价。

第6章 配电装置

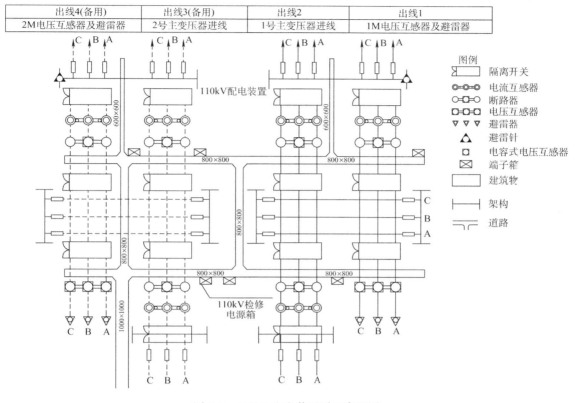

图 6-1 110kV 配电装置平面布置图

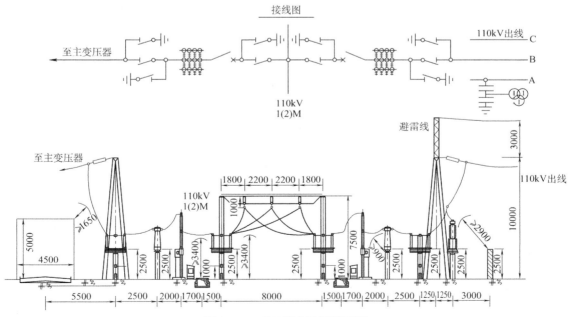

图 6-2 110kV 配电装置断面图

6.2 配电装置的设计要求

6.2.1 满足安全净距的要求

不同的电气设备之间、电气设备的不同相之间都要求保持足够的距离以满足绝缘的要求，即满足最小安全净距的要求。最小安全净距指在这一距离下，无论是在正常最高工作电压还是出现内、外部过电压时，都不致使空气间隙被击穿。最小安全净距一般使用 A_1 和 A_2 值来表示，A_1 表示带电部分对接地部分之间的距离，A_2 表示不同相的带电部分之间的距离。此外，考虑到配电装置实际安装运行时的距离情况，还有 B、C、D、E 值和 A 值对应。

图 6-3 为屋内配电装置安全净距校验图，图中有关尺寸说明如下：

1) 配电装置中，电气设备的栅状遮栏高度不应低于 1200mm，栅状遮栏至地面的净距以及栅条间的净距应不大于 200mm。

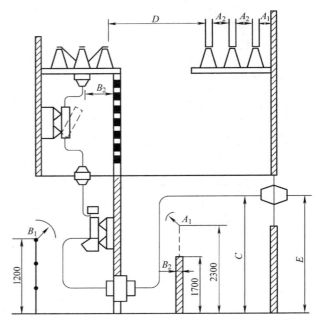

图 6-3 屋内配电装置安全净距校验图

2) 配电装置中，电气设备的网状遮栏高度不应低于 1700mm，网状遮栏网孔不应大于 $40mm \times 40mm$。

3) 位于地面（或楼面）上面的裸导体导电部分，如其尺寸受空间限制不能保证 C 值时，应采用网状遮栏隔离。网状遮栏下通行部分的高度不应小于 1900mm。

最小安全净距 A 类分为 A_1 和 A_2 值，A_1 和 A_2 值是根据过电压与绝缘配合计算，并根据间隙放电试验曲线来确定的，而 B、C、D、E 等类安全净距是在 A 值的基础上再考虑运行维护、设备移动、检修工具活动范围、施工误差等具体情况而确定的。其含义分别叙述如下：

1) A 值：A 值分为两项，A_1 和 A_2。A_1 为带电部分至接地部分之间的最小电气净距；A_2 为不同相的带电导体之间的最小电气净距。

2) B 值：B 值分为两项，B_1 和 B_2。B_1 为带电部分至栅状遮栏间的距离和可移动设备在移动中至带电裸导体间的距离，即

$$B_1 = A_1 + 750 \tag{6-1}$$

式中，750 为考虑运行人员手臂误入栅栏时手臂的长度（mm）。

设备移动时的摆动也不会大于此值。当导线垂直交叉且又要求不同时停电检修的情况下，检修人员在导线上下活动范围也为此值。

B_2 为带电部分至网状遮栏间的电气净距，即

$$B_2 = A_1 + 30 + 70 \tag{6-2}$$

式中，30 为考虑在水平方向的施工误差（mm）；70 为运行人员手指误入网状遮栏时，手指长度不大于此值（mm）。

3) C 值：C 值为无遮栏裸导体至地面的垂直净距。保证人举手后，手与带电裸导体间的距离不小于 A_1 值，即

$$C = A_1 + 2300 + 200 \tag{6-3}$$

式中，2300 为运行人员举手后的总高度（mm）；200 为屋外配电装置在垂直方向上施工误差，在积雪严重地区，还应考虑积雪的影响，此距离还应适当加大（mm）。

对屋内配电装置，可不考虑施工误差，即

$$C = A_1 + 2300 \tag{6-4}$$

4) D 值：D 值为不同时停电检修的平行无遮栏裸导体之间的水平净距，即

$$D = A_1 + 1800 + 200 \tag{6-5}$$

式中，1800 为考虑检修人员和工具的允许活动范围（mm）；200 为考虑屋外条件较差而取的裕度（mm）。

对屋内配电装置不考虑此裕度，即

$$D = A_1 + 1800 \tag{6-6}$$

5) E 值：E 值为屋内配电装置通向屋外的出线套管中心线至屋外通道的距离。35kV 及以下取 $E = 4000$mm；60kV 及以上，$E = A_1 + 3500$（mm），并取整数值，其中 3500 为人站在载重汽车车厢中举手的高度（mm）。

图 6-3 和图 6-4 分别为屋内和室外配电装置的安全净距校验图，从图中可以了解 A、B、

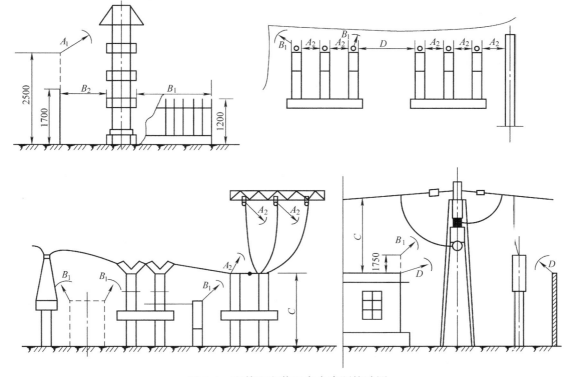

图 6-4 室外配电装置安全净距校验图

C、D、E 各值的含义。表 6-1 和表 6-2 分别给出了各参数的具体值。当海拔超过 1000m 时，表中所列 A 值应按每升高 100m 增大 1% 进行修正，B、C、D、E 值应分别增加 A_1 值的修正值。

表 6-1 屋外配电装置的安全净距　　　　　　　　　　　　　　　　　　（单位：mm）

符号	适用范围	额定电压/kV								
		3~10	15~20	35	63	110J	110	220J	330J	500J
A_1	1. 带电部分至接地部分之间 2. 网状遮拦向上延伸线距地 2.5m 处与遮拦上方带电部分之间	200	300	400	650	900	1000	1800	2500	3800
A_2	1. 不同相的带电部分之间 2. 断路器和隔离开关的端口两侧引线带电部分之间	200	300	400	650	1000	1100	2000	2800	4300
B_1	1. 设备运输时，其外廓至无遮拦带电部分之间 2. 交叉的不同时停电检修的无遮拦带电部分之间 3. 栅状遮拦至绝缘体和带电部分之间 4. 带电作业时带电部分至接地部分之间	950	1050	1150	1400	1650	1750	2550	3250	4550
B_2	1. 网状遮拦至带电部分之间	300	400	500	700	1000	1100	1900	2600	3900
C	1. 无遮拦裸导体至地面之间 2. 无遮拦裸导体至建筑物、构筑物顶部之间	2700	2800	2900	3100	3400	3500	4300	5000	7500
D	1. 平行的不同时停电检修的无遮拦带电部分之间 2. 带电部分与建筑物、构建物的边沿部分之间	2200	2300	2400	2600	2900	3000	3800	4500	5800

注：110J、220J、330J、500J 是指中性点直接接地电网。

表 6-2 屋内配电装置的安全净距　　　　　　　　　　　　　　　　　　（单位：mm）

符号	适用范围	额定电压/kV								
		3	6	10	15	20	35	63	110J	110	220J
A_1	1. 带电部分至接地部分之间 2. 网状和板状遮拦向上延伸线距地 2.3m 处与遮拦上方带电部分之间	75	100	125	150	180	300	550	850	950	1800
A_2	1. 不同相的带电部分之间 2. 断路器和隔离开关的端口两侧引线带电部分之间	75	100	125	150	180	300	550	900	1000	2000
B_1	1. 栅状遮拦带电部分之间 2. 交叉的不同时停电检修的无遮拦带电部分之间	825	850	875	900	930	1050	1300	1600	1700	1550

（续）

符号	适用范围	额定电压/kV									
		3	6	10	15	20	35	63	110J	110	220J
B_2	网状遮栏至带电部分之间	175	200	225	250	280	400	650	950	1050	1900
C	无遮栏裸导体至地（楼）面之间	2375	2400	2425	2450	2480	2600	2850	3150	3250	4100
D	平行的不同时停电检修的无遮栏裸导体之间	1875	1900	1925	1950	1980	2100	2350	2600	2750	3600
E	通往屋外的出线套管至屋外通道的路面	4000	4000	4000	4000	4000	4000	4500	5000	5000	5000

注：110J、220J是指中性点直接接地电网。

设计配电装置中带电导体之间和导体对接地构架的距离时，还应考虑软绞线在短路电动力、风摆、温度和覆冰等作用下使相间及对地距离的减小，隔离开关开断允许电流时不致发生相间和接地故障，降低大电流导体附近铁磁物质的发热，减小110kV及以上带电导体的电晕损失和带电检修等因素。工程上采用相间距离和相对地的距离，通常大于表6-1和表6-2所列的数值。

无论屋内或屋外配电装置的设计都需要满足最小安全净距的要求，屋外电气设备外绝缘体最低部位距地小于2.5m时，应装设固定遮栏；屋内电气设备外绝缘体最低部位距地小于2.3m时，应装设固定遮栏。配电装置中相邻带电部分的额定电压不同时，应按较高的额定电压确定其安全净距。

屋外配电装置使用软导线时，带电部分至接地部分和不同相的带电部分之间的最小电气距离，应根据下列三种条件进行校验，并采用其中的最大数值：

1) 外过电压和风偏。
2) 内过电压和风偏。
3) 最大工作电压、短路摇摆和风偏。

屋外配电装置带电部分的上面或下面，不应有照明、通信和信号线路架空跨越或穿过；屋内配电装置带电部分的上面不应有明敷的照明或动力线路跨越。

6.2.2 施工、运行和检修的要求

配电装置的设计要考虑现场施工的便利，其结构在满足安全运行的前提下应该尽量予以简化，并考虑构件的标准化和工厂化，减少架构类型，以达到节省三材、缩短工期的目的，还要考虑安装检修时设备搬运及起吊的便利。例如，屋外配电装置宜设置环形道路或具备回车条件的道路；大容量变压器应设置固定滑车用的地锚，以便于使用卷扬机搬运设备。同时，配电装置的施工工艺布置设计应考虑土建施工误差，确保电气安全距离的要求，一般不宜选用规程规定的最小值，而应留有适当裕度（5cm左右），这在屋内配电装置的设计中更要引起重视。分期建设和扩建过渡的便利也是配电装置设计时必须考虑的因素，尽量做到过渡时少停电或不停电，为施工安全与方便提供有利条件。

在运行中应考虑各级电压配电装置之间，以及它们和各种建（构）筑物之间的距离和相对位置，应按最终规模统筹规划，充分考虑运行的安全和便利。避免进出线出现交叉；间隔之间要有明显的界限；各回路相序保持一致，一般为面对出线电流流出方向自左至右、由

远到近、从上到下按 A、B、C 相顺序排列。对硬导体应涂色，色别为：A 相黄色，B 相绿色，C 相红色，对绞线一般只标明相别；为防止外人任意进入，配电装置及其中电气设备周围应考虑围以一定高度的围栏，围栏门应加锁；配电装置内应设有供操作、巡视用的通道，通道的宽度应满足要求；对于就地操作的断路器及隔离开关，应考虑装设满足人员操作要求的防护隔板；屋内外配电装置均应装设闭锁装置及联锁装置，以防止带负荷拉合隔离开关、带接地合闸、带电挂接地线、误拉合断路器以及误入屋内有电间隔等电气误操作事故；对于油浸式设备需要考虑装设防爆设备及排油储油设备；此外还需要考虑防火墙的设计以及冰雪风速等自然气象变化对于设备运行的影响。

在检修工作中应充分考虑检修中人员及具体检修作业对于安全的影响，以保证人员和检修机械在足够安全净距的情况下作业的方便。

6.2.3 噪声的允许标准及限制措施

配电装置中的噪声源主要是变压器、电抗器及电晕放电。我国规定有人值班的生产建筑最高允许连续噪声的最大值为 90dB，控制室为 65dB。我国《城市区域环境噪声标准》中规定：受噪声影响人的居住或工作建筑物外 1m 处的噪声级，白天不大于 65dB，晚上不大于 55dB。因此，配电装置布置要尽量远离职工宿舍或居民区，保持足够的间距，以满足职工宿舍或居民区对噪声的要求。

对 500kV 电气设备距外壳 2m 外的噪声水平，不宜超过下列数值：

1）电抗器：80dB。
2）断路器：连续性噪声水平 85dB，非连续性噪声水平；屋内为 90dB，屋外为 110dB。
3）变压器等其他设备：85dB。

限制噪声的措施有：

1）优先选用低噪声或符合标准的电气设备。
2）注意主（网）控室、通信楼、办公室等与主变压器的距离和相对位置，尽量避免平行相对布置。

6.2.4 静电感应的场强水平和限制措施

在设计 330～750kV 超高压配电装置时，除了要满足绝缘配合的要求外，还应做静电感应的测定及考虑防护措施。

在高压输电线路或配电装置的母线下和电气设备附近有对地绝缘的导电物体时，由于电容耦合感应而产生电压。当上述被感应物体接地时，就产生感应电流。这种感应通称为静电感应。鉴于感应电压和感应电流与空间场强的密切关系，故实际中常以空间场强来衡量某处的静电感应水平。所谓空间场强，是指离地面 1.5m 处的空间电场强度。对于 220kV 变电站的实测结果是：其空间场强一般不超过 5kV/m；对于 330～500kV 变电站的实测结果是：大部分测点的空间场强在 10kV/m 以内，各电气设备周围的最大空间场强大致为 3.4～13kV/m。

当人触及被感应物体时，就有感应电流流过，如感应电流较大，人就有麻木感觉。为了运行和维护人员的安全，我国规定电压为 330kV 及以上的配电装置，其设备遮栏外的静电感应空间场强水平（离地 1.5m 空间场强）不宜超过 10kV/m，围墙外静电感应场强水平

（离地 1.5m 空间场强）不宜超过 5kV/m。

关于静电感应的限制措施，设计时应注意：①尽量不要在电气设备上部设置带电导体；②对平行跨导线的相序排列要避免同相布置，尽量减少同相导线交叉及同相转角布置，以免场强直接叠加；③当技术经济合理时，可适当提高电器及引线安装高度，这样既降低了电场强度，又满足检修机械与带电设备的安全净距；④控制箱和操作设备尽量布置在场强较低区，必要时可增设屏蔽线或设备屏蔽环等。

6.2.5 电晕无线电干扰和控制

在超高压配电装置内的设备、母线和设备间连接导线，由于电晕产生的电晕电流具有高次谐波分量，形成向空间辐射的高频电磁波，从而对无线电通信、广播和电视产生干扰。

根据实测，频率为 1MHz 时产生的无线电干扰最大。对上海地区 8 个 220kV 和 110kV 变电站进行实测，测得 220kV 变电站的最大值为 41dB，110kV 变电站为 44dB。

我国目前超高压配电装置中无线电干扰水平的允许标准暂定为：在晴天，配电装置围墙外（距出线边相导线投影的横向距离 20m 外）20m 处对 1MHz 的无线电干扰值不大于 50dB。为增加载流量及限制无线电干扰，超高压配电装置的导线采用扩径空芯导线、多分裂导线、大直径铝管或组合铝管等。对于 330kV 及以上的超高压电气设备，设计中应满足电气设备在 1.1 倍最高工作电压下，晴天夜间电气设备上应无可见电晕，1MHz 时无线电干扰电压不应大于 2500μV。

6.3 配电装置的分类

配电装置根据其安装地点分为屋内式和屋外式，根据其装配方式分为成套式和装配式。生活中常见的配电箱、配电柜、箱式变电所都是成套配电装置。对于电压等级比较高的配电装置，由于其绝缘要求高，外形尺寸较大，在占地允许的情况下，综合考虑造价，常采用屋外装配式。

6.3.1 装配式和成套式

装配式指配电装置在现场将电器组装而成，而制造厂根据要求将配电装置内的开关电器、互感器等组成电路成套运至现场安装使用的则称为成套式配电装置。成套式装置相对于装配式，由于其中电气设备布置于封闭或半封闭的金属外壳或框架中，相间和接地距离可以缩小，因此其占地较小。成套式装置安装工作量小、便于维护、运行可靠性高，但消耗的材料较多，气体全封闭组合电器（Gas Insulated Switchgear，GIS）还需要灌装 SF_6 气体，造价较高。

成套式配电装置常用于室内，常见的类型有：低压配电屏、高压开关柜、气体全封闭组合电器（GIS）等，其中 GIS 也根据实际情况可能采用屋外布置。

高压开关柜一般分为固定式和手车式，图 6-5 所示为固定式高压开关柜，它将隔离开关、断路器、互感器、操作机构和操作把手、测量表计、继电保护组合到一个半封闭的金属柜中，用户只需将其固定于间隔内，再和进出线相连即可完成主接线的构建，对于断路器和隔离开关的操作在本地依靠控制把手和隔离开关操作杆进行。

图 6-5 10kV 成套高压开关柜
1、4—隔离开关 2—断路器 3—互感器 5—继电器 6—表计
7—隔离开关操作机构 8—断路器操作机构 9—断路器控制把手

气体全封闭组合电器将断路器、隔离开关、快速或慢速接地开关、电流互感器、电压互感器、避雷器、母线和出现套管等元件，按照电气主接线的要求依次连接，组成一个整体，并且全部封闭于接地的金属外壳内，壳内充有一定压力的 SF_6 气体，作为绝缘盒灭弧介质。不同于高压开关柜，GIS 一般要实现一个配电装置的整体，而高压开关柜只能完成一个间隔的功能。

GIS 占地小、运行空间小、运行可靠性高、维护工作量小、检修时间长、受外界环境影响小、无静电感应和电晕干扰、噪声水平低、抗震性能好、适应性强。因此已经开始在110kV 及以上逐步推广，尤其是在一些城市和地下变电站内为了节省占地和空间被广泛采用。图 6-6 和图 6-7 分别给出了两个安装于室外的 GIS 实例。

6.3.2 屋内配电装置

1. 屋内配电装置的分类及特点

6~10kV 配电装置均采用屋内布置，并基本采用成套开关柜。35kV 及以上的配电装置视发电厂和变电站实际情况决定，当占地要求较小时，可采用屋内布置。

发电厂和变电站的屋内配电装置，按其布置型式，一般可以分为三层式、二层式和单层式。三层式是将所有电器依其轻重分别布置在各层中，它具有安全、可靠性高，占地面积少

图 6-6 安装于室外的 GIS（一）

图 6-7 安装于室外的 GIS（二）

等特点，但其结构复杂，施工时间长，造价较高，检修和运行不大方便，目前已较少采用。二层式是将断路器和电抗器布置在第一层，将母线、母线隔离开关等较轻设备布置在第二层。与三层式相比，它的造价较低，运行和检修较方便，但占地面积有所增加。三层式和二层式均用于出线有电抗器的情况。单层式占地面积较大，通常采用成套开关拒，以减少占地面积。35~220kV的屋内配电装置，只有二层和单层式。

在屋内配电装置中，通常将同一回路的电气设备和导体布置在一个间隔内。所谓间隔是指为了将电气设备故障的影响限制在最小的范围内，以免波及相邻的电气回路，以及在检修电气设备时，避免检修人员与邻近回路的电气设备接触，而用砖或用石棉板等制成的墙体隔离的空间。按照回路的用途，可分为发电机、变压器、线路、母线（或分段）断路器、电压互感器和避雷器间隔等。各间隔依次排列起来形成所谓的列，按行程的列数可分为单列布置和双列布置。

2. 屋内配电装置的布置原则

（1）总体布置

1）尽量将电源布置在每段母线的中部，使母线截面通过较小的电流，但有时为了连接的方便，根据主厂房或变电站的布置而将发电机或变压器间隔设在每段母线的端部。

2）同一回路的电器和导体应布置在一个间隔内，以保证检修和限制故障范围。

3）较重的设备（如电抗器）布置在下层，以减轻楼板的荷重并便于安装。

4）充分利用间隔的位置。

5）设备对应布置，便于操作。

6）有利于扩建。

间隔内设备的布置尺寸除满足表6-1的最小安全净距外，还应考虑设备的安装和检修条件，进而确定间隔的宽度和高度。设计时，布置尺寸可参考一些典型方案进行。

（2）屋内配电装置的设备布置

1）母线及隔离开关。

母线通常装在配电装置的上部，一般呈水平、垂直和直角三角形布置。水平布置不如垂直布置便于观察，但建筑部分简单，可降低建筑物的高度，安装比较容易，因此在中、小容量发电厂和变电所的配电装置中采用较多。垂直布置时，相间距离可以取得较大，无需增加间隔深度，支柱绝缘子装在水平隔板上，绝缘子间的距离可取较小值。因此，垂直布置的母线结构可获得较高的机械强度，但垂直布置的结构复杂，并增加建筑高度。垂直布置可用于20kV以下、短路电流很大的装置中。直角三角形布置，其结构紧凑，可充分利用间隔的高度和深度，但三相为非对称布置，外部短路时，各相母线和绝缘子机械强度均不相同。这种布置方式可用于6~35kV大、中容量的配电装置中。

母线相间距离 a 取决于相间电压，并考虑短路时母线和绝缘子的机械强度与安装条件。6~10kV小容量装置中，母线水平布置时，a 约为250~350mm；母线垂直布置时，a 约为700~800mm；35kV配电装置中母线水平布置时，相间距离 a 约为500mm。

双母线布置中的两组母线应与垂直的隔墙（或板）分开，这样，在一组母线故障时，不会影响另一组母线，并可安全地检修故障母线。母线分段布置时，在两段母线之间也应以隔墙（或板）隔开。

在负荷变动或温度变化时，硬母线将会胀缩，如母线很长，又是固定连接，则在母线、绝缘子和套管中可能会产生危险的应力。为了将它消除，必须按规定加装母线补偿器。不同材料的导体相互连接时，应采取措施，防止产生电化腐蚀。

母线隔离开关通常设在母线的下方。为了防止带负荷误拉隔离开关引起飞弧造成母线短路，在双母线布置的屋内配电装置中，母线与母线隔离开关之间宜装设耐火隔板。两层以上的配电装置中，母线隔离开关宜单独布置在一个小室内。

为了确保设备及工作人员的安全，屋内配电装置应设置防止误拉合隔离开关、带接地线合闸、带电合接地开关、误拉合断路器、误入带电间隔等（常称五防）电气误操作事故的闭锁装置。

2）断路器及其操动机构。

断路器通常设在单独的小室内。油断路器小室的形式，按照油量多少及防爆结构的要求，可分为敞开式、封闭式以及防爆式小室。四壁用实体墙壁、顶盖和无网眼的门完全封闭起来的小室，称为封闭小室；如果小室完全或部分使用非实体的隔板或遮栏，则称为敞开小室；当封闭小室的出口直接通向屋外或专设的防爆通道，则称为防爆小室。

总油量超过100kg油浸电力变压器，应安装在单独的防爆小室内。屋内的单台断路器、电压互感器，电流互感器，总油量超过600kg时，应装在单独的防爆小室内；总油量在60~600kg时，应装在有防爆墙的小室内；而总油量在60kg以下时，一般可装在两侧有隔板的敞开小室内。为了防火安全，当间隔内单台电气设备总油量在100kg以上时，应设置储油或挡油设施。

断路器的操动机构设在操作通道内。手动操动机构和轻型远距离控制的操动机构均装在壁上，重型远距离控制的操动机构则落地装在混凝土基础上。

3）互感器和避雷器。

电流互感器无论是干式或油浸式，都可和断路器放在同一小室内。穿墙式电流互感器应尽可能作为穿墙套管使用。电压互感器都经隔离开关和熔断器（110kV及以上只用隔离开关）接到母线上，需占用专用的间隔，但同一间隔内，可以装设几台不同用途的电压互感器。

当母线上接有架空线路时，母线上应装避雷器，由于其体积不大，通常与电压互感器共占用一个间隔（相互之间应以隔层隔开），并可共用一组隔离开关。

4）电抗器。

电抗器比较重，大多布置在封闭小室的第一层。电抗器按其容量不同有三种不同的布置方式：三相垂直布置、品字形布置和三相水平布置。通常线路电抗器采用垂直或品字形布置。当电抗器的额定电流超过1000A、电抗值超过5%~6%时，由于重量及尺寸过大，垂直布置会有困难，且使小室高度增加较多，故宜采用品字形布置。额定电流超过1500A的母线分段电抗器或变压器低压侧的电抗器（或分裂电抗器），宜采取水平布置。

安装电抗器必须注意：垂直布置时，B相应放在上下两相之间；品字形布置时，不应将A、C相重叠在一起，其原因是B相电抗器线圈的缠绕方向与A、C相线圈相反，这样在外部短路时，电抗器相间的最大作用力是吸力，而不是排斥力，以便利用瓷绝缘子抗压强度比抗拉强度大得多的特点。

5）电缆隧道及电缆沟。

电缆隧道及电缆沟是用来放置电缆的。电缆隧道为封闭狭长的构筑物，高1.8m以上，两侧设有数层敷设电缆的支架，可放置较多的电缆，人在隧道内能方便地进行电缆的敷设和维修工作，但其造价较高，一般用于大型电厂。电缆沟则为有盖板的沟道，沟宽与深均不足1m，可容纳的电缆数量较少，敷设和维修电缆必须揭开水泥盖板，很不方便，且沟内容易积灰和积水，但土建施工简单，造价较低，常被变电所和中、小型发电厂所采用。国内外有不少发电厂，将电缆吊在天花板下，以节省电缆沟。为使电力电缆发生事故时不致影响控制电缆，一般将电力电缆与控制电缆分开排列在过道两侧。如布置在一侧时，控制电缆应尽量布置在下面，并用耐火隔板与电力电缆隔开。

6) 配电装置室的通道和出口。

配电装置的布置应便于设备操作、检修和搬运，故需设置必要的通道（走廊）。凡用来维护和搬运各种电器的通道，称为维护通道；如通道内设有断路器（或隔离开关）的操动机构、就地控制屏等，称为操作通道；仅和防爆小室相通的通道，称为防爆通道。配电装置室内各种通道的最小宽度（净距）应符合规程要求。

为了保证工作人员的安全及工作的便利，不同长度的屋内配电装置室，应有一定数量的出口。长度小于7m时，可设置一个出口；长度大于7m时，应有两个出口（最好设在两端）；当长度大于60m时，在中部适当的地方宜再增加一个出口。配电装置室出口门应向外开，并应装弹簧锁；相邻配电装置室之间如有门时，应能向两个方向开启。

7) 配电装置室的采光和通风。

配电装置室可以开窗采光和通风，但应采取防止雨雪、风沙、污秽和小动物进入室内的措施。配电装置室应按事故排烟要求，装设足够的事故通风装置。

3. 屋内配电装置布置实例

图6-8和图6-9分别给出了10kV配电装置进出线断面图和110kV配电装置断面图。

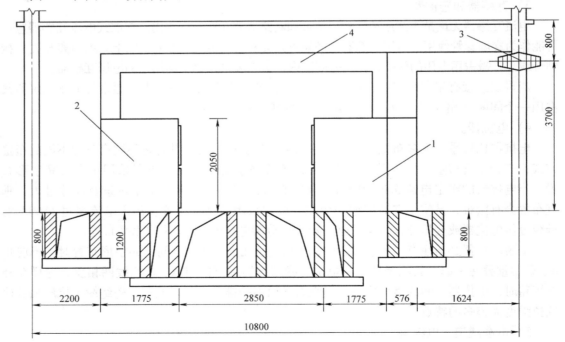

图6-8　10kV配电装置进出线断面图

1—主变压器进线柜　2—10kV出线柜　3—高压穿墙套管　4—封闭母线桥

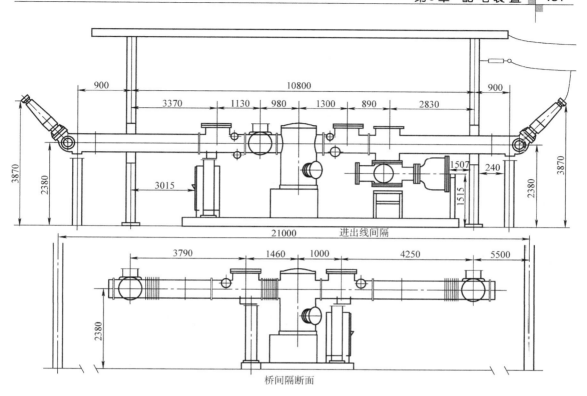

图 6-9 110kV 配电装置断面图

6.3.3 屋外配电装置

1. 屋外配电装置的分类及特点

屋外配电装置将所有电气设备和母线都装设在露天的基础支架或构架上。屋外配电装置的结构型式，除与电气主接线、电压等级和电气设备类型有密切关系外，还与地形地势有关。

根据电气设备和母线布置的高度，屋外配电装置可分为中型配电装置、高型配电装置和半高型配电装置。

(1) 中型配电装置

中型配电装置是将所有电气设备都安装在同一水平面内，并装在一定高度的基础上，使带电部分对地保持必要的高度，以便工作人员能在地面上安全活动。母线所在的水平面要稍高于电气设备所在的水平面，母线和电气设备均不能上、下重叠布置。中型配电装置布置比较清晰，不易误操作，运行可靠，施工和维护方便，造价较省，并有多年的运行经验；其缺点是占地面积过大。

中型配电装置按照隔离开关的布置方式，可分为普通中型配电装置和分相中型配电装置。所谓分相中型配电装置是指隔离开关分相直接布置在母线的正下方，其余的均与普通中型配电装置相同。

(2) 高型配电装置

高型配电装置是将一组母线及隔离开关与另一组母线及隔离开关上下重叠布置的配电装

置，可以节省占地面积50%左右，但耗用钢材较多，造价较高，操作和维护条件较差。

高型配电装置按其结构的不同，可分为单框架双列式、双框架单列式和三框架双列式三种类型。下面以双母线、进出线带旁路母线的主接线形式为例来介绍高型配电装置的三种类型结构。

1) 单框架双列式。单框架双列式是将两组母线及其隔离开关上下重叠布置在一个高型框架内，而旁路母线架（供布置旁路母线用）不提高，成为单框架结构，断路器为双列布置。

2) 双框架单列式。双框架单列式除将两组母线及其隔离开关上下重叠布置在一个高型框架内外，再将一个旁路母线架提高且并列设在母线架的出线侧，也就是两个高型框架合并，成为双框架结构，断路器为单列布置。

3) 三框架双列式。三框架双列式除将两组母线及其隔离开关上下重叠布置在一个高型框架内外，再把两个旁路母线架提高，并列设在母线架的两侧，也就是三个高型框架合并，成为三框架结构，断路器为双列布置。

三框架结构比单框架和双框架更能充分利用空间位置，因为它可以双侧出线，在中间的框架内分上下两层布置两组母线及其隔离开关，两侧的两个框架内，上层布置旁路母线和旁路隔离开关，下层布置进出线断路器、电流互感器和隔离开关，从而使占地面积最小。由于三框架布置较双框架和单框架优越，因而得到了广泛应用。但和中型布置相比，钢材消耗量较大，操作条件较差，检修上层设备不便。

（3）半高型配电装置

半高型配电装置是将母线置于高一层的水平面上，与断路器、电流互感器、隔离开关上下重叠布置，其占地面积比普通中型减少30%。半高型配电装置介于高型和中型之间，具有两者的优点，除母线隔离开关外，其余部分与中型布置基本相同，运行维护仍较方便。

由于高型和半高型配电装置可大量节省占地面积，因而在电力系统中得到广泛应用。

2. 屋外配电装置的选型

屋外配电装置的型式除与主接线有关外，还与场地位置、面积、地质、地形条件及总体布置有关，并受到设备材料的供应、施工、运行和检修要求等因素的影响和限制，故应通过技术经济比较来选择最佳方案。

（1）中型配电装置

普通中型配电装置，施工、检修和运行都比较方便，抗震能力较好，造价比较低，缺点是占地面积较大。此种型式一般用在非高产农田地区及不占良田和土石方工程量不大的地方，并宜在地震烈度较高的地区采用。

分相中型配电装置硬管母线配合剪刀式（或伸缩式）隔离开关方案，布置清晰、美观，可省去大量构架，较普通中型配电装置节约用地1/3左右；但支柱绝缘子防污、抗震能力较差，在污秽严重或地震烈度较高的地区，不宜采用。

中型配电装置广泛用于110~500kV电压等级。

（2）高型配电装置

高型配电装置的最大优点是占地面积少，比普通中型配电装置节约50%左右，但耗用钢材较多，检修运行不及中型方便。一般在下列情况宜采用高型：①配电装置设在高产农田或地少人多的地区；②由于地形条件的限制，场地狭窄或需要大量开挖、回填土石方的地区；③原有配电装置需要改建或扩建，而场地受到限制的地区。在地震烈度较高的地区不宜采用高型。高型配电装置适用于220kV电压等级。

(3) 半高型配电装置

半高型配电装置节约占地面积不如高型显著，但运行、施工条件稍有改善，所用钢材比高型少。半高型配电装置适用于110kV电压等级。

3. 屋外配电装置的布置原则

(1) 母线及构架

屋外配电装置的母线有软母线和硬母线两种。软母线为钢芯铝绞线、软管母线和分裂导线，三相呈水平布置，用悬式绝缘子悬挂在母线构架上。软母线可选用较大的档距，但一般不超过三个间隔宽度。档距越大，导线弧垂越大，因而导线相间及对地距离就要增加，母线及跨越线构架的宽度和高度均需要加大。硬母线常用的有矩形和管形。矩形母线用于35kV及以下配电装置，管形则用于110kV及以上的配电装置。管形硬母线一般安装在支柱绝缘子上，母线不会摇摆，相间距离可缩小，与剪刀式隔离开关配合可以节省占地面积。管形母线直径大，表面光滑，可提高电晕起始电压，但易产生微风共振和存在端部效应，对基础不均匀下沉比较敏感，支柱绝缘子抗震能力较差。

屋外配电装置的构架，可用型钢或钢筋混凝土制成。钢构架机械强度大，可以按任何负荷和尺寸制造，便于固定设备，抗震能力强，运输方便。钢筋混凝土构架可以节约大量钢材，也可满足各种强度和尺寸的要求，经久耐用、维护简单。钢筋混凝土环形杆可以在工厂成批生产，并可分段制造，运输和安装比较方便，但不便于固定设备。以钢筋混凝土环形杆和镀锌钢梁组成的构架，兼有二者的优点，已在我国220kV及以下各种配电装置中广泛采用。

(2) 电力变压器

电力变压器外壳不带电，故采用落地布置，安装在变压器基础上。

变压器基础一般制成双梁形并铺以铁轨，轨距等于变压器的滚轮中心距。为了防止变压器发生事故时，燃油流失使事故扩大，单个油箱油量超过1000kg以上的变压器，按照防火要求，在设备下面需设置储油池或挡油墙，其尺寸应比设备外廓大1m，储油池内一般铺设厚度不小于0.25m的卵石层。

主变压器与建筑物的距离不应小于1.25m，且距变压器5m以内的建筑物，在变压器总高度以下及外廓两侧各3m的范围内，不应有门窗和通风孔。当变压器油量超过2500kg以上时，两台变压器之间的防火净距不应小于5~10m，如布置有困难，应设置防火墙。

(3) 高压断路器

按照断路器在配电装置中所占据的位置，可分为单列、双列和三列布置。断路器的排列方式，必须根据主接线、场地地形条件、总体布置和出线方向等多种因素合理选择。

断路器有低式和高式两种布置。低式布置的断路器安装在0.5~1m的混凝土基础上，其优点是检修比较方便，抗震性能好，但低式布置必须设置围栏，因而影响通道的畅通。在中型配电装置中，断路器和互感器多采用高式布置，即把断路器安装在约高2m的混凝土基础上，基础高度应满足：①电气设备支柱绝缘子最低裙边的对地距离为2.5m；②电气设备间的连线对地面距离应符合C值要求。

(4) 避雷器

避雷器也有高式和低式两种布置。110kV及以上的阀型避雷器由于器身细长，多落地安装在0.4m的基础上。磁吹避雷器及35kV阀型避雷器形体矮小,稳定度较好,一般采用高式布置。

(5) 隔离开关和互感器

隔离开关和互感器均采用高式布置,其要求与断路器相同。隔离开关的手动操动机构装在其靠边一相基础上。

(6) 电缆沟

屋外配电装置中电缆沟的布置,应使电缆所走的路径最短。

(7) 道路

为了运输设备和消防的需要,应在主要设备近旁铺设行车道路。大、中型变电站内一般均应铺设宽3m的环形道。屋外配电装置内应设置0.8~1m的巡视小道,以便运行人员巡视电气设备,电缆沟盖板可作为部分巡视小道。

4. 屋外配电装置布置实例

屋外配电装置的结构型式与主接线、电压等级、容量、重要性以及母线、构架、断路器和隔离开关的类型有密切关系,和屋内配电装置一样,必须注意合理布置,并保证电气安全净距,同时还应考虑带电检修的可能性。

(1) 普通中型配电装置

图6-10所示为220kV双母线进出线带旁路、合并母线架、断路器单列布置的配电装置。

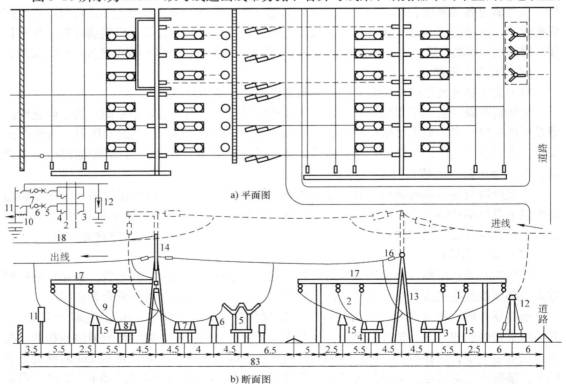

图6-10 220kV双母线进出线带旁路、合并母线架、断路器单列布置的配电装置(单位:m)

1、2、9—母线Ⅰ、Ⅱ和旁路母线 3、4、7、8—隔离开关 5—少油断路器 6—电流互感器 10—阻波器 11—耦合电容器 12—避雷器 13—中央门型架 14—出线门型架 15—支持绝缘子 16—悬式绝缘子串 17—母线构架 18—架空地线

该配电装置采用 GW4-220 型隔离开关和少油断路器，除避雷器外，所有电气设备均布置在 2~2.5m 的基础上；母线及旁路母线的边相，距离隔离开关较远，其引下线设有支柱绝缘子；搬运设备的环形道路设在断路器和母线架之间，检修和搬运均方便，道路还可兼作断路器的检修场地；采用钢筋混凝土环形杆三角钢梁，母线构架与中央门型架可合并，使结构简化；由于断路器单列布置，配电装置的进线（虚线表示）会出现双层构架，跨线较多，因而降低了可靠性。

普通中型布置的特点是：布置比较清晰，不易误操作，运行可靠，施工和维修都比较方便，构架高度较低，抗震性能较好，所用钢材较少，造价较低，经过多年的实践已经积累了丰富的经验，但占地面积较大。

（2）分相中型配电装置

图 6-11 所示为一台 500kV 半断路器接线、断路器三列布置的进出线断面图。这种布置方式采用硬圆管母线及伸缩式隔离开关，可减小母线相间距离，降低构架高度，节约占地面积；由于进出线侧伸缩式隔离开关的静触头垂直悬挂在构架上，故比采用剪刀式和三柱式隔离开关混合布置可进一步节省占地面积；出线电抗器在线路侧，可减少跨线；断路器采用三列布置，且所有出线都从第一、二列断路器间引出，所有进线均从第二、三列断路器间引出。因此，分相中型配电装置具有接线简单、清晰，占地面积小的特点。

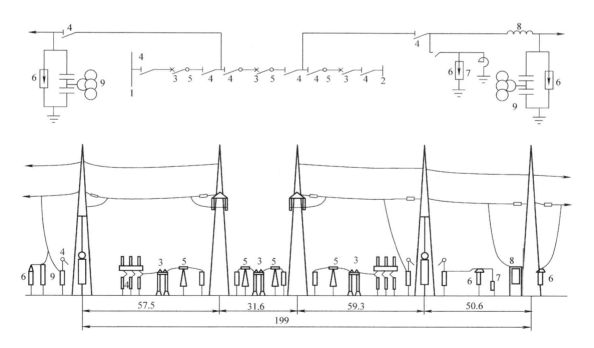

图 6-11 一台 500kV 半断路器接线、断路器三列布置的进出线断面图（单位：m）

1、2—主母线Ⅰ、Ⅱ 3—断路器 4—伸缩式隔离开关 5—电流互感器 6—避雷器
7—并联电抗器 8—阻波器 9—耦合电容器及电压互感器

(3) 高型配电装置

图 6-12 所示为 220kV 双母线进出线带旁路、三框架、断路器双列布置的进出线断面图。这种布置方式不仅将两组母线重叠布置在中间的高型框架内，而且将旁路母线布置在母线两侧，并与双列布置的断路器和电流互感器重叠布置，使其在同一间隔内可设置两个回路。显然，该布置方式特别紧凑，纵向尺寸显著减少，占地面积一般只有普通中型的 50%。此外，母线、绝缘子串和控制电缆的用量也比中型少。

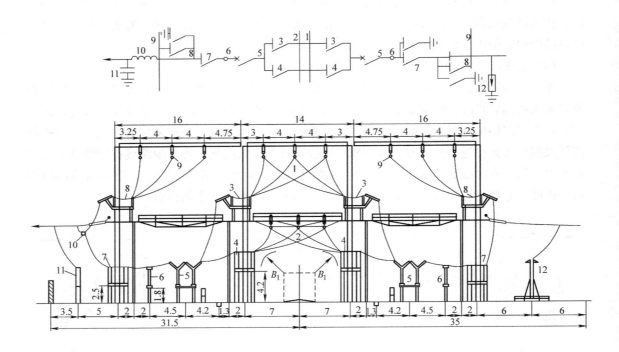

图 6-12　220kV 双母线进出线带旁路、三框架、断路器双列布置的进出线断面图（单位：m）

1、2—主母线　3、4、7、8—隔离开关　5—断路器　6—电流互感器
9—旁路母线　10—阻波器　11—耦合电容器　12—避雷器

(4) 半高型配电装置

图 6-13 所示为 110kV 单母线、进出线带旁路、半高型布置的进出线断面图。半高型配电装置将旁路母线与出线断路器、电流互感器重叠布置。其优点是：①占地面积约比中型布置减少 30%；②由于将不经常带电运行的旁路母线及旁路隔离开关设在上层，而母线及其他电气设备的布置与普通中型相同，既节省用地，又减少高层检修的工作量；③旁路母线与母线采用不等高布置，实现进出线均带旁路母线，很方便。其缺点是，隔离开关下方未设置检修平台，检修不够方便。

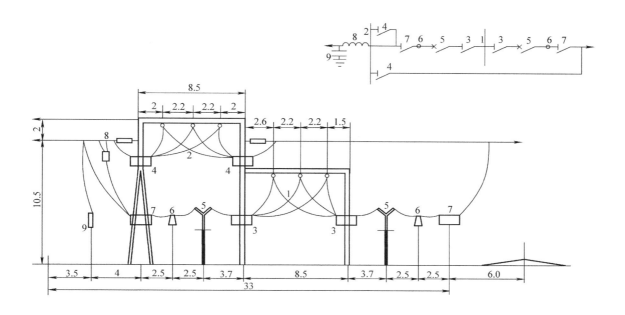

图 6-13　110kV 单母线、进出线带旁路、半高型布置的进出线断面图（单位：m）
1—母线　2—旁路母线　3、4、7—隔离开关　5—断路器
6—电流互感器　8—阻波器　9—耦合电容器

6.4　风电机组的位置排列

风电机组的作用是将风能变为电能，风通过风轮后速度下降而且产生湍流，要经过一定距离才能恢复，风电场尾流将使得发电量减少5%。理想情况下，在主风向上尽量使风电机组布置得远，以减少风电机组相互间影响，但这又使得机组间电缆的长度增加，占地面积也增大，增加了费用，因此风机的布设应该综合考虑风场的实际情况，尽量因地制宜地优化布置。现在的一般性要求是：风电场布置风电机组时，在盛行风向上要求机组间相隔5~9倍风轮直径，在垂直于盛行风向上要求机组间相隔3~5倍的风轮直径。

风电机组具体布置时应根据风向玫瑰图和风能玫瑰图确定风电场主导风向。对平坦、开阔的场址可以采用单排、多排布置风电机组，多排布置时应呈梅花形排列，以减少风电机组之间的尾流影响，如图6-14所示。对于复杂地形下的风电场，可利用WasP软件等工具对场址风能资源进行分析，寻找风能资源丰富、具有开发价值的布机点，并结合以上要求进行风机布置。图6-15给出了沿海岸线风机单列布置的风电场。

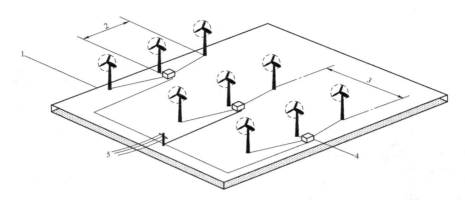

图 6-14　风电机组的梅花形布置
1—主风向　2—列距（3～5 倍风轮直径）　3—行距（5～9 倍风轮直径）
4—集电变压器　5—连接电网的输电线

图 6-15　沿海岸线风机单列布置的风电场

6.5　升压变电站电工建筑物的布置

6.5.1　电工建筑物的总平面布置

电工建筑物的总平面布置应该满足电气生产工艺流程，首先确定好占地面积大的高压配电装置的方位，同时选择好主控制楼或网控楼的位置，以利于人员监视、控制，保证电气设备的安全运行；慎重确定最终方案，防止规模偏大或偏小，考虑最终扩建的可能，初期建设尽量集中布置，以较少后期工程施工与运行方面的干扰；布置尽量合理，尽量节约用电、减少用地，充分利用荒地、劣地、坡地，少占或不占良地，房屋建筑及人口迁移尽量少；结合地形地质，因地制宜布置，符合防火规定，预防火爆事故，注意风向、保护环境；控制噪声；合理布置、方便管理；有利于交通运输及检修活动；与外部条件相适应。

电工建筑物的总平面设计中还应考虑建筑物的防火间距，与厂、所内道路路边的间距，35～500kV 出线走廊的间距等，相关间距应符合具体规定。

电工建筑物的竖向布置，需要考虑对于总体平面布置进行局部修正，统筹好二者之间的关系。竖向布置要善于利用和改变建筑场地的自然地形，以满足生产和交通运输的需要，需要着重考虑建筑物各个部分的场地标高以及场地排水问题。

电工建筑物的道路设计要在基本布置原则下，合理设计三级道路的路面。Ⅰ级道路指主要道路，如大门至主控室、主变压器、高压配电室的道路，需要可以行驶大型平板车；Ⅱ级道路指次级道路，是除了主要道路外，需要行驶汽车的道路；Ⅲ级道路指巡视及人形小道。道路一般宽度为3.5m，考虑大型平板车可以放宽到4~5m，巡视小道一般为0.7~1.0m。行驶汽车道路的转弯半径一般不小于7m（内缘），行使平板车的路段弯半径视情况而定。道路一般采用混凝土路面或沥青表面处治和沥青灌入式路面。

6.5.2 升压变电站电工建筑物的总布置

1. 高压出线及高压配电装置的布置方式

高压配电装置的位置和朝向，主要取决于对应的高压出线的方位，避免各级电压架空线出现的交叉。

根据各级电压配电装置的相对位置（以长轴为准），一般有以下四种组合方式：

1）双列式布置：当所内最高两种电压输电线出线方向相反，或一个高压配电装置为双侧出线（一台半断路器接线），而另一个高压配电装置出线与其垂直时，两个高压配电装置采用双列式布置。

2）L型布置：当所内两种电压输电线出线方向垂直，或一个高压配电装置为双侧出线，而另一个高压配电装置出线与其平行时，两个高压配电装置采用L型布置。

3）Π型布置：当有三种电压架空线出线时，则三个高压配电装置可采用Π型布置。

4）一列式布置：当两种高压输电线出线方向相同或基本相同时，两个高压配旦装置采用一列式布置。

2. 其他设施的布置

主变压器的布置一般在各级电压配电装置和调相机或静止补偿装置较为中间的位置，以便于高、中、低压侧引线的就近连接。

静止补偿装置一般临近主变压器低压侧布置，需要考虑电容器容易发生火灾，其间隔墙一般采用防火墙，防火间距不小于10m。

高压并联电抗器及串联补偿装置一般布设在出线侧，位于高压配电装置场地内，高压并联电抗器也可以和主变并列布置，便于运输检修。

主控制楼应该综合考虑人员运行检修、相对场地的视野、至场地的距离、受噪声影响、朝向及通风条件等来设计。当高压配电装置的布置方式为双列时，控制楼应布置于配电装置的中间、靠近前区；为L型时，控制楼应布置于缺角位置；为Π型时，宜布置于缺口上；为一列式时，宜平行布置于配电装置的中间位置。

通信楼、值班休息室、检修材料间等最好和控制楼联合成一座建筑。

3. 风电场升压变电站电工建筑物总布局

高压配电装置占地面积一般为变电所的50%~70%，大部分电气设备集中于比，也是巡视、操作和检修的主要对象，因此高压配电装置的布置决定了总布局的基本格局。高压配电装置的位置和朝向，主要取决于对应的高压出线的方位，避免各级电压架空线出现的交叉。以此为基础，再结合主变压器、调相机、静止补偿设备的布置，并注意总平面的整体性。

风电场中的升压变电站由于电压等级较少,多为 10 ~ 35kV/110kV,因此多采用双列式布置,此外根据实际情况也可采用Ⅱ型布置或一列式布置。图 6-16 给出了采用双列布置的某变电站的总平面布置图。

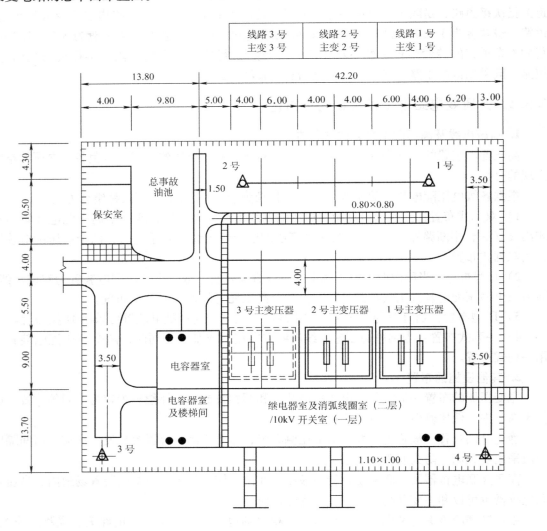

图 6-16　采用双列布置的某变电站的总平面布置图

习　题

1. 举例说明你身边的配电装置。

2. 某市区商业中心需要新建 110kV/10kV 变电站,拟采取主变压器两台,请初步设计其接线形式及配电装置类型,做出相关间隔平面图及断面图。

3. 某风电场升压站设置有两台主变压器,110kV 侧采用两回出线,单母线分段;10kV 侧采用 8 回进线,单母线分段,请设计该站的配电装置。

第 7 章　风电场的防雷和接地

关键术语：

雷电，雷击，雷电防护（防雷），避雷针，避雷网，避雷带，避雷器，接地，接地电阻，接触电压，跨步电压。

知识要点：

重要性	能力要求	知 识 点
★★	了解	雷电的形成机理和雷电的危害
★★★★	理解	雷电的一般防护方法
★★★★	理解 分析	接地的基本概念，包括接地电阻、接触电压、跨步电压等
★★★	理解	接地的意义和作用
★★★★	理解	接地的设计要求
★★★	了解	风电机组的防雷保护
★★★★	理解	集电线路和升压变电站的防雷保护

预期效果：

通过本章内容的阅读，应能了解雷电的形成机理和雷电的危害，知悉雷电防护的一般方法；应能理解接地的意义和作用，对接触电压和跨步电压等重要概念有正确的理解和认知，并掌握接地的一般设计要求；应能全面了解风电场发电机组、集电线路和升压站的防雷保护措施。本章的内容，有助于读者了解风电场电气设备安全方面的知识和解决办法，提高安全生产的意识。

雷电会对地面电气设备、建筑物等造成严重威胁。在雷云放电时，被击物中流过的雷电冲击电流，其幅值高达几百千安，该电流产生巨大的电磁效应、机械力效应和热效应，导致被击物体损坏；直接雷击及雷电感应产生的过电压冲击波幅值高达几百千伏，沿输电线路流动，侵入发电厂或变电站内，使发电机、变压器等重要电气设备遭受破坏，严重时还危及人们的生命安全。因此，雷电防护是风电场建设必须考虑的问题。

利用接地极把故障电流或雷电流快速自如地泄放进大地中，以达到保护人身安全和电气设备安全的目的，是电气系统保护的重要内容。本章将对风电场的接地问题进行详细讨论。

7.1　雷电的产生机理、危害及防护

7.1.1　雷电的产生机理

1. 雷电的形成

雷云放电是由带电荷的雷云引起的。一般认为雷云是地面上强大的湿热气流上升，进入

稀薄大气层，冷凝成水滴或冰晶形成云。在强烈气流上升穿过云层时，水滴或冰晶因碰撞分裂，有的失去电子，有的得到电子，故而带电。其中轻微的水沫带负电，形成带负电的雷云；大滴的水珠带正电，凝聚成雨下降，或悬浮在云中，形成局部带正电的区域。在雷云的底部大多带负电荷，它在地面上又会感应大量的正电荷。这样，在带有不同极性与不同数量电荷的雷云之间，或者雷云与大地之间就形成了强大的电场，其电位差可达数兆伏其至数十兆伏。于是，当空间电场强度随着雷云的发展和运动而增强，并超过大气游离放电的临界强度时，就发生雷云之间或雷云与大地之间的火花放电。放出几十千安甚至几百千安的电流，并伴随有强烈的光和热，使其周围空气急剧膨胀，并发出轰鸣，这就是人们所见与所闻的闪电和雷鸣，统称为雷电。简而言之，雷电是雷云间或雷云与地面物体间的放电现象。

经验表明，对地放电的雷云绝大部分带负电荷，所以雷电流的极性也为负的。雷云对地放电的基本过程可用图 7-1 来描述。

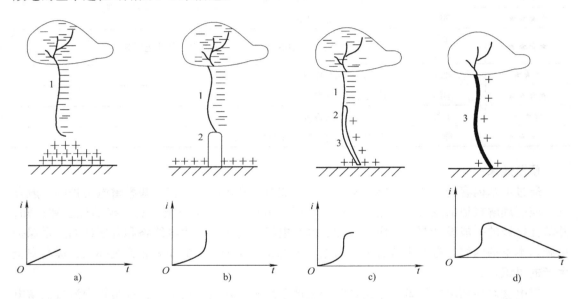

图 7-1　雷电放电的基本过程
1—先导放电通道　2—强游离区　3—主放电通道

雷云中的负电荷随雷云的发展逐渐聚积，并在附近地面感应出正电荷。在雷云与大地之间局部电场强度大于大气游离临界强度时，就产生局部放电通道，由雷云边缘向大地发展，此即为先导放电。

先导放电通道中充满了负电荷，并向地面延伸，与此同时，地面上感应出的正电荷也逐渐增多，如图 7-1a 所示。

当先导通道发展到靠近地面，由于局部空间电场强度增强，在地面突起处出现正极性电荷形成的迎雷先导，并向天空发展。当先导放电与迎雷先导相遇后，因大气强烈游离，在通道端形成高密度的等离子区，并由下而上迅速传播，产生一条高导电率的等离子通道，从而使先导通道中的负电荷以及雷云中的负电荷与大地感应出的正电荷迅速中和，这个过程称为主放电过程，如图 7-1b、c、d 所示。

先导放电及主放电阶段的雷电流变化状况也表示在图 7-1 中。先导放电发展较慢，平均

速度约为 $1.5 \times 10^5 \mathrm{m/s}$，电流约数百安；主放电发展很快，速度约为 $2 \times 10^7 \sim 1.5 \times 10^8 \mathrm{m/s}$，出现较强的脉冲电流，数值约达几十 kA 甚至 200~300kA。

以上所述为带负电荷的雷云对地放电的基本过程，故又称为下行负闪电，如图 7-2 中的 1a 和 1b 所示。若从地面高耸的突起处，如尖塔或山顶，出现由地面向云中负电荷区域发展的正先导放电，则称为上行负闪电，如图 7-2 中的 2a 和 2b 所示。

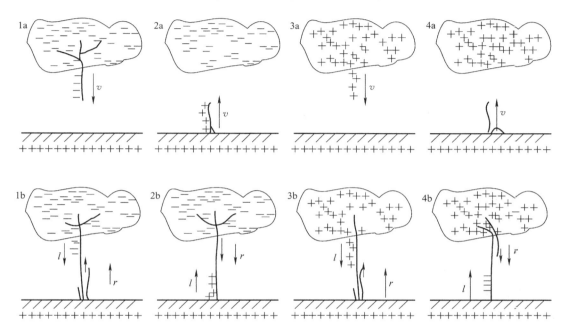

图 7-2 雷电放电类型
l— 先导　r— 主放电　v— 发展方向

与上述两种情况类似，带正电荷的雷云对地面放电可能是下行正闪，或者为上行正闪，此情况分别如图 7-2 中 3a、3b 及 4a、4b 所示。

不难看出，主放电过程是逆着先导通道发展方向产生的。

另外，通过雷电观测，还发现先导放电并非一次性贯通全部空间，而是间歇的脉冲发展，称为分级先导。每次间歇的时间约几十微秒。人们观察到的一次闪电，实际包含很多次先导-主放电的重复过程，平均为 2~3 次，最多的有 40 余次。实际观测表明，第二次及以后的冲击放电，先导阶段均很短，而冲击放电电流的幅值以第一次的最大，第二次及以后的电流幅值均较小些。

2. 雷电的类型

雷电有几种常见类型。

1) 直击雷：雷云直接对建筑物或地面上的其他物体放电的现象。

2) 感应雷：包括静电感应雷和电磁感应雷两类。

① 静电感应雷。静电感应是由于雷云接近地面，在地面凸出物顶部感应出大量异性电荷所致。在雷云与其他部位放电后，凸出物顶部的电荷失去束缚，以雷电波形式，沿凸出物极快地传播。

② 电磁感应雷。电磁感应是由于雷击后，巨大雷电流在周围空间产生迅速变化的强大磁场所致。这种磁场能在附近的金属导体上感应出很高的电压，造成对物体的二次放电，从而损坏电气设备。

3）球形雷：是一种球形的发红光或极亮白光的火球。能从门、窗、烟囱等通道侵入室内，极其危险。

7.1.2 雷电的危害

大多数雷云放电是发生在雷云之间，并且对地面没有直接影响。而雷云对地放电虽然占的比例不大，但一旦发生，就有可能带来较严重的危害。

1. 直击雷的危害

雷云放电时，引起很大的雷电流，可达几百千安，从而产生极大的破坏作用。雷电流通过被雷击物体时，产生大量的热量，使物体燃烧。被击物体内的水分由于突然受热而急骤膨胀，还可能使被击物劈裂。所以当雷云向地面放电时，常常发生房屋倒塌、损坏或者引起火灾，造成人畜伤亡。

2. 感应雷的危害

雷电感应是雷电的第二次作用，即雷电流产生的电磁效应和静电效应作用。雷云在建筑物和架空线路上空形成很强的电场，在建筑物和架空线路上便会感应出与雷云电荷相反的电荷（称为束缚电荷）。在雷云向其他地方放电后，云与大地之间的电场突然消失，但聚集在建筑物的顶部或架空线路上的电荷不能很快全部泄入大地，残留下来的大量电荷，相互排斥而产生强大的能量使建筑物震裂。同时，残留电荷形成的高电位，往往造成屋内电线、金属管道和大型金属设备放电，击穿电气绝缘层或引起火灾、爆炸。

7.1.3 雷电的一般防护

1. 避雷针

避雷针是防止直接雷击的有效装置。它的作用是将雷电吸引到自身并泄放入大地中，从而保护其附近的建筑物和电气设备等免遭雷击。

避雷针是由接闪器、支持构架、引下线和接地体四部分构成。

避雷针的保护原理是：当雷云中的先导放电向地面发展，距离地面一定高度时，避雷针能使先导通道所产生的电场发生畸变，如图 7-3 所示。此时，最大电场强度的方向将出现在从雷电先导到避雷针顶端（接闪器）的连线上，致使雷云中的电荷被吸引到避雷针，并安全泄放入地。

避雷针使雷云先导放电电场畸变的范围（即高度）是有限的。当雷电先导刚开始形成时，避雷针不能影响它的发展路径，如图 7-3a 所示，只有当雷电先导通道发展到离地面一定高度 H（称定向高度）时，地面上的避雷针才可能影响雷电先导的发展方向，如图 7-3b 所示，使雷电先导通道沿着电场强度最大的方向击向避雷针。这个雷电定向高度 H 与避雷针高度 h 有关，根据模拟实验，$h \leqslant 30\mathrm{m}$ 时，$H \approx 20h$；

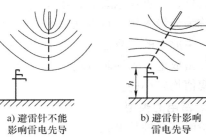

图 7-3 接地物体对雷电先导发展的影响
a) 避雷针不能影响雷电先导
b) 避雷针影响雷电先导

$h > 30\text{m}$ 时，$H \approx 600h$。由于绝大多数的雷云都在离地面 300m 以上，故避雷针的保护范围是根据室内人工雷电冲击电压下的模拟实验研究确定的，并经过多年的运行实践检验。所谓保护范围是指被保护物体在此空间范围内不致遭受直接雷击的概率为 99.9%（即屏蔽失效率或绕击率为 0.1%），也就是说并不是绝对保险的。

2. 避雷线

避雷线是由悬挂在被保护物上空的镀锌钢绞线（接闪器）、接地引下线和接地体组成。

避雷线的保护原理与避雷针基本相同，但因其对雷云与大地之间电场畸变的影响比避雷针小，所以避雷线的引雷作用和保护宽度也比避雷针小。

避雷线主要用于输电线路的防雷保护。但近年来也用于保护发电厂和变电站（所），如有的国家采用避雷线构成架空地网保护 500kV 变电站。

3. 避雷器

避雷器是用来限制沿线路侵入的雷电过电压（或因操作引起的内过电压）的一种保护设备。避雷器的保护原理与避雷针（或避雷线、带、网）不同。避雷器实质上是一种放电器，把它与被保护设备并联，并连接在被保护设备的电源侧，如图 7-4 所示。一旦沿线路侵入的雷电过电压作用在避雷器上，并超过其放电电压值，则避雷器立刻先行放电，从而限制了雷电过电压的发展，保护了与其并联的电气设备免遭过电压击穿绝缘的危险。

为了使避雷器能够达到预想的保护效果，必须满足如下两点基本要求：①具有良好的伏秒特性，以实现与被保护电气设备绝缘的合理配合；②间隙绝缘强度自恢复能力要好，以便快速切断工频续流，保证电力系统继续正常运行。

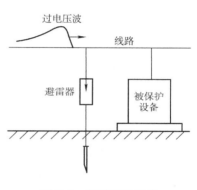

图 7-4 避雷器的连接

当避雷器动作（放电）将强大的雷电流引入大地之后，由于系统还有工频电压的作用，避雷器中将流过工频短路电流，此电流称为工频续流，通常以电弧放电的形式存在。若工频电弧不能很快熄灭，继电保护装置就会动作，使供电中断。所以，避雷器应在过电压作用过后，能迅速切断工频续流，使电力系统恢复正常运行，避免供电中断。

目前使用的避雷器主要有四种类型：保护间隙避雷器、排气式避雷器、阀型避雷器和氧化锌避雷器。保护间隙避雷器和排气式避雷器主要用于发电厂、变电站的进线保护段、线路的绝缘弱点、交叉档或大跨越档杆塔的保护。阀型避雷器和氧化锌避雷器用于配电系统、发电厂、变电站的防雷保护。

4. 避雷带和避雷网

根据长期经验证明，雷击建筑物有一定规律，最可能遭到雷击的地方是屋脊、屋檐及房屋两侧的山墙；若为平顶屋面，则为屋顶四边缘及四角处，所以在建筑物的这些容易受雷击的部位安装避雷带（即接闪器），并通过接地引下线与埋入地中的接地体相连，就能起到防雷保护的效果。采用避雷带保护时，屋面上任何一点距避雷带的距离不应大于 10m。若屋顶面宽度超过 20m 时，应增加避雷带或用避雷带纵横连接构成避雷网，则保护效果会更好。

避雷带多采用截面不小于 $12\text{mm} \times 4\text{mm}$ 的镀锌扁钢或直径不小于 8mm 的镀锌圆钢。而由避雷带构成的避雷网，其网络尺寸有 $\leqslant 5\text{m} \times 5\text{m}$（或 $6\text{m} \times 4\text{m}$）、$\leqslant 10\text{m} \times 10\text{m}$（或 $12\text{m} \times$

8m）及≤12m×20m（或24m×16m）几种。对于钢筋混凝土建筑物也可利用建筑物自身各部分混凝土内的钢筋，按防雷保护规范要求相互连接构成其防雷装置。

避雷带、避雷网与避雷针及避雷线一样可用于直击雷防护。

5. 接地装置

接地就是把设备与电位参照点的地球作电气上的连接，使其对地保持一个低的电位差。其办法是在大地表面中埋设金属电极，这种埋入地中并直接与大地接触的金属导体，叫作接地体，也称为接地装置。

针对防雷保护装置的需要而设置的接地称为防雷接地。其作用是使雷电流顺利入地，减小雷电流通过时的电位升高。

7.2 接地的原理、意义及措施

7.2.1 接地的基本原理

1. 接地的基本概念

（1）接地的定义

在电力系统中，接地通常指的是接大地，即将电力系统或设备的某一金属部分经金属接地线连接到接地电极上，称为接地。

电力系统中的接地，通常是指中性点或相线上某点的金属部分。而电气设备的接地通常情况下是指不带电的金属导体（一般为金属外壳或底座）。此外，不属于电气设备的导体即电气设备外的导体，例如，金属水管、风管、输油管及建筑物的金属构件经金属接地线与接地电极相连接，也称为接地。

接地的目的主要是防止人身触电伤亡，保证电力系统正常运行，保护输电线路和变配电设备以及用电设备绝缘免遭损坏；预防火灾、防止雷击损坏设备和防止静电放电的危害等。

接地的作用主要是利用接地极把故障电流或雷电流快速自如地泄放进大地中，以达到保护人身安全和电气设备安全的目的。

（2）接地电阻及对地电压

大地并非理想的导体，它具有一定的电阻率，所以当外界强制施加给大地内部某一电流时，大地就不能保持等电位。流进大地的电流经过接地线、接地体注入大地后，以电流场的形式向周围远处扩散。接地装置对地电位分布曲线如图 7-5 所示。

设接地装置（接地体）为一半径为 r_0 的半球体（图 7-5 中阴影以下部分），并认为接地体周围土质均匀，其电阻率为 ρ。当电流 I_d 经接地体注入地中时，电流 I_d 将从半球表面均匀地散流出去，在接地半球表面上的电流密度为

$$\delta_0 = \frac{I_d}{2\pi r_0^2} \tag{7-1}$$

在距半球球心为 x 的球面上，电流密度为

$$\delta_x = \frac{I_d}{2\pi x^2} \tag{7-2}$$

于是，大地中呈现出相应的电场分布，其电场强度为

$$E_x = \delta_x \rho \quad (7\text{-}3)$$

在地中沿电流散流方向，在 dx 段内的电压降落为

$$dU_x = E_x dx = \delta_x \rho dx = \frac{I_d \rho}{2\pi x^2} dx \quad (7\text{-}4)$$

所以，在距离球心为 x 的球面上的电位为

$$U_x = \int_{r_x}^{\infty} dU_x = \int_{r_x}^{\infty} \frac{I_d \rho}{2\pi x^2} dx = \frac{I_d \rho}{2\pi r_x} \quad (7\text{-}5)$$

而在半球接地体表面上的电位应为

$$U_d = \frac{I_d \rho}{2\pi r_0} \quad (7\text{-}6)$$

可见，距离接地体（即电流注入点）越远，电流密度越小，电场强度越弱，电位越低。若在相当远处（一般距球心 20m 以外），地中电流密度很小（可近似为零），电场强度可视为零，则该处的电位仍保持为零电位。从球心到无限远处（实际上为 20m 范围内），地面上电位分布情况如图 7-5 所示。其中接地线、接地体上的电位最高。

根据欧姆定律，土壤在散流电流时的散流电阻微分表达式可写为

$$dR_d = \rho \frac{dr}{2\pi r^2} \quad (7\text{-}7)$$

故接地装置的散流电阻应为

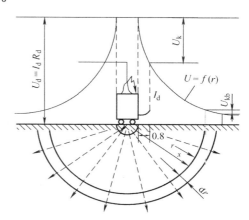

图 7-5 接地装置对地电位分布曲线

$$R_d = \int_{r_0}^{\infty} dR_d = \int_{r_0}^{\infty} \frac{\rho}{2\pi r^2} dr = \frac{\rho}{2\pi r_0} \quad (7\text{-}8)$$

由式（7-6）或式（7-8）可得

$$U_d = \frac{\rho I_d}{2\pi r_0} = R_d I_d \quad (7\text{-}9)$$

或

$$R_d = \frac{U_d}{I_d} \quad (7\text{-}10)$$

式中，U_d 为接地装置对地电压（V），它等于入地电流与接地装置对地电阻的乘积；R_d 为接地装置对地电阻，又称接地电阻，即接地装置对地电压与入地电流之比（Ω）。它包括接地线、接地体的电阻以及接地体与土壤间的过渡电阻和大地的散流电阻。前两者较小，可忽略不计，主要是大地的散流电阻。故接地电阻与土壤的电阻率 ρ 成正比，与接地体的半径 r_0 成反比。一般情况下，接地装置的结构形式均较复杂，接地电阻实际上是与接地装置的形式有关。

（3）接触电压和跨步电压

正常情况下都要求电气设备外露导电部分和接地装置相连接（即接 PE 线或 PEN 线），使电气设备金属外壳保持和大地同为零电位。但如果电气设备中某一相的绝缘损坏，设备外壳带电，则有接地电流 I_d 经过设备外壳入地（如图 7-5 所示），于是在接地装置周围地面上

就有对地电位分布$[U=f(r_x)]$，而且电气设备金属外壳、接地线和接地体的对地电位最高，即 $U_d = \rho I_d/(2\pi r_0)$。

倘若此时有人站在该设备面前（设距离设备外壳 0.8m），而手触及带电的设备外壳，由于手接触的电位为 U_d，而身体站立处的电位为 $U_1 = f(r_x) = \dfrac{\rho I_d}{2\pi(r_0+0.8)}$。

所以，施加在人体上的电压为

$$U_{jc} = U_d - U_1 \tag{7-11}$$

式中，U_{jc} 为接触电压，即当电气设备绝缘损坏外壳带电时，有可能施加于人体的电压。

为保证人身安全，接触电压在任何情况下都不允许超过安全电压（≤50V）。

若此时有人向设备走来，虽然并未触及该设备，但由于人在跨步过程中，两只脚所处的位置不同（人的跨距取 0.8m，牲畜取 1m），假设前脚电位为 U_2，后脚电位为 U_3，则施加在人体上的电压为

$$U_{kb} = U_2 - U_3 \tag{7-12}$$

式中，U_{kb} 为跨步电压。跨步电压同样不允许超过安全电压（≤50V）。

由图 7-5 可知，对地电位分布曲线 $U=f(r_x)$ 越陡，接触电压和跨步电压越高，对人身等的危险越大；反之，对电位分布曲线较平缓，接触电压和跨步电压较低，危险性降低，安全性提高。所以，接地装置设计时，应设法降低电位分布曲线陡度，使其变化平缓。采取的方法有埋设均压带、降低接地电阻 R_d 和做接地均压网。

2. 接地计算的基本原理

（1）工频接地电阻

对电力系统中的工作接地和保护接地，接地电阻是指工频交流（或直流）电流流过接地装置时所呈现的电阻，所以称为工频（或直流）接地电阻。

根据接地电阻定义式，冲击接地电阻应为 $R_{ch} = U_m/I_m$（峰值电压与峰值电流之比），但在此表达式中，接地体上最大电压 U_m 出现的时刻，不一定是最大电流出现的时刻（因电感作用，U_m 出现在 I_m 之前），所以 R_{ch} 的表达式没有实际的物理意义。但可以从已知的 R_{ch} 值和某一雷电流幅值 I_m，获知接地体上可能出现的最大电压 U_m 约为多少，这是防雷设计所关心的问题。

（2）冲击接地电阻和冲击系数

工程上通常是测量工频（或直流）接地电阻，并用冲击系数 α 来表示冲击接地电阻与工频接地电阻的关系，即

$$\alpha = \dfrac{R_{ch}}{R_d} \quad \text{或者} \quad R_{ch} = \alpha R_d \tag{7-13}$$

冲击系数 α 一般用实验方法求得，在缺乏准确数据时，对集中的人工接地体或自然接地体的冲击系数，也可按下式计算：

$$\alpha = \dfrac{1}{0.9 + \dfrac{\beta(I\rho)^m}{l^{1.2}}} \tag{7-14}$$

式中，I 为冲击电流幅值（kA）；ρ 为土壤电阻率（kΩ·m）；l 为垂直接地体或水平接地体长度，或环形闭合接地体的直径，或方形闭合接地体的边长（m）；β 及 m 为与接地体形状

有关的系数，对垂直接地体 $\beta = 0.9$、$m = 0.8$，对水平及闭合接地体 $\beta = 2.2$、$m = 0.9$。

在适用范围内，式（7-14）的计算误差一般在 10% 以内。

由 n 根接地体并联构成的复合接地体的冲击接地电阻 $R_{ch \cdot n}$，也可以由单个接地体的冲击接地电阻 R_{ch} 和冲击利用系数 η_{ch} 按下式求得：

$$R_{ch \cdot n} = \frac{R_{ch}}{n \eta_{ch}} \tag{7-15}$$

式中，η_{ch} 为冲击利用系数，它是考虑各个接地体之间互相屏蔽，使冲击电流流散条件变坏的影响系数，通常也可以取工频利用系数 η 的 90%，对于拉线棒和拉线盘之间以及杆塔的各基础之间，取 η 的 70%。

（3）大地的导电特性及其电阻率

1）大地的导电特性。接地电流在地中的分布情况除了与电流的频率有关外，还和大地的导电特性有关。

大地的导电方式有两种：一种是电子导电，地下如果有导体或半导体，像金属矿物质等，就会形成电子导电。但是，大地导电主要是离子导电，土壤中的各种无机盐、酸、碱电解后产生的离子导电。由于各类无机盐或盐酸必须在有水的条件下才能电离为导电离子，所以土壤电阻率的大小，主要还取决于土壤中导电离子浓度和土壤的含水量多少。土壤中含导电离子浓度越高，导电性越好，电阻率越小；反之，电阻率就越大。同时，土壤越潮湿，含水量越多，导电性越好，电阻率越小；反之，电阻率越大。

通过接地体流入地中的总电流是由传导电流和位移电流两部分组成的。地是导体或是半导体，还是电解质，取决于地中同一点的传导电流密度和位移电流密度的比值。

当接地电流频率 $f < 1000\text{Hz}$，土壤电阻率 $\rho < 10^5 \Omega \cdot m$ 的情况下，大地基本上为导体。对工频接地，接地电流主要是传导电流，即视大地为导体。而在冲击接地时，对一般电阻率地区，也只考虑传导电流的作用，但在电阻率很高的地区，就需要考虑位移电流的影响了。

2）大地的电阻率。土壤电阻率是接地工程计算中常用的参数，它的大小直接影响接地装置对地电阻的大小，以及接地网的地面电位分布和跨步电压、设备的接触电压的大小。所以，了解土壤电阻率的特点并掌握其测量技术，对于接地装置的设计很重要。

大地电阻率的变化范围很大，小到十几欧姆·米，大到上万欧姆·米。

大多数岩石、矿物和黏土在干燥状态下都是绝缘体，它们的电阻率主要取决于其含水量、电解溶液的性质和浓度，具有的是离子导电性能，故其电阻率随温度升高而减少。

沙质土壤和黏土相比，黏土的透水性差，孔隙中的水分不易流动，因而溶解并聚积了大量的盐分，所以黏土的电阻率比沙质土的电阻率低。

土壤的致密程度对电阻率的影响也较大，像黏土在其他情况相同时，若单位压力增大，则电阻率下降。由此可见，埋设接地装置时，回填土一定要夯实。

多年冻土的电阻率极高，可达未冻前土壤电阻率的数十倍。因此在多年冻土分布地区埋设接地装置时，可利用局部没有冻土的融区（如大河河床和湖泊中，温泉周围及采暖的建筑物下等），以减少接地电阻。

土壤电阻率有各向异性的特征。沿层理方向的电阻率 ρ_t 小于沿垂直层理方向的电阻率 ρ_n。将 ρ_n 和 ρ_t 的平方根之比，即 $\lambda = \sqrt{\rho_n}/\sqrt{\rho_t}$，称为各向异性系数。一般情况下，应以现场测量数值为依据，再按下式计算：

$$\rho = \rho_0 \Psi \tag{7-16}$$

式中，ρ_0 为现场所测量的土壤电阻率（$\Omega \cdot m$）；Ψ 为考虑季节变化对土壤电阻率影响的季节系数，其取值参见表 7-1。

表 7-1　接地装置的季节系数 Ψ 值

埋深/m	水平接地体	长 2～3m 垂直接地体
0.5	1.4～1.8	1.2～1.4
0.8～1	1.25～1.45	1.15～1.3
2.5～3.0	1.0～1.1	1.0～1.1

在现场通过简单接地体测得的季节系数，并不适用于大型接地网，因为在接地网面积很大时，入地电流分布范围很大，它的接地电阻不像简单接地体那样取决于地表浅层的电阻率，而是在很大程度上取决于地层深处的电阻率。因此大型接地网的季节系数比简单接地体的季节系数小得多。从表 7-1 可以看出，接地体埋得越深，接地电阻值受季节的影响越小。所以应将接地体尽可能深埋，一般最小也要距离地面 0.6～0.8m。

7.2.2　接地的意义

1. 功能性接地

（1）工作接地

为保证电力系统的正常运行，在电力系统的适当地点进行的接地，称为工作接地。在交流系统中，适当的接地点一般为电气设备，例如变压器的中性点；在直流系统中还包括相线接地。

（2）逻辑接地

电子设备为了获得稳定的参考电位，将电子设备中的适当金属部件，如金属底座等作为参考零电位，把需要获得零电位的电子器件接于该金属部件上，如金属底座等，这种接地称为逻辑接地。该方式基准电位不一定与大地相连接，所以它不一定是大地的零电位。

（3）信号接地

为保证信号具有稳定的基准电位而设置的接地，称为信号接地。

（4）屏蔽接地

将设备的金属外壳或金属网接地，以保护金属壳内或金属网内的电子设备不受外部的电磁干扰；或者使金属壳内或金属网内的电子设备不对外部电子设备引起干扰，这种接地称为屏蔽接地。法拉第笼就是最好的屏蔽设备。

2. 保护性接地

（1）保护接地

为防止电气设备绝缘损坏而使人身遭受触电危险，将于电气设备绝缘的金属外壳或构架与接地极做良好的连接，称为保护接地。接低压保护线（PE 线）或保护中性线（PEN 线），也称为保护接地。停电检修时所采取的临时接地，也属于保护接地。

（2）防雷接地

将雷电流导入大地，防止雷电伤人和财产受到损失而采用的接地，称为防雷接地。

(3) 防静电接地

将静电荷引入大地,防止由于静电积累对人体和设备受到损伤的接地,称为防静电接地。油罐汽车后面拖地的铁链子也属于防静电接地。

(4) 防电腐蚀接地

在地下埋设金属体作为牺牲阳极以保护与之连接的金属体,如输油金属管道等,称为防电腐蚀接地。牺牲阳极保护阴极的称为阴极保护。

7.2.3 接地的一般要求

设置接地装置的目的,一是保证人身安全,二是保证电气设备安全。为保证人身和电气设备的安全,接地网的电位、接触电位差、跨步电位差三者都必须控制在允许值的范围之内。

1. 接地网设计的基本要求

1) 为保证交流电网正常运行和故障时的人身及设备安全,电气设备及设施宜接地或接中性线,并做到因地制宜、安全可靠、经济合理。

2) 不同用途和不同电压的电气设备,除另有规定外,应使用一个总的接地系统,接地电阻应符合其中最小值的要求。

3) 接地装置应充分利用直接埋入水下和土壤中的各种自然接地体接地,并校验其热稳定。

4) 当电站接地电阻难以满足运行要求时,可根据技术经济比较,因地制宜采用水下接地、引外接地、深埋接地等接地方式,并加以分流、均压和隔离等措施。对小面积接地网和集中接地装置可采用人工降阻的方式降低接地电阻。

5) 接地设计应考虑土壤干燥或冻结等季节变化的影响,接地电阻在四季中均应符合设计值的要求。防雷装置的接地电阻,可只考虑雷季中土壤干燥状态的影响。

6) 初期发电时,应根据电网实际的短路电流和所形成的接地系统,校核初期发电时的接触电位差、跨步电位差和转移电位。当上述参数不满足安全要求时,应采取及时措施,保证初期发电时期电站的安全运行。

7) 工作接地及要求:

有效接地系统中,自耦变压器和需要接地的电力变压器中性点、线路并联电抗器中性点、电压互感器、接地开关等设备应按照系统需要进行接地。

不接地系统中,消弧线圈接地端、接地变压器接地端和绝缘监视电压互感器一次侧中性点需要直接接地。

中性点有效接地的系统,应装设能迅速自动切除接地短路故障的保护装置。中性点不接地的系统,应装设能迅速反应接地故障的信号装置,也可装设自动切除的装置。

8) 保护接地及要求。

电力设备下列金属部件,除非另有规定,均应接地或接中性线(保护线):

① 电机、变压器、电抗器、携带式及移动式用电器具等底座和外壳。

② SF_6 全封闭组合电器(GIS)与大电流封闭母线外壳以及电气设备箱、柜的金属外壳。

③ 电力设备传动装置。

④ 互感器的二次绕组。
⑤ 配电、控制保护屏（柜、箱）及操作台等的金属框架。
⑥ 屋内配电装置的金属构架和钢筋混凝土构架，以及靠近带电部分的金属围栏和金属门、窗。
⑦ 交、直流电力电缆桥架、接线盒、终端盒的外壳、电缆的屏蔽铠装外皮、穿线的钢管等。
⑧ 装有避雷线的电力线路杆塔。
⑨ 在非沥青地面的居民区内，无避雷线非直接接地系统架空电力线路的金属杆塔和钢筋混凝土的杆塔。
⑩ 铠装控制电缆的外皮、非铠装或非金属护套电缆的1~2根屏蔽芯线。

电力设备的下列金属部分，除非另有规定，可不接地或不接中性线（保护线）：
① 在木质、沥青等不良导电地面的干燥房间内，交流额定电压380V及以下的电力设备外壳。但当维护人员可能同时触及设备外壳和接地物体时除外。
② 在干燥场所，交流额定电压127V及以下，直流额定电压110V及以下的电力设备外壳，但爆炸危险场所除外。
③ 安装在配电屏、控制屏和配电装置上的电气测量仪表、继电器和其他低压电气等的外壳，以及当发生绝缘损坏时，在支持物上不会引起危险电压的绝缘子金属底座等。
④ 安装在已接地的金属构架上的设备（应保证电气接触良好），如套管等。
⑤ 标称电压220V及以下的蓄电池室内的支架。
⑥ 已与接地的底座之间有可靠电气接触的电动机和其他电器的金属外壳。

在中性点直接接地的低压电力系统中，电力设备的外壳和底座宜采用接地或中性线（或保护线）保护：
① 对于用电设备较少、分散，且又无接地线的地方，宜采用接中性线保护。接中性线保护有困难，而土壤电阻率较低时，可采用直接埋设接地体进行接地保护。
② 当低压电力设备的机座或金属外壳与接地网可靠连接后，允许不按接中性线保护的要求作短路验算。
③ 由同一台发电机、变压器或同一段母线供电的低压线路，不宜采用接中性线、接地两种保护方式。
④ 在低压电力系统中，全部采用接地保护时，应装设能自动切除接地故障的继电保护装置。

9) 防雷接地及要求。
所有设有避雷针、避雷线的构架、微波塔均应设置集中接地装置。
避雷器宜设置集中接地，其接地线应以最短的距离与接地网相连。
独立避雷针（线）应设独立的集中接地装置，接地电阻不宜超过10Ω。在高土壤电阻率地区，当要求做到的10Ω确有困难时，允许采用较高的数值，并应将该装置与主接地网连接，但从避雷针与主接地网的地下连接点到35kV以下电气设备与主接地网的地下连接点，沿接地体的长度不得小于15m。避雷针（线）到被保护设施的空气中距离和地中距离还应符合防止避雷针（线）对被保护设备反击的要求。
独立避雷针（线）不应设在人经常通行的地方。避雷针（线）及其接地装置与道路或入口等的距离不宜小于3m,否则应采取均压措施,铺设砾石或沥青地面。

设计接地网时接触电位差、跨步电位差和接地电阻是重要的三大电气安全指标。一般来说,所设计的接地网满足这三个电气指标就可以认为地网的设计是合格的。此外,还有个附加指标,就是地网导体应满足发热条件的要求。

2. 接触电位差和跨步电位差的设计标准

设计接地网时接触电位差和跨步电位差的允许值按下面的方法确定。

(1) 均匀土壤的情况

1) 在110kV及以上有效接地系统和6~35kV低电阻接地系统发生单相接地或同点两相接地时,发电厂、变电站接地装置的接触电位差和跨步电位差不应超过下式计算值:

$$E_t = (174 + 0.17\rho_s)/\sqrt{t} \quad (7-17)$$

$$E_s = (174 + 0.7\rho_s)/\sqrt{t} \quad (7-18)$$

式中,E_t 为接触电位差,E_s 为跨步电位差(V);ρ_s 为人脚站立处地表面的土壤电阻率($\Omega \cdot m$);t 为接地短路(故障)电流的持续时间(s)。

2) 3~66kV不接地、经消弧线圈接地和高电阻接地系统,发生单相短路故障后,当不迅速切除故障时,发电厂、变电站接地装置的接触电位差和跨步电位差不应超过下式计算值:

$$E_t = 50 + 0.05\rho_s \quad (7-19)$$

$$E_s = 50 + 0.2\rho_s \quad (7-20)$$

在恶劣的场所,如水田中,E_t 和 E_s 应适当降低。

(2) 采用高电阻率路面层的情况

在某些情况下,由于地表土壤电阻率较低,对实际杆塔或接地装置计算出的最大接触与跨步电压差超过用上述公式计算的允许接触与跨步电位差,这表明接地装置不满足安全要求。为了节省钢材,可采取的措施之一就是采用高电阻率材料做路面层。其目的是在保证安全电流值不变的条件下,用增大接地电阻的方法来提高接触与跨步电位差的允许标准值。常用的高电阻材料有碎石、砾石、沥青混凝土等。

采用高电阻率路面结构层后,变成两层土壤结构。由于上层电阻率大于下层,因此,人脚接触电阻增大。这时,接地电阻按下式计算:

$$R_g = \frac{\rho_s}{4r_g}C = \frac{\rho_s}{4 \times 0.08}C = 3C\rho_s \quad (7-21)$$

$$C = 1 + 2r_g \sum_{n=1}^{\infty} \frac{K^n}{\sqrt{r_g^2 + (2nH)^2}} \quad (7-22)$$

式中,R_g 为铺设高电阻路面层是人一只脚的接地电阻(Ω);r_g 为一只脚的等值圆板的半径(m);ρ_s 为高电阻率路面层(上层)的土壤电阻率($\Omega \cdot m$);H 为高电阻率路面层的厚度(m);K 为反射系数,$K = (\rho - \rho_s)/(\rho + \rho_s)$,因 $\rho_s > \rho$,故有 $K < 0$;C 为高电阻层影响系数。

工程实用中可用下式近似计算 C:

$$C = 1 + \frac{K}{2H + \chi}(1 - \frac{\rho}{\rho_s}) \quad (7-23)$$

式中,χ 为常数,$\chi = 0.09m$。

当 $K=0\sim0.98$ 且 $H=0\sim0.3\mathrm{m}$ 时,式（7-23）的计算误差小于5%。当 $H>0.3\mathrm{m}$ 时,C 应按式（7-22）计算。

采用高阻路面层后,接触电压和跨步电压差允许值提高,并按下列方法确定。

1) 110kV 及以上有效接地系统和 6~35kV 低电阻系统。

$$中国标准 \quad E_t = (174 + 0.17\rho_s C)/\sqrt{t} \tag{7-24}$$

$$E_s = (174 + 0.7\rho_s C)/\sqrt{t} \tag{7-25}$$

$$美国标准 \quad E_t = (116 + 0.17\rho_s C)/\sqrt{t} \tag{7-26}$$

$$E_s = (116 + 0.7\rho_s C)/\sqrt{t} \tag{7-27}$$

2) 3~66kV 不接地、经消弧线圈接地和高电阻接地系统。

$$中国标准 \quad E_t = 50 + 0.05\rho_s C \tag{7-28}$$

$$E_s = 50 + 0.2\rho_s C \tag{7-29}$$

系数 C 可由式（7-23）计算。

3. 接地电阻的设计标准

为保证人身和电气设备的安全,接地装置的接地电阻应满足规程规定的允许值范围。

(1) 电力设备的接地电阻允许值

1) 电压为1000V以上,中性点直接接地系统中的电气设备。这种系统又称为大接地短路电流系统。在这种系统中,线路电压高、接地电流很大。当发生单相碰壳对地短路时,在接地装置上及其附近所产生的接触电压和跨步电压较高。为确保安全,这种系统的接地电阻应满足

$$R_d \leqslant \frac{2000}{I} \tag{7-30}$$

式中,I 为流经接地装置的入地短路电流（A）；R_d 为考虑到季节变化的最大接地电阻（Ω）。

并且要求当 $I>4000\mathrm{A}$ 时,R_d（电气设备接地电阻）应小于或等于 0.5Ω；若是土壤电阻率很高,R_d 最大不得超过 5Ω。

2) 电压为1000V以上,中性点不接地系统中的电气设备。这种系统通常称为小接地短路电流系统。该系统中,电气设备对地安全电压应该定为多少,要根据高压侧电气设备和低压侧电气设备是否采用共同接地装置而定。如果高压侧电气设备与低压侧电气设备采用共同接地,由于考虑接地的并联回路数很多,对地电压只要不超过安全电压的一倍即可,故采用120V。其接地电阻应满足

$$R_d \leqslant \frac{120}{I} \tag{7-31}$$

并且要求 R_d 不应大于 4Ω。

如果该接地装置仅用于1000V以上的高压侧设备,则对地电压可以比共同接地情况再提高一倍,即取250V。其接地电阻应满足

$$R_d \leqslant \frac{250}{I} \tag{7-32}$$

并且要求 R_d 不应大于 10Ω,但对于高土壤电阻率地区,R_d 允许提高；对发电厂和变电所 $R_d<15\Omega$,其他 $R_d<10\Omega$。

3)电压在 1000V 以下,中性点直接接地系统中的电气设备。这种接地系统中的电气设备的接地电阻不应超过 4Ω(以小于 2Ω 为佳)。由于该系统中的电气设备是实现保护接 PE 线或 PEN 线,故这里的接地电阻实际上是指配电变压器的保护接地电阻。

4)电压在 1000V 以下,中性点不接地系统中的电气设备。在 1000V 以下中性点不接地系统中,发生单相接地短路时,短路电流为系统对地的电容电流,其值较小,最多不超过十几安培。因此对于一般电气设备的接地电阻规定不得超过 4Ω。

若由单台容量或并列运行总容量不超过 100kVA 的变压器或发电机供电时,由于变压器的内阻抗较大,并且供电线路不会很长,所以不可能产生较大的单相接地短路电流,故接地装置的接地电阻不大于 10Ω,该系统在高土壤电阻率地区,R_d 允许提高,但不应超过 30Ω。

(2)架空电力线路杆塔的接地电阻允许值

1)35kV 以上有避雷线的一般线路,当土壤电阻率 $\rho \leq 100\Omega \cdot m$ 以下时,接地电阻不应超过 10Ω;而 $100\Omega \cdot m < \rho < 500\Omega \cdot m$ 时,不应超过 15Ω;$500\Omega \cdot m < \rho \leq 1000\Omega \cdot m$ 时,不应超过 20Ω;$1000\Omega \cdot m < \rho \leq 2000\Omega \cdot m$ 时,不超过 25Ω;$\rho > 2000\Omega \cdot m$ 时,不应超过 30Ω。

2)35kV 及以上小接地短路电流系统中,无避雷线的钢筋混凝土、铁塔及木杆铁横担接地,在年平均雷电日为 40 日以上地区,其接地电阻一般不应超过 30Ω。而对土壤电阻率 $\rho \leq 100\Omega \cdot m$ 地区,钢筋混凝土和铁塔可以不另外做人工接地。

3)3kV 及以上小接地短路电流系统,处于居民区内的钢筋混凝土杆及金属杆塔的接地电阻一般不应超过 10Ω;而小接地短路电流系统中的低压线路钢筋混凝土杆和金属杆塔的接地电阻一般不应超过 50Ω(对低压大电流接地系统的金属杆塔和水泥杆的钢筋以及木杆的铁横担可与零线可靠连接)。

4)低压架空线路零线的每一处重复接地,当并列运行的电气设备总容量 >100kVA 时,其接地电阻不应大于 10Ω;而当并列运行的电气设备总容量 ≤100kVA 时,其接地电阻不应大于 30Ω。重复接地不应少于 3 处。

5)低压进户线绝缘子铁脚的接地电阻,一般不要大于 30Ω,但对土壤电阻率 $\rho \leq 100\Omega \cdot m$ 的地区,其钢筋混凝土杆及金属杆塔可以不另外做人工接地。另外,若在年平均雷电日不超过 30 日的地区,低压线路是处于建筑物屏蔽作用之下,或者进户线距离低压干线的接地点小于 50m 时,进户线绝缘子铁脚可以不接地。

(3)建筑物、构筑物防雷接地工频接地电阻允许值

1)一般建筑物上的独立的或沿旗杆等装设的避雷针、避雷带或避雷线,其接地电阻不应大于 20 ~ 30Ω。

2)人员密集的公共建筑物上独立的或沿旗杆等装设的避雷针、避雷带或避雷线,其接地电阻不应大于 10Ω。

3)在有易燃易爆物的建筑物中,防直击雷、感应雷的接地与电气设备的保护接地相连接,其接地电阻不应大于 10Ω。低压线和通信线进户处绝缘子铁脚接地、保护电缆进线段的阀型避雷器的接地及电缆金属外皮接地连接在一起时,其接地电阻不应大于 10Ω。靠近建筑物的第二和第三根杆塔的绝缘子铁脚接地,接地电阻不应大于 20Ω。

4)年平均雷电日在 30 日以下地区,有易燃易爆物的建、构筑物中,低压线与通信线直接引入,入户处阀型避雷器或保护间隙的接地、进户线绝缘子铁脚接地和电气设备保护接

地相连接在一起，其接地电阻不得大于5Ω。

5）有易燃易爆的建筑物，对架空或者埋入地下的金属管道、电缆等，距建筑物25m处的接地，其接地电阻不应大于10Ω。

7.2.4 降低接地电阻的措施

1. 接地网降阻原理

以正方形接地网为例，边缘闭合水平正方形地网的接地电阻可用下式计算：

$$R = 0.123 \frac{\rho}{\sqrt{A}}\left[1 + \frac{1}{1 + 4.6(h/\sqrt{A})}\right] + \frac{\rho}{2\pi L}\left[\ln\frac{A}{9hd}\right] - \frac{5}{1 + 4.6(h/\sqrt{A})} \quad (7-33)$$

式（7-33）表明，接地网接地电阻 R 的大小，取决于电阻土壤率 ρ、接地网面积 A、导体长度 L、直径 d 及其埋深 h。通常第二项所占比例较小。

当 $L \to \infty$ 时，变成正方形板的接地电阻公式，即

$$R = 0.123 \frac{\rho}{\sqrt{A}}\left[1 + \frac{1}{1 + 4.6(h/\sqrt{A})}\right] \approx 0.43 \frac{\rho}{\sqrt{A}} \quad (7-34)$$

可见，对方板接地极来说，只有增加板的面积 A 和减少土壤电阻率 ρ 才能降低接地电阻 R。由此可得出降低接地板（网）的接地电阻方法如下：①增大接地板（网）的面积 A；②降低土壤电阻率 ρ；③同时增加面积 A 和降低土壤电阻率 ρ。显然，其中方法③降低接地网接地电阻的效果最好。

对于在地网边缘增加垂直接地极时组成的三维立体接地网（复合接地网），其接地电阻用下式近似计算：

$$R_w = \frac{0.43\rho}{\sqrt{A} + 0.3l} + \frac{k\rho}{L + nl} \quad (7-35)$$

式中，l 为垂直接地极的平均长度；k 为系数。

由式（7-35）可知，当 A 和 ρ 给定时，增加垂直接地极的长度 l 和数量 n 也可达到降低接地网接地电阻的目的。这就是在均匀土壤条件下采用深井接地极降低接地电阻的基本原理。

这样，由式（7-33）～式（7-35）可知，在忽略 L、d 和 h 影响的情况下，接地网电阻 R 的大小主要与 A、ρ 和 l 有关。

2. 接地网工程实用降阻方法

接地网工程实用降阻方法主要有以下几种：

（1）扩大主接地网面积

（2）外延接地网

（3）引外接地

引外接地是指主地网周围有明显的低电阻率地区，在低电阻率区扩建地网并用 2~3 条线连接成并联接地系统。

外延接地网和引外接地的物理本质都是扩大面积以降低主接地网的地电位、接触和跨步电位差，但也有原则上的区别。基本原理也是扩大主接线网的面积，但不增加征地投资。外延接地网是在主地网周围外边扩大地网面积。

（4）水下接地网

水下接地网的性质仍然属于引外接地的范畴，因为一般情况下水的电阻率总是低于发电厂、变电站主接地网的土壤电阻率。

(5) 水平地网增设长垂直接地极

一般说来，水平地网的边缘都应当有 4~8 根左右的短垂直电极，一般长度为 2~3m。其作用不是为了降低水平地网的接地电阻，而是为了"稳定"接地网的接地电阻和加强地网边缘处的散流能力，同时降低该处接触电压和跨步电压的作用。

(6) 水平地网增设斜垂直接地极

在接地网外延面积受到限制的地区，为了降低接地电阻可采用斜打垂直接地极。其优点是可向纵深散流，扩大了散流面积。此外，还减少了水平地网对垂直接地极的屏蔽作用。

(7) 深井接地

深井接地是垂直接地的一种特殊形式，通常采用低电阻率物质（或降阻剂）作填充料，可分为三种类型：常规深井接地、深水井接地和深井爆破接地。

(8) 换土法

换土法是一种传统的方法，20 世纪 70 年代以来多用降阻效果更好的降阻剂来代替天然土壤。换土法的基本原理是局部改善电极周围的土壤电阻率，相当于加大接地极的等值直径。

(9) 电解离子接地列阵（Ionic Earthing Array，IEA）

电解离子接地列阵技术具有下列特点：

1) 电解离子接地极与主接地体并联，其优点是由于电解离子接地极的分流作用，增大了散流范围和散流能力，对降低接地电阻有利。

2) 降阻剂与电解离子接地极组合使用，其中电解离子接地极起长效降阻作用。

3) 充分利用引外接地体构成电解离子接地列阵降低接地电阻。

电解离子接地列阵降阻技术是一种降阻的综合技术，由于包含了长效离子接地极，其降阻稳定性和长效性能得到充分保证；由于降阻剂与主接地线分开埋设，不会腐蚀主接地体。这种先进的降阻技术具有广泛的发展前景。

7.3 大型风力发电机的防雷保护

7.3.1 风力发电机防雷保护的必要性

风电机组工作于自然环境下，不可避免会受到自然灾害的影响。事实上，雷击是自然界中对风电机组安全运行危害最大的一种灾害。一旦发生雷击，雷电释放的巨大能量会造成风电机组叶片损坏、发电机绝缘击穿、控制元器件烧毁等后果。我国沿海地区地形复杂，雷暴日较多，雷击给风电机组和运行人员带来巨大威胁。例如，红海湾风电场建成投产至今发生了多次雷击事件，据统计，叶片被击中率达 4%，其他通信电器元件被击中率甚至高达20%。统计表明，风力发电机受到的大多属于直接雷击，遭受雷击后叶片和电气系统一般均会受到不同程度的损坏，严重的会导致停运。图 7-6 所示为德国帕德博恩市附近一风力发电机因雷击而着火，总损失达 150 万欧元。

然而，风电机组与水电和火电机组在雷击过电压方面有很大不同，水电和火电机组有庞

图 7-6 德国帕德博恩市附近一风力发电机因雷击而着火

大的钢结构厂房,发电机和控制、信息系统在宽阔的厂房内,设备一般都远离墙壁和接地引下线,墙壁钢筋和钢柱都不靠近设备。风电机组则是高耸塔式结构,一般高 40m~65m,常安装在空旷的地方或山地,更易受到雷击。风电机组的电气绝缘低(发电机电压为 690V,大量使用自动化控制和通信元件)。因此,就防雷来说,其环境远比常规发电机组的环境恶劣。随着相关技术的进步,例如优于传统玻璃纤维材料的碳纤维技术及工艺的应用,大功率电子技术的发展及经济可靠的大功率固体器件的出现,能够制造出效率更高,运行经济可靠,并能广泛适应不同风资源情况的风力发电机。因此,风力发电机分布得更加广泛,单机容量也越来越大,同时为了吸收更多能量,轮毂高度和叶轮直径也随之增高。这些变化,使得风力发电机的防雷面临更高的要求。

由于风力发电机内部结构非常紧凑,无论叶片、机舱、主轴、还是尾翼受到雷击,机舱内的发电机及控制系统等设备都可能受到机舱的高电位反击,在电源和控制回路沿塔柱引下的途中,也可能受到反击。鉴于雷击无法避免的特性,风电机组的防雷重点在于遭受雷击时如何迅速将雷电流引入大地,尽可能地减少由雷电导入设备的电流,最大限度地保障设备和人员的安全,使损失降低到最小的程度。

对于风力发电机而言,直接雷击保护主要是针对叶片、机舱、塔架防雷,而间接雷击保护主要是指过电压保护和等电位连接,下面将分别介绍各部分防雷保护,其中叶片、机舱和塔架防雷部分也混合了间接雷击防护,即等电位连接部分。电气系统防雷则主要是间接雷击保护。

7.3.2 叶片的防雷保护

作为风电机组中位置最高的部件,叶片是雷电袭击的首要目标,同时叶片又是风电机组中最昂贵的部件,因此叶片的防雷保护至关重要。

研究结果表明,大部分雷击事故只损坏叶片的叶尖部分,少量的会损坏整个叶片。雷击造成叶片损坏主要有两个方面:一方面是雷电击中叶尖后,释放大量能量,强大的雷电流使叶尖结构内部的温度急骤升高,水分受热汽化膨胀,从而产生很大的机械力,造成叶尖结构爆裂破坏,严重时使整个叶片开裂;另一方面雷击造成的巨大声波,对叶片结构造成冲击破坏。叶片的完全绝缘不能降低被雷击的风险,而只能增加受损伤的程度,而且在很多情况下雷击的位置在叶尖的背面。

1. 叶片防雷系统

研究表明，物体被雷电击中，雷电流总是会选择传导性最好的路径。针对雷电的这一破坏特性，可以在被击设备结构内部构造出一个低阻抗的对地导电通路，这样就可以使设备免遭雷击破坏。这一原理是叶片防雷措施的基础，并且贯穿于整个风力机防雷系统中。根据这一特性，风力机叶片配备了一套完备的防雷系统。

叶片防雷系统连于叶片根部的金属环处，包括雷电接闪器和引下线（雷电传导部分），如图7-7所示。叶片防雷系统的主要目标是避免雷电直击叶片本体而导致叶片本身发热膨胀、迸裂损害。其工作原理简单来说，就是由叶尖接闪器捕捉雷电，再通过叶片内部引下线将雷电导入大地，约束雷电，从而保护叶片。

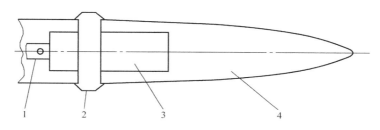

图7-7　叶片防雷系统示意图
1—电缆　2—接闪器　3—铝件　4—叶尖

雷电接闪器是一个特殊设计的不锈钢螺杆，装置在叶片尖部，即叶片最可能被袭击的部位。事实上，接闪器相当于一个避雷针，起引雷的作用。接闪器应该能够经受多次雷电的袭击，受损后也可以更换。

引下线是一段铜电缆，装于叶片内部，始于接闪器，终于叶片根部。为了避免与接闪器断开，要确保引下线不能移动。同时，由于雷电流非常巨大，要求引下线的传导容量裕量充足，根据不同的机型与环境，对引下线电缆的最小允许直径做出不同的规定。一般而言，规定引下线电缆最小直径在50~70mm范围内。发生雷击时，引下线可将雷电从接闪器导入叶片根部的金属环，从而不会引起叶片本身温度的明显增高。也就免遭强大的雷电流破坏，实现了防雷保护作用。

叶片内可能会附加或特设有保护系统，一般由动叶片制造商来设计安装。假设叶片上或内部装有传感器，则必须与叶片防雷系统进行适当的等电位连接，来对其进行保护。用于等电位连接的导线，要求采用屏蔽电缆或者是安放于金属套管中，还应当尽可能地靠近引下线，并与之连接。

2. 叶片到机舱的过渡段

首先说明的是，不同厂家生产的不同机型，设计上会有所区别，这里只取常见的典型设计进行介绍。

始于叶片接闪器的引下线延伸到叶片根部的金属环，该环与叶片轴承和轮毂电气隔离，由穿过该环的弹性连接将雷电流传到轮毂。所谓弹性连接，由两组连接到钢弹簧上的轮组成。这部分可称为叶片到叶片轴承、轮毂间的过渡段。

轮毂与机舱间过渡段上有三个并联的电火花放电间隙，彼此相差120°。其设计与动叶片和叶片轴承间相同。每个电火花间隙还有一个碳刷，用来补偿静态电位差。

3. 不同类型叶片的防雷系统

目前大型风机使用的叶片，从结构上来讲大致可分成两大类型，一种是定桨距失速风机广泛使用的有叶尖阻尼器结构的叶片；一种是无叶尖阻尼器结构的叶片（变桨距风机及少数失速型风机使用）。两种结构的叶片分别采用不同的保护方式。

（1）无叶尖阻尼器机构的叶片

由于无叶尖阻尼机构，因而该型叶片防护方式实现起来较为简单。即在叶尖部分将铜网布或金属导体预置于叶尖部分玻璃纤维聚酯层表面，形成接闪器通过埋置于叶片中的 $50mm^2$ 铜导线与叶根处金属法兰相连接。

（2）有叶尖阻尼器结构的叶片

设置了叶尖阻尼器的叶片，整个叶片分成了两段，叶尖部分玻璃纤维聚酯层预置铸铝型芯作为接闪器，通过采用了碳纤维材料制成的阻尼器轴，与连接轮毂的叶尖阻尼器起动钢丝相连接，这种用于叶片的防雷保护系统，通过了 AEA 雷电实验室的实验，实验结果表明电流达到 200kA 时叶片无任何损坏。

7.3.3 机舱的防雷保护

现代大多数风力发电机的机舱罩是用金属板制成，这相当于一个法拉第罩，对机舱中的部件起到了良好的防雷保护作用。机舱主机架除了与叶片相连，还在机舱罩顶上后部设置一个（数目可多于一个）高于风速、风向仪的接闪杆，相当于一个避雷棒，用以保护风速计和风向仪免受雷击。

机舱罩及机舱内的各部件均通过铜导体与机舱底板连接，旋转部分的轮毂，通过碳刷经铜导体与机舱底板连接。专设的引下线连接机舱和塔架，且跨越偏航环，即机舱和偏航刹车盘通过接地线也连接起来从而雷击时将不受到伤害。这样，可通过引下线将雷电顺利地导入塔架，从而保证即使风力发电机的机舱直接被雷击时，雷电也会被导向塔架而不会引起损坏。

关于机舱内外如何接到地电位，不同的机型会有不同的设计，这里取典型的一种，如图 7-8 所示。

以机舱外壳内围绕塔架的 $70mm^2$ 铜电缆环作为电压公共节点，机舱内所有部件都连到该公共节点，专设的引下线再将该公共电压节点连到塔架。

为了将机舱外壳顶部的避雷器接到地电位，基于法拉第笼原理制造一个电缆笼，并将其连于电压公共节点上。

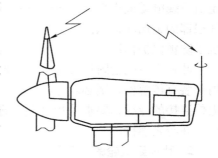

图 7-8 机舱的防雷设计

7.3.4 塔架的防雷保护

如果放电路径的直径较大，则其电感较小，因此应该选用比较粗的导体将避雷针接至大地。实际中，避雷针的接地线是好几根并行的导线，就像四分裂导线一样，其等效直径很大，因而电感较小。

下面根据不同材质的塔架，分别介绍其防雷措施。

1. 钢制塔架

雷电通常沿系统的金属部分进行传导。然而，钢制塔架包括若干个大约 25m 高的钢制部件，具体情况因其高度而异。在这些钢制部件之间的过渡段采用并行路径方式，设置三个彼此相间 120°的间隙作为雷电路径。

连接部分包括一个不锈钢多孔板，与法兰面上的孔一起用螺栓固定。不允许雷击沿紧固的螺栓进行传导。

塔基处该部件在三个彼此相间 120°的位置上接到由 95mm^2 铜电缆组成的公共节点上，后者则接到接地环或接地电极上。

2. 混凝土塔架

至于混凝土塔架情况，雷电通过塔架内的铜电缆仍是在三个彼此相间 120°的位置上（并行路径概念）被散流。在塔基处，它们连接到与接地环和接地电极相连的电压公共节点上，不允许雷击电流沿着为加固塔架而装设的钢拉线进行传导。

3. 混合塔架

混合塔架底部为混凝土，上面部分由钢制成。钢制区从塔架自身接地。在其与混凝土区连接处，钢制连接适配法兰与钢制区法兰在附有不锈钢盘的法兰面上选择三个彼此相间 120°的位置用螺栓进行固定。

钢制适配器（在混凝土区）依次接于三个彼此相间 120°的接地电缆（最小截面为 95mm^2 的铜电缆），后者接于塔基的公共节点。

7.3.5　风力发电机的接地

风电机组采用 TN 方式供电系统，可以较好地保护风机电气系统及人员的安全。

所谓 TN 系统，其第一个字母 T 说明系统中有一点（一般是电源的中性点）直接接大地，称为系统接地（System Earthing）；其第二个字母 N 说明用电设备的外壳经保护接地，即 PE 线与系统直接接地点连接而间接接地，称为保护接地（Protective Earthing）。与之对应的是 TT 系统。TT 系统的第一个字母也表明系统接地是直接接大地，第二个字母 T 表明用电设备外壳的保护接地是经 PE 线接单独的接地板直接接大地，与电源中的 N 线线路和系统接地点毫无关联。

风力发电机的接地系统是风力发电机防雷保护系统中的一个关键环节，应该保证在土壤电阻率差异较大的不同地区，风力发电机的接地系统均能达到 IEC 规范的要求。一个有效的风力发电机接地系统应保证雷电顺利入地，为人员和动物提供最大限度的安全，保护风力发电机部件不受损坏。

风力发电机接地系统应包括一个围绕风力发电机基础的环状导体，此环状导体埋设在距风力发电机基础 1m 远的地面下 1m 处，采用 50mm^2 铜导体或直径更大些的铜导体；每隔一定距离打入地下镀铜接地棒，作为铜导电环的补充；铜导电环连接到塔架两个相反位置，地面的控制器连接到连接点之一。有的设计在铜环导体与塔基中间加上两个环导体，使跨步电压更加改善。如果风力发电机放置在接地电阻率高的区域，要延伸接地网以保证接地电阻达到规范要求。若测得接地网电阻值大于要求的值，则必须采取降阻措施，直至达到标准要求。

可以将多台风电机组的接地网进行互连，这样通过延伸机组的接地网可进一步降低接地电阻，使雷电流迅速流散入大地而不产生危险的过电压。

7.3.6 电气系统的防雷保护

依据是否可能发生直击雷，雷电流的幅值以及相关电磁场情况，可划分若干区域来定义雷电对本区内设备所造成影响的特性，即雷击保护带（LPZ）。表7-2给出了四种雷击保护带。

表7-2 四种雷击保护带

LPZ 0A	直接雷击，完全的雷电流，无衰减的电磁场
LPZ 0B	无直接雷击，完全的雷电流，无衰减的电磁场
LPZ 1	无直接雷击，减小的雷电流，衰减的电磁场
LPZ 2	进一步减小的雷电流，进一步衰减的电磁场

只需要对从一个保护带跨到另一更低保护水平防雷带的电缆进行过电压保护，而无需保护区内的电缆。在不同的保护区的交界处，通过防雷及电涌保护器（SPD）对有源线路（包括电源线、数据线、测控线等）进行等电位连接。

适当的等电位连接可以在雷击时避免出现触摸电压和跨步电压，从而起到保护作用，并减少对电气电子系统的危害。

为避免雷击产生的过电压对电气系统的破坏，一般来说，风力发电机电气系统在主电路上加设过电压保护器件来保护元器件免受过电压损坏。具体来说，在发电机、开关盘、控制器模块电子组件、信号电缆终端等，采用避雷器或压敏块电阻的过电压保护。

对于在塔内的较长的信号线缆，在两端分别加装保护，以阻止感应浪涌对两端设备的冲击，确保重要信号的传输。

7.3.7 关于风力发电机防雷保护的思考

1）风电机组的外部直击雷保护，重点是放在改进叶片的防雷系统上；而内部的防雷过电压保护则由风力发电机厂家设计完成。此外，各个国际风力发电机厂家实际设计所依据标准和参数（包括地网电阻）有很大差别。这样的制造风力发电机在产品上就留下某些薄弱环节。为了改进风力发电机的防雷性能，首先要确定合理统一的防雷设计标准，明确防止外部雷电和内部雷电（过电压）保护的制造工艺规范，这是提高风电机组防雷性能的基础。在我国要发展风电，尽快建立我国风电行业（包括风力发电机防雷）技术规范，是非常急迫和必要的。

2）地域不同雷电活动也有所差别，我国北方和南方的雷电活动强度也不一样。在我国将来的规范标准中，应该考虑到地域的不同，我国北方和南方的差别等。

3）风力发电机的一般外部雷击路线是：雷击（叶片上）接闪器→（叶片内腔）导引线→叶片根部→机舱主机架→专设（塔架）引下线→接地网引入大地。但是，从丹麦和德国统计受雷击损坏部位中，雷电直击的叶片损坏占15%～20%，而80%以上是与引下线相连的其他设备，受雷电引入大地过程中产生过电压而损坏，因此，雷电形成的过电压必须引起充分重视。

4）风场微观选址中，地质好的风力发电机基础和低电阻率接地网点是有矛盾的，而风力发电机设备耐雷性能的设计和要求现场接地电阻值的高低也是有矛盾的。所以，必须充分考虑各方面因素,进行技术经济的优化。

5) 我国正在实施风力发电机国产化,而国外风力发电机防雷和过电压设计也不是很完善。所以,在引进吸收过程中,改进风力发电机防雷和过电压设计是必要的。

6) 应当认识到,无论采取多么有效的措施,也不可能完全消除被雷击的危险。因此在风机广泛采用有效的防雷保护技术的同时,为了尽量减少风力发电机遭受雷击的危险,一般认为应当在风力发电机安装前,即进行风电场的规划设计及微观选址时,将风力发电机的防雷作为影响因素之一加以考虑(雷电活动剧烈地区),从而确保风力发电机得以安全有效的运行。

7.4 集电线路的防雷与接地

集电线路防雷性能优劣主要用两个技术指标:耐雷水平和雷击跳闸率来衡量。耐雷水平是指线路遭受雷击时,线路绝缘所能耐受的不至于引起绝缘闪络的最大雷电流幅值,单位为 kA。耐雷水平越高,线路的防雷性能越好。雷击跳闸率是指雷暴日数 $T_d=40$ 的条件下,每 100km 的集电线路每年因雷击而引起的跳闸次数,它是衡量线路防雷性能的综合指标。

集电线路上出现大气过电压主要有直击雷过电压和感应雷过电压两种。一般直击雷过电压危害更严重。

7.4.1 集电线路的感应雷过电压

1. 感应过电压的特点

1) 感应过电压的极性与雷电的极性正好相反。

2) 感应过电压同时存在于三相导线,相间不存在电位差,故一般只能引起相对地闪络,而不会产生相间闪络。

3) 感应过电压的幅值不高,一般不会超过 500kV,因此,它对 110kV 及以上电压等级线路的绝缘不会构成威胁,仅在 35kV 及以下的线路中可能会产生一些闪络事故。

2. 感应过电压的计算

(1) 当雷击点离开线路的距离 s 大于 65m 时

此时雷往往会击中附近地面和周围其他物体,而不会击中线路。根据线路是否架设避雷线,可以分以下两种情况分别计算线路上的感应过电压。

1) 导线上方无避雷线。导线上的感应电压最大值 U_{gd} (kV) 为

$$U_{gd} = 25 \frac{I \times h_d}{s} \tag{7-36}$$

式中,s 为雷击点与线路的垂直距离 (m);h_d 为导线悬挂的平均高度 (m);I 为雷电流幅值 (kA)。

2) 导线上方挂有避雷线。当雷电击于挂有避雷线的导线附近的大地时,则由于避雷线的屏蔽效应,导线上的感应电荷就会减少,从而降低了导线上的感应过电压。

导线上的感应过电压最大值 U'_{gd} (kV) 为

$$U'_{gd} = U_{gd}\left(1 - k_0 \frac{h_b}{h_d}\right) \tag{7-37}$$

式中，k_0 为避雷线与导线之间的几何耦合系数；h_d 为导线悬挂的平均高度；h_b 为避雷线悬挂的平均高度。

（2）当雷击线路杆塔时

式（7-36）和式（7-37）只适用于 $s>65\mathrm{m}$ 的情况，更近的落雷，通常因线路的引雷作用而直接击于线路。当雷击杆塔或杆塔附近的避雷线（针）时，导线上的感应电压应该采用下面的公式进行计算。

1) 无避雷线的线路。目前，规程建议对一般高度（约 40m 以下）无避雷线的线路，感应过电压最大值可用下式计算

$$U_{gd} = \alpha h_d \tag{7-38}$$

式中，α 为感应过电压系数（kV/m），其数值等于以 kA/μs 计的雷电流平均陡度，即 $\alpha = I/2.6$。

2) 有避雷线的线路。有避雷线时，由于其屏蔽效应，应按下式计算

$$U'_{gd} = \alpha h_d \left(1 - k_0 \frac{h_b}{h_d}\right) \tag{7-39}$$

7.4.2 集电线路的直击雷过电压和耐雷水平

输电线路遭受直击雷可能出现下面三种不同的情况，如图 7-9 所示。

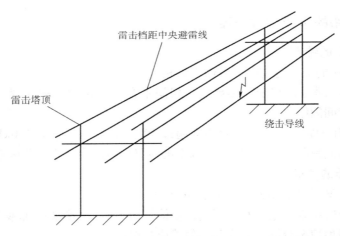

图 7-9 有避雷线线路发生直击雷的三种可能情况

1) 雷击杆塔塔顶及塔顶附近避雷线（以下简称雷击杆塔），可能会造成"反击"，使线路绝缘子发生冲击闪络。

2) 雷击档距中央的避雷线，可能会造成导、地线之间的空气间隙发生击穿。

3) 雷绕过避雷线而击于导线，也称绕击，通常会造成线路绝缘子串发生闪络。

1. 雷击杆塔塔顶时的线路耐压水平

（1）"反击"的概念

当雷击杆塔时，绝大部分雷电流会通过杆塔接地装置流入大地。巨大的雷电流会在杆塔电感和杆塔接地电阻上产生很高的电位，使原来电位为零的接地杆塔带上了高电位，此时杆塔将通过绝缘子串对导线逆向放电，造成闪络。由于这种闪络是由接地杆塔的电位升高所引

起的,故又称为"反击"。

(2) 绝缘子串上的各个电压分量

1) 绝缘子串杆塔一侧横担高度处的电位 U_{hd}。U_{hd} 是由流过杆塔部分的雷电流分量 I_{gt} 在杆塔横担至大地之间的塔身电感和杆塔接地电阻上产生的电压降,它与雷击具有相同的极性。

2) 绝缘子串导线一侧的电位 U_{dc}。它包括感应过电压、耦合电压和导线工作电压三个电压分量。

① 感应过电压分量 U'_{gd}。根据上一节的讨论可知,雷击杆塔时会在导线上产生与雷电极性相反的感应过电压,可以由式(7-39)计算得到。

② 耦合电压分量 kU_{td}。雷电流通过杆塔电感和杆塔接地电阻时会在杆塔顶部产生很高的电压,又称塔顶电位,用 U_{td} 表示。该塔顶电位 U_{td} 将以过电压波的形式向两侧避雷线传去,由此将会通过耦合在导线上产生耦合电压分量 kU_{td}。它与塔顶电位 U_{td} 具有相同的极性,即与雷电同极性。

③ 导线工作电压分量。导线上工作电压的极性是不断交替变化的,若从严考虑,应取与雷电相反极性,此时作用于绝缘子串上的电压更大,情况更严重。但在通常情况下,由于导线上的工作电压不大,一般可以忽略,不予考虑。

综上所述,导线上的电位为

$$U_{dx} = kU_{td} - U'_{gd} \tag{7-40}$$

此时,线路绝缘子串上两端电压 U_j 应是杆塔横担高度处电位 U_{hd} 和导线电位 U_{dx} 两者之差。即

$$U_j = U_{hd} - U_{dx} = U_{hd} - kU_{td} + U'_{gd} \tag{7-41}$$

式中,k 为导线、地线之间考虑电晕修正的耦合系数。

(3) 线路绝缘子串上两端电压幅值 U_j 的计算

根据雷击塔顶时雷电流的分布及等效电路图(如图 7-10 所示),假设雷击塔顶时流过的总雷电流为 i,考虑到两侧避雷线的分流作用,流过杆塔的电流 i_{gt} 肯定会小于总雷电流 i。通常把杆塔的电流 i_{gt} 与雷电流 i 的比值定义为杆塔分流系数 β,显然,它一定小于1。β 的具体取值可参见表 7-3。

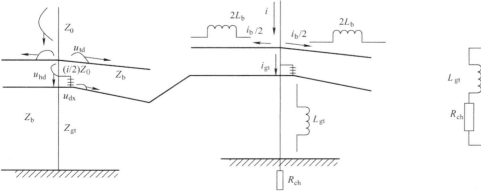

a) 雷击塔顶时的电位分布　　b) 雷击塔顶时的电流分布　　c) 计算塔顶电位的等效电路

图 7-10　雷击塔顶

表 7-3 一般长度档距的线路杆塔分流系数

线路额定电压/kV	避雷线根数	β 值
110	1	0.90
	2	0.86
220	1	0.92
	2	0.88
330	2	0.88
500	2	0.88

由杆塔分流系数，即可得到经杆塔的电流 i_{gt} 为

$$i_{gt} = \beta i \tag{7-42}$$

由此可得到塔顶电位 u_{td} 为

$$u_{td} = R_{ch} i_{gt} + L_{gt} \frac{di_{gt}}{dt} = \beta R_{ch} i + \beta L_{gt} \frac{di}{dt} \tag{7-43}$$

式中，R_{ch} 为杆塔冲击接地电阻（Ω）；L_{gt} 为杆塔总电感（μH）。

如果杆塔很高（例如大于 40m），就不宜再用集中参数电感 L_{gt} 来表示，而应该采用分布参数杆塔波阻抗 Z_{gt} 来计算。

杆塔高度处电位 u_{hd} 为

$$u_{hd} = R_{ch} i_{gt} + L_{gt} \frac{h_h}{h_g} \frac{di_{gt}}{dt} = \beta R_{ch} i + \beta L_{gt} \frac{h_h}{h_g} \frac{di}{dt} \tag{7-44}$$

式中，h_h 为横担对地高度（m）；h_g 为杆塔对地高度（m）。

取雷电流的波前陡度 $\frac{di}{dt}$ 为其平均陡度，即 $\frac{di}{dt} = \frac{I}{2.6}$，并取雷电流 i 为其幅值 I，则可得到各个电压的幅值。

塔顶电位幅值 U_{td} 为

$$U_{td} = \beta R_{ch} I + \beta L_{gt} \frac{I}{2.6} = \beta I \left(R_{ch} + \frac{L_{gt}}{2.6} \right) \tag{7-45}$$

塔顶横担高度处电位幅值 U_{hd} 为

$$U_{hd} = \beta R_{ch} I + \beta L_{gt} \frac{h_h}{h_g} \frac{I}{2.6} = \beta I \left(R_{ch} + \frac{L_{gt}}{2.6} \frac{h_h}{h_g} \right) \tag{7-46}$$

由式（7-39）可得感应雷击过电压幅值 U'_{gd} 为

$$U'_{gd} = a h_d \left(1 - k_0 \frac{h_b}{h_d} \right) = \frac{I}{2.6} h_d \left(1 - \frac{h_b}{h_d} k_0 \right) \tag{7-47}$$

式中，h_d 为导线对地的平均高度（m）；h_b 为避雷线对地的平均高度（m）；k_0 为导线、避雷线之间的集合耦合系数。

把式（7-45）、式（7-46）、式（7-47）分别代入式（7-41），即可推得线路绝缘子串上两端电压幅值 U_j 为

$$U_j = \beta I \left(R_{ch} + \frac{L_{gt}}{2.6} \frac{h_h}{h_g} \right) - k \beta I \left(R_{ch} + \frac{L_{gt}}{2.6} \right) + \frac{I}{2.6} h_d \left(1 - \frac{h_b}{h_d} k_0 \right)$$

$$= I\left[(1-k)\beta R_{ch} + \left(\frac{h_h}{h_g} - k\right)\beta\frac{L_{gt}}{2.6} + \left(1 - \frac{h_b}{h_d}k_0\right)\frac{h_d}{2.6}\right] \quad (7\text{-}48)$$

(4) 耐雷水平 I_1 的计算

当绝缘子串两端电压 U_j 超过线路绝缘子串的 50% 冲击放电电压，即 $U_j > U_{50\%}$ 时，导线与杆塔之间将发生闪络，造成"反击"，由此可得出雷击塔顶时线路的耐雷水平 I_1 为

$$I_1 = \frac{U_{50\%}}{(1-k)\beta R_{ch} + \left(\frac{h_h}{h_g} - k\right)\beta\frac{L_{gt}}{2.6} + \left(1 - \frac{h_b}{h_d}k_0\right)\frac{h_d}{2.6}} \quad (7\text{-}49)$$

一般绝缘子串的 $U_{50\%}$ 在导线为正极时较低。因为流入杆塔的雷电流大多数是负极性的，此时导线相对于杆塔处于正极性，因此，$U_{50\%}$ 应取绝缘子串的正极性 50% 冲击放电电压。

(5) 提高"反击"耐压水平 I_1 的措施

如果雷击杆塔时雷电流超过线路的耐压水平 I_1，就会引起线路闪络，造成"反击"。为了减少反击，必须提高线路的耐压水平，由式（7-49）可以看出，提高"反击"耐压水平 I_1 的措施主要如下：

1) 加强线路绝缘（即提高 $U_{50\%}$）。
2) 降低杆塔接地电阻 R_{ch}。
3) 增大耦合系数 k。
4) 增大地线分流以降低杆塔分流系数 β。常用措施是将单避雷线改为双避雷线或在导线下方加装耦合地线。

2. 雷击避雷线档距中央

(1) 等效电路图及雷击点的电压

雷击避雷线档距中央示意图如图 7-11a 所示，根据彼得逊法则可画出它的等效电路，如图 7-11b 所示。于是，雷击点 A 的电压 u_A 为

$$u_A = 2\left(\frac{i}{2}Z_0\right)\frac{\frac{Z_b}{2}}{Z_0 + \frac{Z_b}{2}} = i\frac{Z_0 Z_b}{2Z_0 + Z_b} \quad (7\text{-}50)$$

式中，i 为雷电流；Z_0 为雷道波阻抗；Z_b 为避雷线波阻抗。

在计算中可以近似地取 $Z_0 = \frac{Z_b}{2}$。代入式（7-50）可得

$$u_A = \frac{Z_b}{4}i \quad (7\text{-}51)$$

(2) 避雷线与导线之间的空气气隙 s 上所承受的最大电压

若雷电流取为斜角波头，即 $i = at$，代入式（7-51）则可得到

$$u_A = \frac{Z_b}{4}at \quad (7\text{-}52)$$

因此，雷击点 A 处的电压 u_A 将随着时间的增加而线性增加。同时，这一电压波 u_A 将沿两侧避雷线向相邻杆塔传播，经过 $0.5l/v$ 时间（l 为档距长度，即两个杆塔之间的距离；v

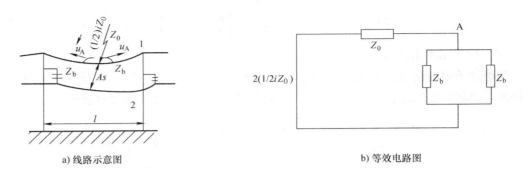

a) 线路示意图　　　　　　　　　b) 等效电路图

图 7-11　雷击避雷线档距中央及其等效电路图
1—避雷线　2—导线

为避雷线中的波速）到达杆塔。由于杆塔接地，在该处将发生电压的负反射，于是一个负的电压反射波将开始向雷击点 A 回传，又经过 $0.5l/v$ 时间到达 A 点，于是 A 点的电压 u_A 不再继续升高，此时 A 点电压达到最大值 U_A，即

$$U_A = \frac{aZ_b l}{4v} \tag{7-53}$$

由于避雷线与导线之间的耦合作用，在导线上将产生耦合电压 kU_A，故雷击处避雷线与导线间的空间距离 s 上所承受的最大电压 U_S，可用下式表示：

$$U_S = U_A(1-k) = \frac{aZ_b l}{4v}(1-k) \tag{7-54}$$

从式（7-54）可知，雷击避雷线档距中央时，雷击处避雷线和导线之间的空气气隙电压 U_S 与雷电流陡度 a 成正比，与档距长度 l 成正比。当该电压超过空气气隙的放电电压时，气隙将被击穿，造成短路事故。为了防止该空气间隙被击穿，通常采取的办法是保证避雷线与导线之间有足够的空间距离 s。

根据理论分析和运行经验，我国规程规定档距中央导线、地线之间的空间距离 s 可按以下经验公式选取：

$$s = 0.012l + 1 \tag{7-55}$$

3. 绕击导线时的线路耐压水平

（1）雷击点的电压

绕击导线时雷击点的电压 U_d 为

$$U_d = \frac{Z_d}{4}i \tag{7-56}$$

考虑过电压情况下导线上会出现电晕，取 Z_d 约为 400Ω，故有

$$U_d \approx 100i \tag{7-57}$$

式中，i 为雷电流。

（2）耐压水平 I_2 的计算

如果绕击时导线上的电压 U_d 超过绝缘子串的 50% 冲击闪络电压 $U_{50\%}$，则导线将发生冲

击闪络。此时,绕击导线时的线路耐压水平 I_2 为

$$I_2 = \frac{U_{50\%}}{100} \tag{7-58}$$

7.4.3 集电线路的雷击跳闸率

雷电过电压引起集电线路直击雷跳闸需要同时满足以下两个条件:

1) 雷电流超过线路耐雷水平,引起线路绝缘发生冲击闪络。
2) 当极短暂的雷电波过去后,冲击闪络可能在导线上工作电压的作用下转变成稳定的工频电弧。一旦形成稳定的工频电弧,导线上将持续流过工频短路电流,从而造成线路跳闸停电。

1. 建弧率

建弧率是指冲击闪络转变为稳定工频电弧的概率,用 η 来表示。

冲击闪络转变为稳定工频电弧的概率与闪络通道中的平均运行电压梯度有关,根据试验运行经验,建弧率 η 可表示为

$$\eta = (4.5E^{0.75} - 14) \times 100\% \tag{7-59}$$

式中,E 为绝缘子串的平均运行电压梯度(有效值)[kV/m]。

对中性点直接接地系统

$$E = \frac{U_n}{\sqrt{3}l_j} \tag{7-60}$$

对中性点非直接接地系统(中性点绝缘或经消弧线圈接地)

$$E = \frac{U_n}{2l_j + l_m} \tag{7-61}$$

式中,U_n 为线路额定电压(有效值)(kV);l_j 为绝缘子串闪络距离(m);l_m 为木横担线路的线间距离(m)。对贴横担和水泥横担线路,$l_m = 0$。

对于中性点不接地系统,单相闪络不会引起跳闸。只有在第二相导线也发生闪络时,才会造成相间短路而跳闸。因此,对于式(7-61),放电距离应该为绝缘子串长度的两倍,即 $2l_j$。

若 $E \leq 6kV/m$(有效值)时,则建弧率很小,可近似认为 $\eta = 0$。

2. 有避雷线线路雷击跳闸率 n 的计算

(1) 雷击杆塔时的跳闸率 n_1

每 100km 有避雷线的线路每年(40 个雷暴日)落雷次数为

$$N = 0.28(b + 4h_s) \tag{7-62}$$

式中,b 为两根避雷线之间的距离(m);h_s 为避雷线的平均对地高度(m)。

若击杆率为 g,则每 100km 线路每年雷击杆塔次数为 $0.28(b + 4h_s)g$ 次。若雷电流幅值大于雷击杆塔时的耐雷水平 I_1 的概率为 P_1,建弧率为 η,则每 100km 线路每年因雷击杆塔的跳闸率 n_1 为

$$n_1 = 0.28(b + 4h_s)\eta g P_1 \tag{7-63}$$

(2) 绕击跳闸率 n_2

设线路的绕击率为 P_a，则每 100km 线路每年绕击次数为 $0.28(b+4h_s)P_a$，雷电流幅值超过绕击耐雷水平 I_2 的概率为 P_2，建弧率为 η，则每 100km 线路每年绕击跳闸率 n_2 为

$$n_2 = 0.28(b + 4h_s)\eta P_a P_2 \tag{7-64}$$

(3) 线路雷击跳闸率 n

根据运行经验，只要避雷线与导线之间的空气距离满足式（7-55），则雷击避雷线档距中央时一般不会发生击穿事故，故其跳闸率为零。

所以线路雷击跳闸率只考虑雷击杆塔和雷绕击于导线两种情况。有避雷线的线路，每 100km 每年的雷击总跳闸率为

$$n = n_1 + n_2 = 0.28(b + 4h_s)\eta(g P_1 + P_a P_2) \tag{7-65}$$

7.4.4 集电线路的防雷保护措施

1. 架设避雷线

避雷线是高压集电线路最基本的防雷措施，其主要目的是防止雷直击于导线。此外，避雷线还对雷电流有分流作用，可以减少流入杆塔的雷电流，降低塔顶电位；对导线有耦合作用，降低雷击杆塔时作用于线路绝缘子串上的电压；对导线有屏蔽作用，可以降低导线上的感应过电压。

2. 降低杆塔接地电阻

对一般高度的杆塔，降低杆塔接地电阻是提高线路耐雷水平、防止反击的有效措施。杆塔的工频接地电阻一般为 $10 \sim 30\Omega$，在雷季干燥时一般不宜超过表 7-4 所列数值。

表 7-4 线路杆塔的工频接地电阻

土壤电阻率/$\Omega \cdot m$	100 及以下	100~500	500~1000	1000~2000	2000 及以上
接地电阻/Ω	10	15	20	25	30

在土壤电阻率低的地区，应充分利用杆塔的自然接地电阻。在土壤电阻率高的地区，当降低接地电阻比较困难时，可以采用多根放射形水平接地体、连续伸长接地体、长效土壤降阻剂等措施。

3. 加强线路绝缘

加强线路绝缘的方式主要有增加绝缘子串的片数、改用大爬距悬式绝缘子、增大塔头空气间距等。这样做虽然也能提高线路的耐雷水平、降低建弧率，但实施起来往往局限性较大，难度也较大，因此通常作为后备保护措施。

4. 架设耦合地线

架设耦合地线通常是作为一种补救措施。它主要是在某些已经建成投运线路的雷击故障频发线路段上使用，通常是在导线下方再加装一条地线（又称耦合地线）。它可以加强地线的分流作用和增大导地线之间的耦合系数，从而提高线路的耐雷水平。运行经验表明，耦合地线对减少雷击跳闸率效果是显著的，可降低约 50%。

5. 采用消弧线圈

采用消弧线圈的方式适用于 35kV 及以上的线路，可大大降低冲击闪络转变为稳定工频

电弧的概率（即减小建弧率），减少线路的雷击跳闸次数。

6. 装设自动重合闸

由于线路绝缘具有自恢复功能，大多数雷击造成的冲击闪络和工频电弧在线路跳闸后能快速去游离，迅速恢复绝缘功能。因此，在线路形成稳定的工频电弧引起线路断路器跳闸后，采用自动重合闸在绝大多数情况下都能使线路迅速恢复正常供电。35kV 以下的线路重合闸成功率约为 50%~80%。各种电压等级的线路应尽量装设自动重合闸。

7. 采用不平衡绝缘方式

为节省线路走廊用地，高压线路中同杆架设的双回路线路日益增多。为避免在线路落雷时出现双回路同时闪络跳闸，造成完全停电的严重局面，在采用通常的防雷措施仍无法满足要求的情况下，还可采用不平衡绝缘方式来降低双回路雷击同时跳闸率，以保证不中断供电。

不平衡绝缘方式就是使两个回路的绝缘子串片数有差异，这样，雷击时绝缘子串片数较少的回路先发生闪络，闪络后的导线相当于一根地线，从而增加了对另一回路导线的耦合作用，提高了另一回路的耐压水平，使之不会再发生耐压闪络，这样就保证了该回路可以继续供电。

8. 装设避雷器

为了减少输电线路的雷电事故，提高输、送电的可靠性，可在雷电活动强烈或土壤电阻率很高的线段及线路绝缘薄弱处装设排气式避雷器。

7.5 升压变电站的防雷与接地

风电场升压变电站是风电场的枢纽，担负着向外输出电能的重任，一旦遭受雷击，引起变压器等重要电气设备绝缘毁坏，不但修复困难，而且会导致风电场所发出的电能不能外送，可能会造成供电区域内大面积、长时间停电，必然给国民经济带来严重损失。因此，风电场升压变电站的雷电防护必须十分可靠。

对直接雷击变电站一般采用安装避雷针或避雷线保护。运行实践表明，只要符合相关防雷标准要求安装的避雷针或避雷线，其保护可靠性较高，只有在绕击或反击时，才有可能发生事故。对于沿线路侵入变电站的雷电侵入波的防护，则主要靠在变电所内合理地配置避雷器，并在距变电站 1~2km 的进线段加装辅助的防护措施，以限制通过避雷器的雷电流幅值和降低雷电压的陡度。这样，每年每 100 个变电站，因沿线路侵入的雷电压波造成的事故可控制在 0.5~0.6 次。

7.5.1 升压变电站的直击雷保护

风电场升压变电站因其在风电场及电力系统中的重要地位，应按第一类建筑物标准作防雷保护。

建（构）筑物年预计雷击次数 N 的计算式为

$$N = kN_g A_e = 0.02kT_d^{1.3} A_e \tag{7-66}$$

其中，当 $H < 100\text{m}$ 时

$$A_e = [LW + 2(L+W)\sqrt{H(200-H)} + \pi H(200-H)] \times 10^{-6}$$

当 $H \geqslant 100\mathrm{m}$ 时

$$A_e = [LW + 2H(L+W) + \pi H^2] \times 10^{-6}$$

式中，A_e 为与建筑物接受相同雷击次数的等效面积（km^2）；T_d 为当地年平均雷电日数；N_g 为建筑物所在地区雷击大地年平均密度，[次/(km^2)]；L、W、H 为建筑物的长、宽及最高点，k 为校正系数，位于旷野的孤立建筑物取 2，金属屋面的砖木结构建筑物取 1.7，位于河边、湖边、山坡下或山地中土壤电阻率较小处、地下水露头处、土山顶处、山谷风口处的建筑物及特别潮湿的建筑物取 1.5，除此之外一般取 1 即可。

雷击避雷针时，雷电流流经避雷针及其接地装置，在避雷针 h 高度和避雷针的接地装置上，将出现高电位 u_k 和 u_d。此时有

$$u_k = L\mathrm{d}i_L/\mathrm{d}t + i_L R_{ch}$$
$$u_d = i_L R_{ch} \tag{7-67}$$

式中，L 为避雷针的等值电感；R_{ch} 为避雷针的冲击接地电阻；i_L 和 $\mathrm{d}i_L/\mathrm{d}t$ 分别为流经避雷针的雷电流和雷电流平均上升速度。

取雷电流 i_L 的幅值为 $100\mathrm{kA}$，雷电流的平均上升速度 $\mathrm{d}i_L/\mathrm{d}t$ 为 $38.5\mathrm{kA}/\mu\mathrm{s}$，避雷针电感为 $1.55\mu\mathrm{H/m}$，则可得

$$u_k = 100R_{ch} + 60h$$
$$u_d = 100R_{ch} \tag{7-68}$$

式中，h 为配电构架的高度（图 7-12 中点 A）。

式（7-68）表明，避雷针和其他接地装置上的电位 u_k 和 u_d 与冲击接地电阻 R_{ch} 有关，R_{ch} 越小则 u_k 和 u_d 越低。

为了防止避雷针与被保护设备或构架之间的空气间隙 s_k 被击穿而造成反击事故，必须要求 s_k 大于一定距离，若取空气的平均抗电强度为 $500\mathrm{kV/m}$，则 s_k 应满足

$$s_k > 0.2R_{ch} + 0.1h \tag{7-69}$$

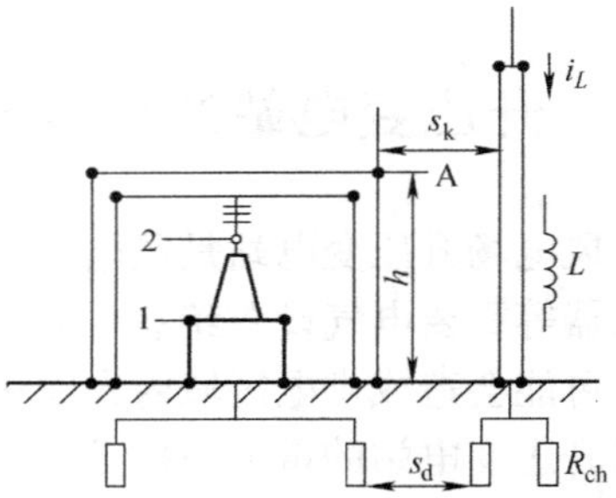

图 7-12 独立避雷针离配电构架的距离
1—变压器 2—母线

同样，为了防止避雷针接地装置和被保护设备接地装置之间在土壤中的间隙 s_d 被击穿，必须要求 s_d 大于一定距离，s_d 应满足（此处假设土壤的抗电强度为 $300\mathrm{kV/m}$）

$$s_d > 0.3R_{ch} \tag{7-70}$$

在一般情况下，s_k 不应小于 $5\mathrm{m}$，s_d 不应小于 $3\mathrm{m}$。

对于 110kV 及以上的变电站，可以将避雷针架设在配电装置的构架上，这是由于此类电压等级配电装置的绝缘水平较高，雷击避雷针时在配电构架上出现的高电位不会造成反击事故。装设避雷针的配电构架应装设辅助接地装置，此接地装置与变电站接地网的连接点离主变压器接地装置与变电站接地网的连接点之间的距离不应小于 15m，目的是使雷击避雷针时在避雷针接地装置上产生高电位，在沿接地网向变压器接地点传播的过程中逐渐衰减，以便到达变压器接地点时不会造成变压器的反击事故。由于变压器的绝缘较弱又是变电站中最重要的设备，故在变压器门型构架上不应装设避雷针。

对于 35kV 及以下的变电站，因其绝缘水平较低，故不允许将避雷针装设在配电构架

上,以免出现反击事故,需要架设独立避雷针,并应满足不发生反击的要求。

关于线路终端杆塔上的避雷线能否与变电所构架相连的问题也可按上述装设避雷针的原则(即是否会发生反击)来处理。110kV 及以上的变电站允许相连,35kV 及以下的变电所一般不允许相连。行业标准 DL/T 620 – 1997 建议,若土壤电阻率不大于 500Ω·m,则可相连。

7.5.2 升压变电站的侵入波保护

雷击输电线路的次数远多于雷击变电站,所以沿线路侵入变电站的雷电侵入波较常见。再加上输电线路的绝缘水平(即绝缘子串 50% 冲击放电电压 $U_{50\%}$)比变压器及其他电气设备的冲击绝缘水平高得多,因此,变电站对雷电侵入波的防护显得很重要。

安装避雷器是变电站用来限制雷电过电压的主要手段。然而,要有效和经济地保护变电站内电气设备,不仅要正确选择避雷器的型号、参数,还要合理地确定避雷器的接线,同时还要限制由线路传来的雷电波陡度及流过避雷器雷电流幅值。

下面主要讨论避雷器的防护距离和变电站的防护接线,以及变电站进线段加强雷电防护的原因与措施。

1. 避雷器的防护距离

现在分析以变压器为保护对象,雷电波沿变电站进线侵入,避雷器连接点与变压器连接点的最大允许电气距离,也即避雷器的防护距离,如图 7-13 所示。

从保证防护的可靠性来说,最理想的接线方式是把避雷器和变压器直接并联在一起,但是,由于在变压器和母线之间还有其他开关设备,按照电气设备互相之间应留有一定的安全距离(保证绝缘)的要求,所以接在母线上的

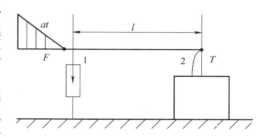

图 7-13 分析避雷器保护距离的简单回路

避雷器和主变压器之间必然会出现一段电气接线 l(见图 7-13),那么这段距离最大如何确定?

为了简化分析,忽略避雷器的泄露电阻和变压器的入口电容,并假设侵入的雷电冲击波为斜角波头 $u(t) = at$。

由于变电所接线复杂,最大允许距离 l_{max} 是按典型变电站接线进行模拟实验确定的。此处只给出计算公式:

$$l_{max} \leq (U_{chf} - U_{jcf})v/2a \tag{7-71}$$

式中,a 为侵入波时间陡度(kV/μs)。

若取 $a' = a/v$,a' 为侵入波空间陡度(kV/m),则上式又可改写为

$$l_{max} \leq (U_{chf} - U_{jcf})/2a'$$

关于空间陡度 a'(或称计算陡度)可用下式近似计算:

$$a' = 1 / \left[\left(\frac{150}{U} + \frac{2.4}{h_c} \right) l_0 \right] \tag{7-72}$$

式中,U 为侵入波幅值(kV),可以取避雷器的冲击放电电压或额定通流能力的残玉;h_c 为

进线段导线的平均悬挂高度（m）；l_0为进线段长度（km）。

2. 变电站的雷电侵入波防护接线

对于220kV及以下电压等级的一般变电站，无论变电站电气主接线如何，实际上只要保证在每一段（包括分段母线）可能单独运行的母线上都装设一组避雷器，就可以使整个变电站得到保护，如图7-14所示（对变压器中性点保护另行考虑）。但对大型变电站的母线或设备连接线很长，有些变电站靠近大跨越高杆塔的情况，应经过计算或实验来验证以上布置的安全性，并考虑是否需要选择适当位置增设避雷器。

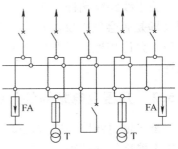

图7-14 220kV变电站防雷电侵入波保护典型接线

对于500kV敞开式变电站，目前多采用双母线带旁路或一个半开关的电气主接线，其防雷保护接线的电气距离很长，这样每组避雷器通常只能保护到与它靠近的一些电气设备。再加上操作过电压的防护，其接线要求是：在每回路出口断路器的线路侧装一组线路避雷器，而在每台变压器出口装一组所用避雷器；如果线路出口装有并联电抗器，而且通过断路器操作，则需在电抗器侧增设一组避雷器。

7.5.3 升压变电站的进线段保护

变电站的进线段保护的作用是限制流经避雷器的雷电流和限制侵入波的陡度。

由前面的分析可知，当l_{max}一经确定，为使避雷器能可靠地保护变压器，还必须设法限制侵入波陡度。对于已安装好的电气距离l，可求出最大允许陡度$a' = (U_{jcf} - U_{chf})/2l$。同时，应限制流过避雷器的雷电流的大小，以降低残压，尤其是不能超过避雷器的额定通流能力，否则避雷器就会烧坏。

另据运行经验证明，变电站因雷电侵入波形成的雷害事故约有50%是离变电站1km以内雷击线路引起的，约71%是3km以内雷击线路引起的。这就说明加强变电站进线段的雷电防护的必要性和重要性。

再有，雷电侵入波沿导线传播时有损耗。这就是说雷电过电压在线路上感应产生的地点离变电站越远，它流动到变电站时的损耗就越大，其波陡度和幅值降得越低。为此，可以在变电站进线段，即距变电站1~2km的这段线路上加强防雷保护。对全线路无架设避雷线的，应在该段线路增设避雷线；当全线路有避雷线时，应使该段线路有更高的耐雷水平，减少进线段内绕击和反击形成侵入波的概率。这样，侵入变电站的雷电过电压波主要来自进线段以外，并经过1~2km线路的冲击电晕影响，不但削弱了侵入波的幅值和陡度，而且因进线段波阻抗的作用，也限制了通过避雷器的雷电流，使其不超过规定值，保证了避雷器的良好配合。这一措施称为变电站进线段保护。图7-15为35~110kV全线无避雷线线路时，变电站进线段保护方案典型接线。

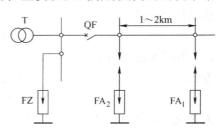

图7-15 35~110kV无避雷线线路的进线段保护方案典型接线

方案中架设 1~2km 避雷线可防止进线段遭受直接雷击和屏蔽雷电感应。图中管形避雷器 FA_1 和 FA_2 在一般线路不必装设，但对于冲击绝缘强度特别高的木杆线路或者钢筋混凝土杆木横担线路，应在进线保护段首端加装一组管形避雷器 FA_1，其工频接地电阻一般不超过 10Ω。FA_1 的作用是限制从进线段外沿导线侵入的雷电流幅值。在进线段保护段末端装设一组 FA_2 的目的是保护断路器 QF。当雷雨季节，QF 处于开断状态，且线路侧带工频电压，无 FA_2 保护时会出现较高的折射波电压（两倍侵入波电位），引起触头闪络，甚至烧坏触头。母线上装设一组阀型避雷器 FZ 的作用是保护变压器及其他电气设备。

若变电站容量在 3150~5600kVA，避雷器与变压器之间的电气距离在 10m 之内，允许将进线段保护地线缩短到 500~600m，简化进线保护如图 7-16 所示。

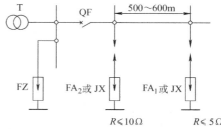

图 7-16　3150~5600kVA 的 35kV 变电站的简化进线保护

当变电站容量在 3150kVA 以下时，可采用图 7-17 所示简化接线。管形避雷器 FA_1、FA_2 可采用保护间隙 JX 代替，其工频接地电阻应小于或等于 5Ω。

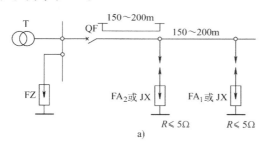

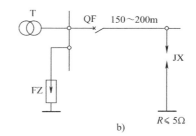

图 7-17　3150kVA 以下 35kV 变电站的简化进线保护

对 35~110kV 变电站，当在进线区域架设避雷线较困难或难于实现低接地电阻（$\rho > 500\Omega \cdot m$），不能保证要求的耐雷水平时，可以在进线终端杆上安装一组 $1000\mu H$ 的电抗器（L），以限制雷电侵入波的陡度 a' 和雷电流幅值 I，起到进线段保护的作用，接线如图 7-18 所示。

另外，35kV 及以上电压等级变电站进线段采用电缆线路时，在电缆线与架空线连接处，考虑波过程可能产生过电压，故应装设一组避雷器保护，并且使避雷器的接地端与电缆的金属外皮连接，接线如图 7-19 所示。

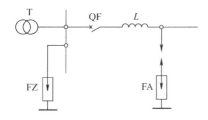

图 7-18　用电抗器代替进线段保护接线

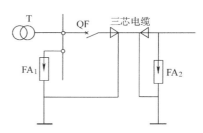

图 7-19　35kV 及以上电缆进线段的保护接线

7.5.4 升压变电站的变压器防雷保护

1. 三绕组变压器侵入波过电压及防护

接入电网的双绕组变压器高、低压侧断路器都是闭合的，两侧都有避雷器保护，所以任一侧沿线路侵入的雷电波都不会对另一侧的绝缘造成威胁。

但三绕组变压器在正常运行中，可能出现高、中压绕组工作而低压绕组开路的情况。此时，当高压或中压有雷电波侵入，由于开路状态的低压侧对地电容很小，低压绕组会因电磁耦合而产生过电压，危及低压绕组对地绝缘。又因为低压三相绕组电位同样升高，所以只需在一相绕组出口处装设一只避雷器即可防护。如果低压绕组外接 25m 以上的全金属外皮电缆线路，则因对地电容的增大，足以限制感应过电压，故可省去避雷器。

三绕组变压器的中压绕组也可能开路运行，但因其绝缘水平较高，不需要装设避雷器。只有当高、中压变比很大，中压绕组的绝缘水平比高压绕组低得多时，才考虑装设避雷器。

2. 自耦变压器侵入波过电压及防护

自耦变压器一般除了有高、中压自耦绕组外，还有三角形联结的低压非自耦绕组，以减少系统零序阻抗和改善电压波形。与三绕组变压器情况相同，当低压侧开路运行时，不论雷电波从高压端或中压端侵入，都会经过高压或中压与低压绕组之间的静电耦合，使开路的低压绕组出现很高的过电压，危及低压绕组绝缘。由于静电分量使低压三相电位同时升高，所以只要在任意一相低压绕组出线端对地装一台避雷器，就可以限制其过电压，保护三相低压绕组。

此外，因为自耦变压器波过程的自身特点，所以在雷电防护上还有与其他变压器不同的地方。运行中，可能出现高、低压绕组运行，中压绕组开路，或者中、低压绕组运行，而高压绕组开路的情况。

当雷电侵入波 U_0 从高压端 A 侵入时，其波过程与普通绕组相同，如图 7-20a 所示。但此时在开路的中压端 A' 上可能出现很高的过电压，其值约为 U_0 的 $2/k$ 倍（k 为高压侧与中压侧绕组的变比），这就可能引起处于开路状态的中压侧套管闪络。因此，在中压端 A' 与断路器之间应装一组避雷器进行防护，如图 7-21a 所示。

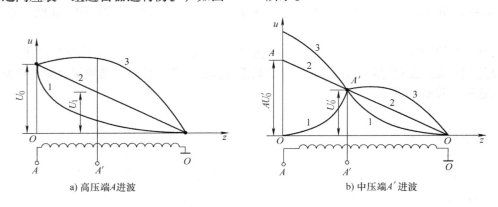

图 7-20 雷电波侵入自耦变压器时的过电压分布

a) 高压端 A 进波   b) 中压端 A′ 进波

当雷电侵入波 U_0' 由中压端 A' 侵入时，高压侧开路电位的起始分布和稳态分布如图7-20b

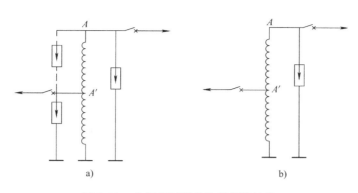

图 7-21 自耦变压器的防雷保护接线

所示,从中压侧 A' 到接地中性点 O 之间的稳态分布是一条斜线(图 7-20b 中的 $A'O$);而由开路的高压侧 A 到中压侧 A' 的稳态分布则是 $A'O$ 的稳态分布电磁感应线(图 7-20b 中的 $A'A$),即 $A'A$ 段为 OA' 的延长线。也就是说 A 点的稳态电压为 kU'_0。在振荡过程中,A 点的最高电压可高达 $2\,kU'_0$,这必将危及开路的高压绕组绝缘。因此,在高压端断路器的内侧也必须装一组避雷器进行保护,如图 7-21b 所示。

此外,当中压侧接有出线时(相当于 A' 端经线路波阻抗接地),因为线路波阻抗比变压器绕组的冲击波等值阻抗小得多,那么,当高压侧有雷电侵入波侵入,A' 近似于接地(A' 点电位接近零),则雷电过电压几乎全部加在 AA' 绕组段,可能使绕组损坏;同样,高压侧接有出线,当中压侧有雷电侵入波侵入,也会造成同样后果。显然,AA' 段绕组越短(电压比 k 越小)时,危害越大,当电压比小于 1025 时,应在 AA' 之间也装设一组避雷器进行保护,如图 7-21a 中虚线所示。

3. 变压器中性点保护

35~60kV 电网的变压器中性点是不接地或通过电感线圈接地的。在三相同时有雷电波侵入时,中性点电位理论上可达到绕组首端电位的 2 倍,实测也达到 1.5~1.8 倍。虽然此电压等级的变压器是全绝缘(即中性点的绝缘水平与相线端一样),但过电压仍会对中性点绝缘构成威胁。然而,实际运行经验表明,三相进波的概率只占 10%(据统计约 15 年才一次),所以规定 35~60kV 变压器的中性点一般不需要保护。

而中性点经消弧线圈接地的 110~154kV 电网的变压器也是全绝缘的。由于线路上架有避雷线,并且线路绝缘较强,三相同时有雷电波侵入的机会更少(据统计 25 年才一次),故中性点一般也不需要保护。

对于 110kV 及以上中性点直接接地系统,由于继电保护或限制单相短路电流均需要,其中一部分变压器的中性点是不接地的。此时,如果变压器中性点的绝缘水平属分级绝缘,例如 110kV 变压器中性点用 35kV 级绝缘;220kV 变压器中性点用 110kV 级绝缘;330kV 变压器中性点用 154kV 级绝缘,则需选用与中性点绝缘等级相同的避雷器进行保护,并注意校正避雷器的灭弧电压必须大于中性点可能出现的最高工频电压。如果变压器中性点属于全绝缘,则其中性点一般不需要保护。但是变电站若为单进线单台变压器运行时,中性点则需要装设避雷器,并且要求中性点避雷器的冲击放电电压低于变压器中性点的冲击耐压,灭弧电压应大于电网发生一相接地时引起的中性点电位升高的稳态值(其最大值可达到最高运行线电压的 0.35 倍)。

习 题

1. 简述雷电的种类及其危害。
2. 常见的防雷措施有哪些?各种防雷措施的基本原理有何异同?
3. 接地的作用是什么?
4. 生活中哪些情况下可能出现接触电压和跨步电压?如何防止发生人体伤害?
5. 简述风力发电机保护的要点。
6. 分析风电场各种电气设备的防雷保护原理上的区别和共性。

第 8 章 风电场中的电力电子设备

关键术语：

电力电子，换流器（变流器），整流器，逆变器，SVC，STATCOM，并网，同步，无功补偿，电压控制。

知识要点：

重要性	能力要求	知 识 点
★	了解	电力电子技术和电力电子器件
★★★	理解	变流技术和 PWM 方法
★★★★★	理解	大型风电机组的并网换流器
★★★	了解	风电场的无功补偿与电压控制需求
★★	理解	SVC 和 STATCOM

预期效果：

通过本章内容的阅读，应能对电力电子技术和电力电子器件有一定的了解，并理解变流技术和 PWM 技术的基本原理；应能基本了解主流大型风电机组的并网换流器，掌握其电路结构和基本工作原理；应能大致了解风电场的无功补偿与电压控制需求以及可能的补偿控制方法。

除了常规发电厂站中也都有的主要一次设备以外，风电场中还有一些特有的电力电子设备，用于电能的变换、无功补偿以及其他特殊情况的处理。风电场中的这些电力电子设备也都属于一次设备，由于其原理和功能的特殊性，本章将其单独提取出来，重点介绍。

8.1 电力电子技术基础

8.1.1 电力电子技术简介

现代社会的人们对电子技术可能都有一定的了解，但更多的认识集中在家电信息产品中的信息电子技术。实际上，电子技术包括信息电子技术和电力电子技术两个大的分支。通常所说的模拟电子技术和数字电子技术都属于信息电子技术。信息电子技术主要用于信息处理，涉及的电信号的电压、电流和功率都非常小。而电力电子技术是应用于电力领域的电子技术，具体地说，就是使用电力电子器件对电能进行变换和控制的技术。电力电子技术所变换的"电力"，功率可以小到数 W 甚至 1W 以下，也可以大到数百 MW 甚至 GW。

通常所用的电力有交流电和直流电两种。目前电力系统主要以交流电网的形式传递电能，在某些特定场合采用高压直流输电。而提供电能的电源和使用电能的负载，也都有直流和交流形式存在。例如，火电厂、水电站、风力发电机组输出的电能都是交流电，而太阳能光伏发电得到的电能首先是直流电；各种使用电动机的设备往往用交流电，而电气化铁道的牵引机车内部用的是直流电。怎样才能把这些不同形式的电源、输电网络、用电设备联系起来呢？应用电力电子设备，就可以很方便地实现交流电和直流电的相互变换。

在交流电力系统中，从电源经输配电网络到用电设备的整个过程中，也要求各部分的电压频率相同。否则，各部分频率的差异就会给电网带来稳定性问题。从某些电源得到的电力有时就不能直接满足要求，需要进行电力变换。例如，风力发电机本身输出的电压频率与转子的转速有关，而转子的转速是由风力吹动风力发电机的转速决定的，因而风力发电机输出电压的频率就可能随着风速的波动发生变化。怎样才能在风速变化的情况下，保证风电机组的输出电压频率恒定不变而且与电网电压的频率相同呢？使用电力电子变流设备，就可以很方便地进行交流电频率的变换和调节。而且目前国内外主流的大型风电机组，往往都采用了电力电子换流设备来实现变速恒频控制。

另外，在风电场、变电站等很多场合，还需要配备一些用于实现无功补偿和电压控制的设备。基于良好的控制性能，电力电子技术正是这些设备的首选。

8.1.2 电力电子器件

在电气设备或电力系统中，直接承担电能的变换或控制任务的电路被称为主电路。电力电子器件是指可直接用于处理电能的主电路中，实现电能的变换或控制的电子器件。

电力电子器件的制造技术是电力电子技术的基础。目前工程中所用的电力电子器件都是用半导体材料制成的，因此也称为电力半导体器件。

广义上讲，电力电子器件也可分为电真空器件和半导体器件两类，其中半导体器件是当前的主流。与普通半导体器件一样，目前电力半导体器件所采用的主要材料是硅。

电力电子器件一般都有三个端子（也可称为极或引脚），其中有两个端子连接在主电路中，工作时流过主电路的电流；而第三端被称为控制端（或控制极）。电力电子器件的导通或者关断，是通过在其控制端和一个主电路端子之间施加一定的信号来控制的。这个主电路端子是驱动电路和主电路的公共端，一般是主电路电流流出电力电子器件的那个端子。

按照能够被控制电路信号所控制的程度，可以将电力电子器件分为以下三类：

1）不可控器件。这类电力电子器件不能用控制信号来控制其通断，因此也就不需要驱动电路，例如电力二极管（Power Diode）。这种器件只有两个端子，其基本特性与电子电路中的二极管一样，器件的导通和关断完全是由其在主电路中承受的电压和电流决定的。

2）半控型器件。这类电力电子器件通过控制信号可以控制其导通，但是不能控制其关断。这类器件主要是晶闸管（Thyristor）及其大部分派生器件，器件的关断完全是由其在主电路中承受的电压和电流决定的。

3）全控型器件。这类电力电子器件通过控制信号既可以控制其导通，又可以控制其关断。由于与半控型器件相比，可以由控制信号来控制其关断，因此又称为自关断器件。这类器件品种很多，目前最常用的是绝缘栅双极晶体管（IGBT）和电力场效应晶体管（电力场效应晶体管有两种类型，通常主要指绝缘栅型中的 MOS 型，简称电力 MOSFET）。在处理MW 级大功率电能的场合，门极可关断晶闸管（GTO）应用也较多。

按照驱动电路加在电力电子器件控制端和公共端之间信号的性质，又可以将电力电子器件（电力二极管除外）分为电流驱动型和电压驱动型两类。如果是通过从控制端注入或者抽出电流来实现导通或者关断的控制，这类电力电子器件被称为电流驱动型电力电子器件，或者电流控制型电力电子器件。如果是仅通过在控制端和公共端之间施加一定的电压信号就可实现导通或者关断的控制，则称为电压驱动型电力电子器件，或者电压控制型电力电子器件。由于电压驱动型器件实际上是通过加在控制端上的电压在器件的两个主电路端子之间产生可控的电场来改变流过器件的电流大小和通断状态的，所以电压驱动型器件又被称为场控器件，或者场效应器件。

按照器件内部电子和空穴两种载流子参与导电的情况，电力电子器件还可以分为单极型器件、双极型器件和复合型器件三类。由一种载流子参与导电的器件称为单极型器件；由电子和空穴两种载流子参与导电的器件称为双极型器件；由单极型器件和双极型器件集成混合而成的器件则被称为复合型器件，也称混合型器件。

8.1.3 变流技术

电力变换通常可分为四大类，即交流变直流、直流变交流、直流变直流和交流变交流。交流变直流（AC – DC）称为整流。直流变交流称为逆变（DC – AC）。直流变直流（DC – DC）是指一种电压（或电流）的直流变为另一种电压（或电流）的直流，可用直流斩波电路实现。交流变交流（AC – AC）可以是电压或电力的变换，称为交流电力控制，也可以是频率或相数的变换。进行上述电力变换的技术统称为变流技术。变流技术是电力电子技术的核心。

1. 整流（AC – DC）

整流电路是电力电子电路中出现最早的一种。下面以单相半波可控整流电路为例，对整流电路进行介绍。图 8-1 所示为单相半波可控整流电路原理及带电阻负载时的工作波形。图 8-1a 中，变压器起变换电压和隔离的作用，其一次和二次电压瞬时值分别用 u_1 和 u_2 表示，有效值分别用 U_1 和 U_2 表示，其中 U_2 的大小根据需要的直流输出电压 u_d 的平均值 U_d 确定。

在生产实际中，一些负载基本是电阻。电阻负载的特点是电压与电流成正比，两者波形相同。在晶闸管 VT 处于关断时，电路中无电流，负载电阻两端电压为零，u_2 全部施加于 VT 两端。如在 u_2 正半周 VT 承受正向阳极电压期间的 ωt_1 时刻给 VT 门极加触发脉冲，如图 8-1c 所示，则 VT 导通。忽略晶闸管通态电压，则直流输出电压瞬时值 u_d 与 u_2 相等。至 $\omega t = \pi$ 即 u_2 降为零时，电路中电流亦降至零，VT 关断，之后 u_d、i_d 均为零。图 8-1d、e 分别给出了 u_d 和晶闸管两

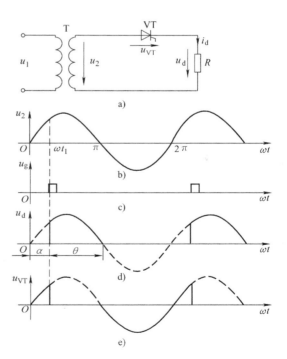

图 8-1 单相半波可控整流电路原理及带电阻负载时的工作波形

端电压 u_{VT} 的波形。i_d 的波形与 u_d 波形相同。

改变触发时刻，u_d 和 i_d 波形随之改变，直流输出电压 u_d 为极性不变但瞬时值变化的脉动直流，其波形只在 u_2 正半周内出现，故称"半波"整流。加之电路中采用了可控器件晶闸管，且交流输入为单相，故该电路称为单相半波可控整流电路。整流电压 u_d 波形在一个电源周期中只脉动一次，故该电路为单脉波整流电路。

用类似的原理，还可以实现三相全波整流等，输出的直流电压波形将更平稳。

2. 逆变（DC – AC）

逆变是把直流电转变成交流电，是对应于整流的逆向过程，所使用的电路称为逆变电路。当交流侧接有电源时，这种逆变电路称为有源逆变电路；当交流侧直接和负载连接时，称为无源逆变电路。

下面以图 8-2 所示的单相桥式逆变电路为例说明其最基本的工作原理。图中 $S_1 \sim S_4$ 是桥式电路的 4 个臂，它们由电力电子器件及其辅助电路组成。当开关 S_1、S_4 闭合，S_2、S_3 断开时，负载电压 u_o 为正；当开关 S_1、S_4 断开，S_2、S_3 闭合时，u_o 为负，其波形如图 8-2b 所示。这样，就把直流电变成了交流电，改变两组开关的切换频率，即可改变输出交流电的频率，这就是逆变电路最基本的工作原理。

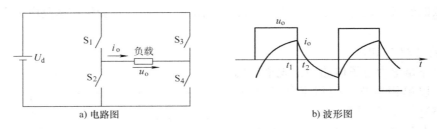

图 8-2 单相桥式逆变电路及其波形

根据需要，还可以搭建更为复杂、性能更好的逆变电路，但其基本工作原理是类似的。

3. 斩波（DC – DC）

直流斩波电路的功能是将直流电变为另一固定电压或可调电压的直流电。直流斩波电路一般是指直接将直流电进行变换，也称为直接直流 – 直流变换器，不包括直流 – 交流 – 直流的情况。直流斩波电路的种类较多，包括 6 种基本斩波电路：降压斩波电路、升压斩波电路、升降压斩波电路、Cuk 斩波电路、Sepic 斩波电路和 Zeta 斩波电路，其中前两种是最基本的电路。

下面以降压斩波电路为例，介绍斩波电路的工作原理。降压斩波电路的原理及波形如图 8-3 所示，其中 8-3a 为电路图，图 8-3b 为电流连续时的波形，图 8-3c 为电流断续时的波形。

降压斩波电路使用一个全控型器件 VT，图 8-3 中为 IGBT，也可使用其他器件，若采用晶闸管，需设置使晶闸管关断的辅助电路。图 8-3 中，为在 VT 关断时给负载中的电流提供通道，设置了续流二极管 VD。斩波电路的典型用途之一是拖动直流电动机，也可带蓄电池负载，两种情况下负载中均会出现反电动势，如图中 E_M 所示。若负载中无反电动势时，只需令 $E_M = 0$。

由图 8-3b 中 VT 的栅射电压 u_{GE} 波形可知，在 $t = 0$ 时刻导通，电源 E 向负载供电，负

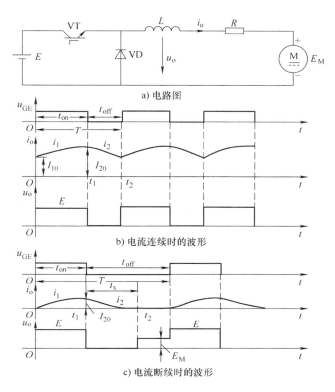

图 8-3 降压斩波电路的原理及波形

载电压 $u_o = E$，负载电流 i_o 按指数曲线上升。当 $t = t_1$ 时刻，控制 VT 关断，负载电流经二极管 VD 续流，负载电压 u_o 近似为零，负载电流呈指数曲线下降。为了使负载电流连续且脉动小，通常串接 L 值较大的电感。至一个周期 T 结束，再驱动 VT 导通，重复上一周期的过程。当电路工作于稳态时，负载电流在一个周期的初值和终值相等，如图 8-3c 所示。

4. 变频（AC – AC）

交交变频电路是把电网频率的交流电直接变换成可调频率的交流电的变流电路。因为没有中间直流环节，因此属于直接变频电路。交交变频电路广泛用于大功率交流电动机调速传动系统，实际使用的主要是三相输出交交变频电路。单相输出交交变频电路是三相输出交交变频电路的基础。

以单相交交变频电路为例，说明变频电路的基本工作原理。单相交交变频电路的原理和输出电压波形如图 8-4 所示，电路由 P 组和 N 组反并联的晶闸管变流电路构成，和直流电动机可逆调速用的四象限变流电路完全相同。换流器 P 和 N 都是相控整流电路，P 组工作时，负载电流 i_o 为正；N 组工作时，i_o 为负。让两组换流器按一定的频率交替工作，负载就得到该频率的交流电。改变两组换流器的切换频率，就可以改变输出频率 ω_0。改变变流电路工作时的控制角 α，就可以改变交流输出电压的幅值。

为了使输出电压 u_o 的波形接近正弦波，可以按正弦规律对 α 角进行调制。如图 8-4b 所示，可在半个周期内让正组换流器 P 的 α 角按正弦规律从 90°逐渐减小到 0°或某个值，然后再逐渐增大到 90°，这样，每个控制间隔内的平均输出电压就按正弦规律从零逐渐增至最

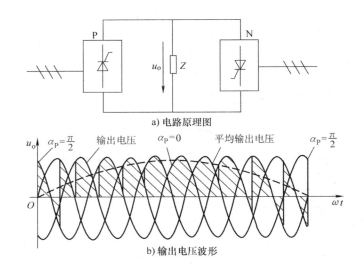

图 8-4　单相交交变频电路的原理和输出电压波形

高,再逐渐减低到零,如图中虚线所示。另外半个周期可对变频电路进行同样的控制。

8.1.4　PWM 控制

脉宽调制(Pulse Width Modulation,PWM)技术就是通过对一系列脉冲的宽度进行调制,来等效地获得所需要的波形。

PWM 控制的理论基础是面积等效原理,即冲量相等而形状不同的窄脉冲加在具有惯性的环节上时,其效果基本相同。这里所说的冲量,是指窄脉冲在时域波形图上的面积;效果基本相同,是指惯性环节的输出响应波形基本相同。例如,对于图 8-5 所示的一阶 RL 动态电路,当输入的激励信号 $e(t)$ 分别为冲量相等的矩形脉冲、三角形脉冲、正弦脉冲和冲击信号时,电路的响应 $i(t)$ 如图 8-6 所示。由图 8-6 可知,对于冲量相等的不同形式的激励信号,该惯性环节的输出响应是基本相同的。

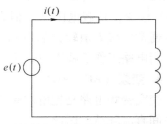

图 8-5　一阶 RL 动态电路

根据面积等效原理,可以考虑用一个脉冲序列来近似等效正弦波形(当然,对脉冲序列进行傅里叶分析,会发现其中除了基波正弦分量以外还有谐波,这个问题另外考虑),如图 8-7 所示。将正弦波形分割成等宽的若干份,每一份都用面积相等的矩形脉冲来等效,而且每一个矩形脉冲的中心线都与对应的正弦波切割块的中心线对正,于是就得到了一个等高不等宽的脉冲序列。滤除掉其中的谐波成分以后,该脉冲序列可与该正弦波等效。

关于正弦波形的等效,通常有两种方式,如图 8-8 所示。第二种方式在实际应用中更为广泛。当然,PWM 波形并不局限于正弦波的等效,对于其他一些波形也是可以适用的。

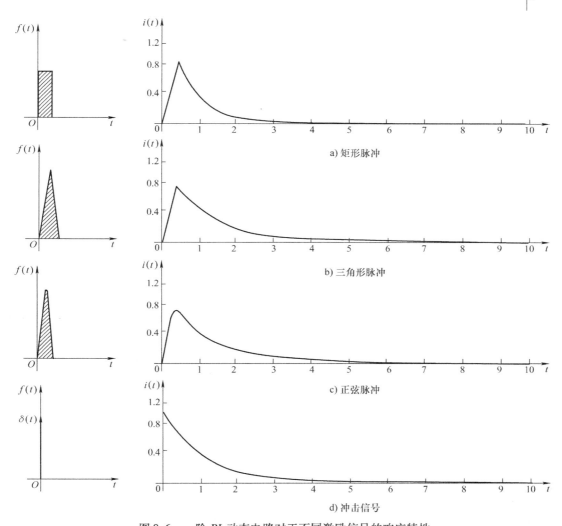

图 8-6　一阶 RL 动态电路对于不同激励信号的响应特性

PWM 控制技术在四类基本的变流电路中都有应用,尤其在变频和逆变电路中更是必不可少,而且正是由于其在逆变电路中的成功应用,才确立了它在电力电子技术中的重要地位。对于逆变电路而言,PWM 的应用,即在每个工频周期内,通过多次开通和关断主开关器件,使得交流输出电压在半个周期内形成多脉冲序列,进而通过改变脉冲的宽度、数目和位置等来调节交流输出电压的频率、幅值等参数,并实现抑制谐波分量的目标。

PWM 波形生成方法有三类:计算法、调制法和跟踪控制方法。

计算法中较有代表性的是特定谐波消去法

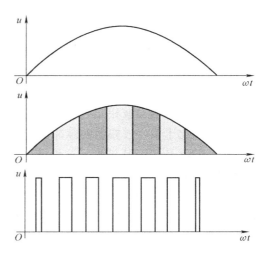

图 8-7　用矩形脉冲序列等效正弦波形

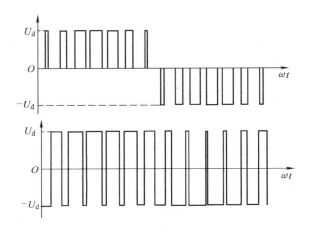

图 8-8 正弦波的两种 PWM 波形

(SHE – PWM)。它是以消除输出电压波形中某些特定的低次谐波为目的的一种 PWM 控制法。特定谐波消去法的基本思想是：由于各次谐波的幅值是转换角 α_i（即一个周期的脉冲序列中，各脉冲沿所对应的相位）的函数，如果想要消除 $N-1$ 种谐波，则可以根据逆变电路首先选择脉宽调制波形，然后用相应的谐波幅值表达式求出 $N-1$ 种指定谐波的幅值表达式，并令这些幅值表达式等于零而联立求出 $N-1$ 个转换角 α_i 的值。当波形中各转换角的值等于求出来的 α_i 值时，则在输出电压波形中就消除了指定的 $N-1$ 种谐波，从而得到最优的 PWM 控制。为减少谐波并简化控制，要尽量使波形对称。N 为转换角 α_i 的个数。例如，图 8-9 所示的 SHE – PWM 波形，输出电压半周期内，器件通、断各 3 次（不包括 0 和 π），共 6 个开关时刻可控，各转换角是经过计算得到的。

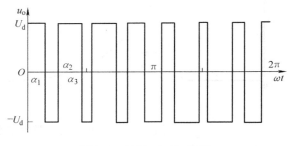

图 8-9　SHE – PWM 波形

调制法是把希望输出的波形作为调制信号，把接受调制的信号作为载波，通过信号波的调制得到所期望的 PWM 波形。通常采用等腰三角波或锯齿波作为载波，其中等腰三角波应用最多，因为等腰三角波上任一点的水平宽度和高度呈线性关系且左右对称，当它与任何一个平缓变化的调制信号波相交时，如果在交点时刻对电路中开关器件的通断进行控制，就可以得到宽度正比于信号波幅值的脉冲，这正好符合 PWM 控制的要求。在调制信号为正弦波时，所得到的就是 SPWM 波形，这种情况应用最广。图 8-10 所示为以三角波为载波的正弦波调制 PWM 波形。

PWM 跟踪控制技术，以希望输出的电流或电压波形作为指令信号，把实际电流或电压波形作为反馈信号，通过两者的瞬时值比较来决定逆变电路的各功率开关器件的通断，使实际的输出跟踪指令信号变化。跟踪控制法中常用的有滞环比较方式（见图 8-11）、三角波比较方式和定时比较方式。跟踪型 PWM 变流电路中，电流跟踪控制应用最多。

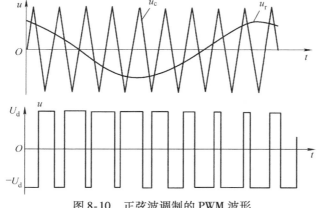

图 8-10 正弦波调制的 PWM 波形

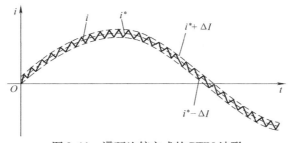

图 8-11 滞环比较方式的 PWM 波形

8.2 风电机组并网换流器

8.2.1 直驱式永磁同步机组的并网换流器

关于直驱式永磁同步风电机组的工作原理，参见本书第 3 章。

由于发电机的转子与风力发电机直接连接，转子的转速就由风力发电机的转速决定。当风速发生变化时，风力发电机的转速也会发生变化，因而转子的旋转速度是随着风速时刻变化的。于是，发电机定子绕组输出的电压频率将不是恒定的。

为了解决风速变化带来的风电机组输出电压频率变动的问题，最好的方式就是在发电机定子绕组与电网之间配置变频换流器。

目前，大型直驱式永磁同步风电机组采用的并网换流器，一般都是交 – 直 – 交变频结构，严格来说，是一个整流器和一个逆变器的组合。基于电力电子技术的换流器，先将风力发电机输出的交流电压整流，得到直流电压，再将该直流电压逆变为频率、幅值、相位都满足要求的交流电，送入电网。由于电力电子控制技术的快速性和精确性，风速变化造成的机端电压频率波动，不会对电网造成任何影响。经换流器变频后，风电机组送入电网的电压、电流的频率能始终保持恒定。

图 8-12 所示为带有并网换流器的永磁同步直驱式风电机组结构示意图。并网换流器连接在风力发电机定子绕组与电网之间，风电机组输出的全部功率都要经过换流器送入电网，

因而换流器的容量要按风电机组的额定功率来设计。例如，1.5MW 永磁同步直驱式风电机组所配备的并网换流器容量也至少要按 1.5MW 来设计。

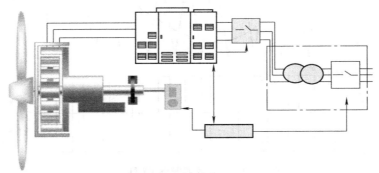

图 8-12　带有并网换流器的永磁同步直驱式风电机组结构示意图

直驱式风电机组的并网换流器结构有多种设计方案，常见的几种如图 8-13 所示。在各种设计方案中，电网侧的逆变器部分没有明显变化，差别主要在于发电机侧的整流部分。

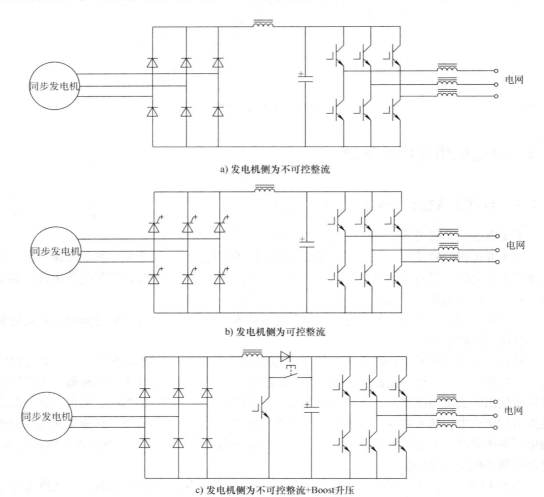

图 8-13　直驱式风电机组并网换流器结构常见的设计方案

图 8-13a 所示的方案，发电机侧的换流器采用不可控整流。其优点是简单可靠。缺点是发电机功率因数低，主要适合 1MW 以下，而且在发电机输出电压低于电网电压（低风速）时无法将能量馈入电网。

图 8-13b 所示的方案，发电机侧的换流器采用可控整流。其优点是可以有效保证直流侧电压，防止过载。但是具有和不可控整流方案一样的缺点。

图 8-13c 所示的方案，发电机侧的换流器采用可控整流 + Boost 升压电路。其优点是能将低风速时的电能馈入电网。缺点是需要较大尺寸的电感、电容，而且升压管要承受高压。

最典型的直驱型风力发电系统的变流电路就是图 8-13c 所示的方案：发电机侧换流器将永磁同步发电机输出的频率变化的交流电整流为直流电，经过 Boost 电路升压后，再经电网侧换流器逆变为与电网频率相同的交流电。

说明：笼型异步风力发电机也是在定子侧通过换流器并网，其并网换流器与直驱式永磁同步风力发电机的并网换流器是类似的，不再另外介绍。

8.2.2 交流励磁双馈式机组的并网换流器

关于交流励磁双馈式风电机组的工作原理，参见本书第 3 章。

双馈式风电机组的定子绕组与电网直接连接，定子绕组感应电压的频率若有变化，将会直接反映到电网电压中。

实际上，在交流励磁双馈式风电机组中，定子绕组输出电压的频率可以通过转子绕组中的交流励磁电流的频率调节得以控制。

用于控制定子绕组输出电压频率的转子绕组交流励磁电流，是由外电路提供的，这里的外电路常常就是电网。由于转子的励磁电流要求是频率可调的交流电，一般只能通过换流器来提供。

交流励磁双馈式风电机组所用的换流器，往往也是由两部分组成，一部分作为整流器使用，一部分作为逆变器使用。

双馈感应发电机不同于普通的异步电机，其在次同步运行及超同步运行状态下都可以作为发电机状态运行，但其功率流向有所不同。

在次同步运行状态，电网侧换流器（此时作为整流器）将电网 50Hz 的交流电整流，得到直流电；再由发电机侧换流器（此时作为逆变器）将该直流电逆变为频率满足要求的交流电，用于转子绕组的励磁。此时，电网通过换流器向发电机的转子送入功率。

在超同步运行状态，发电机侧换流器（此时作为整流器）将转子绕组感应出的低频交流电整流，得到直流电；再由电网侧换流器（此时作为逆变器）将该直流电逆变为频率与电网频率相同的交流电，送入电网。此时，发电机转子通过换流器向电网馈送功率。

在同步运行状态，换流器应向发电机转子提供直流电。实际上，风电机组处于严格的同步运行状态的时候很少，即便出现，持续的时间也很短。因此，在控制上，在发电机接近同步运行状态时，提供的励磁电流为频率非常低的交流电。

交流励磁双馈式风电机组的结构示意图如图 8-14 所示。风力发电机与电网之间的换流器连接到发电机的转子侧。定子绕组则直接与电网相连。

不管风电机组处于哪种工作状态，发电机的定子都向电网馈送功率。

转子绕组中的交流励磁电流频率较低，实际上对应的是转差频率。转子绕组与电网之间

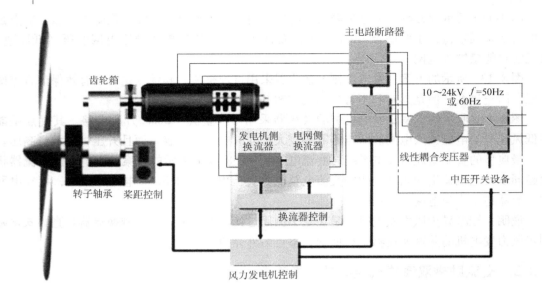

图 8-14 交流励磁双馈式风电机组结构示意图

交换的功率为

$$P_r = sP_s \qquad (8-1)$$

式中，P_r、P_s、s 分别为转子、定子与电网交换的功率和发电机转差率。

由于 $|s|<1$，由式（8-1）可知，转子与电网交换的功率相当于定子送入电网功率的一部分，也就是说，交流励磁双馈式风电机组所用的换流器，其容量可以比发电机的额定功率小。一般来说，交流励磁双馈式风电机组所用的换流器，可以按发电机额定功率的 1/3～1/2 设计。

由于转子侧的功率交换，可能是从电网取得，也可能是送入电网，因此要求换流器的发电机侧和电网侧两个部分，都要既可作为整流器，又可作为逆变器。这种换流器常被叫作双向换流器。双向换流器的电网侧和发电机侧两个部分，都用可控器件实现，均采用 PWM 控制方式，因此又称为双 PWM 换流器。双 PWM 换流器的主电路结构如图 8-15 所示。

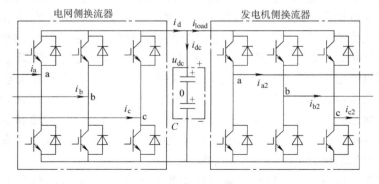

图 8-15 双 PWM 换流器主电路结构

8.2.3 无刷双馈式机组的并网换流器

关于无刷双馈式风电机组的工作原理，参见本书第 3 章。

无刷双馈式风力发电机组，其定子有两套极数不同的绕组，一个称为功率绕组，直接连接电网；另一个称为控制绕组，通过双向换流器连接电网。

无刷双馈发电机定子的功率绕组和控制绕组，其作用分别相当于交流励磁双馈发电机的定子绕组和转子绕组。尽管这两种发电机的运行机制有着本质的区别，但却可以通过同样的控制策略实现变速恒频控制。为适应风速变化时发电机的不同运行状态，无刷双馈发电机的并网换流器也要求是双向换流器。

尽管这种变速恒频控制方案是在定子电路实现的，但流过定子控制绕组的功率仅为无刷双馈发电机总功率的一小部分。因此，连接在发电机定子的控制绕组与电网之间的双向换流器，其容量也仅为发电机容量的一小部分，类似于交流励磁双馈式风电机组的并网换流器。

这种采用无刷双馈发电机的控制方案除了可实现变速恒频控制，降低变频器的容量外，还可实现有功、无功功率的灵活控制，对电网而言可起到无功补偿的作用，同时发电机本身没有集电环和电刷，既降低了发电机的成本，又提高了系统运行的可靠性。

8.2.4 总结

在目前的变速恒频（Variable Speed Constant Frequency，VSCF）风力发电系统中，使用交流励磁双馈式感应发电机（DFIG）的占据主流地位，而直驱式永磁同步发电机（PMSG）的应用也越来越多。

1. 容量

双馈型系统的换流器容量（相当于转差功率）一般只占发电机组额定功率的 30% 左右，体积和重量较小，因此具有较低的成本。直驱型系统需要全功率换流器，即换流器的容量需要按风电机组额定功率设计，体积和重量大，因此具有较高的成本。

2. 结构

直驱式风电系统的换流器接于定子绕组与电网之间，功率输送是单向的，即只能从发电机定子绕组流入电网。因此，为了节省成本，可以把换流器的发电机侧和电网侧分别做成整流器和逆变器。其中整流器的设计可以考虑采用低成本的不可控或半控器件。

交流励磁双馈式风电系统的换流器，连接于电网与可控励磁电流所在的转子绕组之间。无刷双馈式风电系统的换流器，连接于电网与可控励磁电流所在的定子控制绕组之间。两种双馈式系统，换流器中的功率流动都要求是双向的，因此要求按双向换流器设计，即两侧换流器都应采用全控器件，实现双 PWM 控制。

此外，还需要说明的是，目前风电场中所用的风力发电机都是三相发电机，因此其并网换流器也多采用三相桥结构，两侧分别是三相整流桥，或是三相逆变桥。

随着风电机组的容量越来越大，换流器中的每一个开关，用单个的开关器件恐怕无法满足电压或电流的要求，此时需要将多个开关器件串联或并联使用，即由多个开关器件组合成满足电压、电流要求的"大开关"。也可以由多个小容量的换流器模块相互串联或并联，组合成满足电压、电流要求的大功率换流装置。

不管是单一模块的换流器，还是多模块的换流装置，其主电路和控制电路一般都集中放在一个或多个金属柜体中。例如，Vacon 公司的一款风电换流器如图 8-16 所示。

图 8-16　Vacon 公司的风电换流器

8.3　无功补偿与电压控制装置

8.3.1　风电场的无功和电压控制需求

　　随着风速的变化，风电机组的发电功率和电压频率也会发生变化，这个很容易理解。实际上，风电的间歇性、随机性，不仅对频率和有功功率有影响，还会对电压和无功功率产生影响。

　　无功功率和电压变化的原因，是在有功功率变化的同时，线路和变压器的无功损耗大幅度变化，线路的电压降也随之变化，并影响电网母线的电压水平，产生电压偏差。

　　在一定的条件下有功功率可以长距离传输，但无功功率则应采取就地平衡的办法，因为无功功率长距离输送的损耗很大，受端所剩无功功率很少，得不偿失。

　　并联电容器组、线路充电功率、发电机和调相机的无功功率以及邻网注入的无功功率相当于无功电源，是使电网电压升高的无功。风电吸收的无功、负荷无功、线路电抗损耗和变压器电抗损耗、并联电抗器等，相当于无功负荷，是使电网电压下降的无功。对于电力系统的任何局部，无功电源与无功负荷应保持动态平衡，电压才能维持在正常的水平上。若总无功负荷大于无功电源，电压将低于正常值；若总无功负荷小于无功电源，电压将高于正常值。

　　电网的运行方式在不断变化，风电切入、退出不仅时间是随机的，电力的大小也是随的。因此,补偿方案不仅涉及容量的最大值和最小值,还涉及投退容量与投退规律和策略。

风电场常用的无功补偿设备,主要有三大类:并联电容器、静止无功补偿器(Static Var Compensator, SVC)、静止同步补偿器(Static Synchronous Compensator, STATCOM)。其中,并联电容器的投切用不到电力电子技术,已在第 3 章有所介绍。需要特别说明的是,并联电容器不管是投入还是切除,都是一次性变化其全部容量,该容量与系统所需无功未必刚好相等,因而可能对电网造成新的冲击。要想根据系统的无功需求,灵活地调整和控制无功输出,就要用到基于电力电子的柔性交流输电系统(Flexible AC Transmission System, FACTS),例如 SVC 和 STATCOM。

8.3.2 静止无功补偿器

静止无功补偿器(SVC)是近年发展起来的一种动态无功功率补偿装置。它的特点是调节速度高、运行维护工作量小、可靠性较高。

静止无功补偿器基于电力电子技术及其控制技术,将电抗器与电容器结合起来使用,能实现无功补偿的双向、动态调节。

实际上,SVC 是一类设备的统称,常见的几种基本结构如图 8-17 所示。

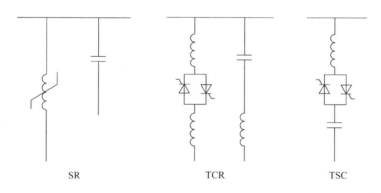

图 8-17 SVC 常见的几种基本结构

1. 饱和电抗器

具有饱和电抗器(Saturated Reactor, SR)的静止补偿器,是由一台饱和电抗器 L_s 和一组并联电容器 C 组装而成。电抗器的饱和电压高于正常运行电压区域。运行电压越高,电抗器越饱和,它所吸收的无功功率也就越大。这种补偿器的具体结构要比图中所示复杂得多。

具有饱和电抗器的静止补偿器结构简单,运行可靠性较高,而且不需要特殊的维护。主要元件如电抗器、变压器、电容器都是标准化的产品,只有火花间隙保护和带负荷调节分接头是较薄弱的环节(图中没有给出)。

这种补偿器的缺点是,对于系统运行方式变化的适应性不如晶闸管可控电抗器(TCR)等形式,它的有功损耗也比后者要大。由于铁心处于高饱和状态,噪声大,需采取隔离措施。

饱和电抗器对吸收无功功率具有固有的过负荷能力(可达到 3~4 倍),适合用来控制瞬时过电压。

2. 晶闸管可控电抗器

晶闸管可控电抗器（Thyristor Controlled Reactor，TCR），简称可控电抗器，是目前 SVC 应用最广泛的一种型式。TCR 是用晶闸管去控制线性电抗器在一个周期内的作用时间，从而改变电抗器在整个周期内的平均作用效果，以实现连续的无功调节。图 8-18 给出了阿根廷的一处 TCR 型 SVC 成套装置。

图 8-18 阿根廷的一处 TCR 型 SVC 成套装置

晶闸管可控电抗器一般与电容器并联形成的静止无功补偿器，可以使 SVC 调节范围扩大到容性区。这种装置通过电容器的分组投切，可提供不连续的容性无功功率；通过晶闸管控制的电抗器可提供连续的感性无功功率。电容器通常串接一定量的电抗，实现滤波作用，因为补偿器工作在感性模式时，会产生大量谐波。

这种 SVC 的响应时间大约在 1~2 个周波。在设计上，通常保证能够短时间提供比长期稳态运行大得多的无功输出，以提供紧急情况下的无功补偿。

3. 晶闸管投切电容器

晶闸管投切电容器（Thyristor Switched Capacitor，TSC）的控制原理，与晶闸管控制电抗器的原理类似，是用晶闸管去控制电容器在一个周期内的作用时间，从而改变电容器在整个周期内的平均作用效果，以实现连续的无功调节。

晶闸管投切电容器对系统无干扰，而且不会缩短电容器的寿命，但无功功率的补偿是阶跃的，并且电容器开断时有残余电荷，下次投入时要考虑残余电压，响应速度差，降低闪变能力不足。

各种 SVC 的共同优点是成本不是很高，比 STATCOM 要低一些。共同缺点是含有较多的无源器件,体积和占地面积都比较大;工作范围较窄,无功输出随着电压下降而下降更快;本身对谐波没有抑制能力,TCR 型本身还会产生大量低次谐波,需要额外的滤波器,一般常用无源滤波器,也有用有源滤波器的实例。

8.3.3 静止同步补偿器

随着 GTO、IGBT、IGCT 等全控型电力电子器件的快速发展,无功补偿设备的原理、构造及特性正在发生巨大的变化。基于全控器件实现的静止无功发生装置(Static Var Generator,SVG)具有控制特性好、响应速度快、体积小、损耗低等一系列优点,并已开始在工业现场获得推广应用。

这种补偿装置早期也称为 ASVG(Advanced Static Var Generator),目前国际上通用的说法是静止同步补偿器(STATCOM)。

STATCOM 的主电路一般都由电压源型逆变器(VSI)和直流电容组成,如图 8-19 所示。逆变器常常通过变压器与电力系统连接,逆变器的输出电压 $\dot{U}_i$ 与电力系统电压 $\dot{U}_s$ 始终保持频率相同。通过 $\dot{U}_i$ 大小的调节可控制加在中间变压器上的电压的大小与方向,进而可以实现无功吸收与补偿的控制。

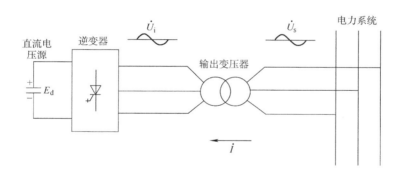

图 8-19 STATCOM 的基本组成

STATCOM 以可控电压源的方式实现无功功率的动态补偿,与传统 SVC 相比,具有一系列优点。

1)STATCOM 具有更好的出力特性。SVC 在系统电压较低时,表现为电容器的特性,即无功功率随电压的降低按平方关系下降。而 STATCOM 则在低电压时,表现为定电流特性,因而,无功功率只随电压的降低按一次方关系下降。

2)STATCOM 采用 PWM 控制,具有更快的响应特性。

3)STATCOM 中,无功调节不是通过控制容抗或感抗的大小实现的,因而无需直接与系统连接的电容器或电抗器,不存在系统谐振问题,而且大大减小了设备的体积。对典型设备的比较表明,相同容量的 STATCOM 体积约为 SVC 的 1/3。

4)STATCOM 具有有源滤波器的特性,可以用于需要有源滤波的场合。

习 题

1. 电力电子技术在风电场中有哪些可能的应用?
2. 常见的大型风电机组并网换流器的结构和工作原理有何异同?
3. 了解国内外风电并网换流器的发展状况。
4. 调研一个风电场的无功补偿和电压控制措施。

参 考 文 献

[1] 刘振亚. 国家电网公司输变电工程典型设计-110kV变电站分册[M]. 北京：中国电力出版社, 2005.
[2] 卓乐友, 董柏林. 电力工程电气设计手册-电气二次部分[M]. 北京：水利电力出版社, 1990.
[3] 熊信银, 朱永利. 发电厂电气部分[M]. 3版. 北京：中国电力出版社, 2004.
[4] 张保会, 尹项根. 电力系统继电保护[M]. 北京：中国电力出版社, 2005.
[5] 朱军, 于晓牧, 曹生顺. 国家电力公司农村电网工程典型设计35kV及以上工程[M]. 北京：中国电力出版社, 2002.
[6] 方大千. 继电保护及二次回路实用技术问答[M]. 北京：人民邮电出版社, 2008.
[7] 丁毓山, 雷振山. 中小型变电所实用设计手册[M]. 北京：中国水利水电出版社, 2000.
[8] 电力工业部西北电力设计院. 电力工程电气设备手册-电气一次部分[M]. 北京：中国电力出版社, 1998.
[9] 宫靖远. 风电场工程技术手册[M]. 北京：机械工业出版社, 2007.
[10] 海老原大树. 电动机技术实用手册[M]. 王益全, 等译. 北京：科学出版社, 2006.
[11] 弗卢夏姆 C H. 断路器的理论与设计[M]. 李建基, 等译. 北京：机械工业出版社, 1984.
[12] 徐国政. 高压断路器原理和应用[M]. 北京：清华大学出版社, 2000.
[13] 希思科特. 变压器实用技术大全[M]. 王晓莺, 等译. 北京：机械工业出版社, 2008.
[14] 肖耀荣, 高祖绵. 互感器原理与设计基础[M]. 沈阳：辽宁科学技术出版社, 2003.
[15] 国家电力调度通信中心. 电力系统继电保护规程汇编[G]. 北京：中国电力出版社, 2000.
[16] 冈本裕生. 图解继电器与顺序控制器[M]. 吕砚山, 译, 2版. 北京：科学出版社, 2008.
[17] Tony Burton. 风能技术[M]. 武鑫, 等译. 北京：科学出版社, 2006.
[18] 王承熙, 张源. 风力发电[M]. 北京：中国电力出版社, 2002.
[19] 卢文鹏, 吴佩雄. 发电厂变电所电气设备[M]. 北京：中国电力出版社, 2005.
[20] 李建林, 许洪华, 等. 风力发电中的电力电子变流技术[M]. 北京：机械工业出版社, 2008.
[21] 朱永强, 迟永宁, 李琰. 风电场无功补偿与电压控制[M]. 北京：电子工业出版社, 2012.